網路成癮

評估及治療指引手冊

Internet Addiction:
A Handbook and Guide to Evaluation and Treatment

主　編 ■ Kimberly S. Young & Cristiano Nabuco de Abreu

總校閱 ■ 林朝誠

譯　者 ■ 林煜軒、劉昭郁、陳劭芊、李吉特、陳宜明、張立人

INTERNET ADDICTION

*A Handbook and Guide to Evaluation
and Treatment*

Edited by
Kimberly S. Young
Cristiano Nabuco de Abreu

目　次

Part 1　了解網路行為與成癮

主編者簡介

Kimberly S. Young 博士為國際知名的網路成癮與網路行為專家。從 1995 年開始，她擔任網路成癮治療中心（Center for Internet Addiction Recovery）主任，並且在世界各地舉辦探討網路衝擊的國際研討會。她是下列書籍的作者：第一本介紹網路成癮以及被翻譯成六國語言的書籍《被網路捕捉》（*Caught in the Net*）、《黏在網路上》（*Tangled in the Web*），以及最新著作《打破網路：天主教徒與網路成癮》（*Breaking Free of the Web: Catholics and Internet Addiction*）。她在聖波拿文都大學（St. Bonaventure University）擔任教授，並且已經發表四十餘篇網路成癮影響的學術論文。

《紐約時報》（*The New York Times*）、《倫敦時報》（*The London Times*）、《今日美國》（*USA Today*）、《新聞週刊》（*Newsweek*）、《時代》（*Time*）雜誌、「CBS 新聞」（CBS News）、「福斯新聞」（Fox News）、「早安美國」（Good Morning America），以及美國廣播公司的「今夜世界新聞」（World News Tonight）都報導過她的研究成果。她也是數十所大學以及在挪威舉辦的歐盟健康與醫學、蘇黎世的網路成癮第一國際研討會的客座講師。她還擔任《網路心理學與行為》（*CyberPsychology & Behavior*）、《網路犯罪國際期刊》（*International Journal of Cyber Crime and Criminal Justice*）的編輯。在 2001 年和 2004 年，她獲賓州心理學會頒發媒體心理學獎，在 2000 年她也獲選賓州印第安納大

學的年度傑出校友代表。

　　Cristiano Nabuco de Abreu 博士是位心理學家，他在葡萄牙米尼奧大學（University of Minho, UM）取得臨床心理學博士學位，並在聖保羅大學（University of São Paulo, USP）精神醫學部從事博士後研究。他具有網路成癮與認知治療的經驗，並主持聖保羅大學精神醫學部衝動控制疾患門診的網路成癮計畫（Internet Addicts Program of the Impulse Disorders Clinic, AMITI）。從 2005 年，這所在巴西與拉丁美洲開創性的單位，首創治療性會談，以及成人、青少年及其家庭成員的諮商輔導。Cristiano Nabuco de Abreu 博士也在許多期刊上發表多篇葡萄牙文的論文。

　　他是巴西認知行為治療學會（Brazilian Society of Cognitive Therapies）的前任理事長，（美國）人類科學建構主義顧問委員會（Advisory Board of the Society for Constructivism in Human Science）會員。他著有多篇學術論文與七本精神健康、心理治療、心理學領域的書籍，包括《認知治療與認知行為治療》（*Cognitive Therapy and Cognitive Behavior Therapy*）、《精神疾病：給專業人員的診斷與會談》（*Psychiatric Disorders: Diagnostic and Interview for Health Professionals*），和《衝動控制疾患臨床手冊》（*Clinical Handbook for Impulse Control Disorders*）等著作。

作者簡介

Keith W. Beard
美國西維吉尼亞州杭亭頓市馬歇爾大學心理系副教授

Ed Betzelberger
美國伊利諾州普羅克特醫院伊利諾成癮治療中心

Libby Bier
美國伊利諾州普羅克特醫院伊利諾成癮治療中心

Lukas Blinka
捷克馬沙力克大學社會研究所兒童、青少年與家庭研究中心

Tonya Camacho
美國伊利諾州普羅克特醫院伊利諾成癮治療中心

Scott E. Caplan
美國德拉瓦州紐華克市德拉瓦大學傳播系

Shannon Chrismore
美國伊利諾州普羅克特醫院伊利諾成癮治療中心

David L. Delmonico
美國賓州匹茲堡迪尤肯大學諮商心理與特殊教育系副教授

Franz Eidenbenz
瑞士蘇黎士避難中心主任、心理治療專業心理師

Dora Sampaio Góes
巴西聖保羅大學精神科衝動控制疾患門診部

David Greenfield

　　美國康乃狄克州西哈特福網路與科技成癮中心

Elizabeth J. Griffin

　　美國明尼蘇達州明尼阿波里斯市網路行為諮商部

Mark Griffiths

　　英國諾丁漢特倫特大學國際賭博研究中心教授

Andrew C. High

　　美國賓州州立大學傳播藝術與科學系

Jung-Hye Kwon

　　韓國首爾高麗大學心理系

Robert LaRose

　　美國密西根州東蘭辛市密西根州立大學電子傳播資訊研究與媒
　　體系

David Smahel

　　捷克馬沙力克大學社會研究所兒童、青少年與家庭研究中心

Monica T. Whitty

　　英國諾丁漢特倫特大學心理系高級講師

應力（Li Ying）

　　中國青少年網路協會心理發展研究院

岳曉東（Xiao Dong Yue）

　　中國香港城市大學應用社會科學系

總校閱者簡介

林朝誠

學歷：陽明大學醫學系、台北醫學大學醫學資訊研究所碩士、台北
醫學大學醫學科學研究所博士

現職：昱捷診所精神科主治醫師（出國進修中）、台灣大學醫學院
醫學系精神科兼任助理教授、台灣心靈健康資訊協會理事兼
榮譽顧問、台灣心理諮商季刊編輯委員

經歷：台大醫院精神醫學部主治醫師兼心身醫學日間精神復健中心
主任、台大醫學院精神科臨床助理教授、台灣第一個精神醫
學網站——心靈園地創始人及總編輯、台灣心靈健康資訊協
會創會理事長、哈佛大學—麻省理工學院健康科學與技術部
研究員、玉里榮民醫院主治醫師兼數位精神醫學研究室主
任、台北榮民總醫院精神部總醫師、住院醫師

自述：從早期帶領台灣精神健康專業人員運用網路／資訊科技來提
供專業服務、與民眾互動，到發現網路成癮問題並進行研
究，至今著重在科技快速進展的時代中，如何維持身心平
衡、避免（或治療）精神疾病與自殺的理論與實務的探討，
進而激發民眾追求樂活人生的潛能。

部落格：「精神‧心理‧心靈‧樂活」http://linclinic.blogspot.tw/

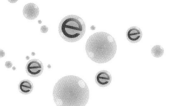

譯者簡介

林煜軒（第一、二、九、十二章）

學歷：陽明大學腦科學研究所博士、長庚大學醫學系

現職：國家衛生研究院群體健康科學研究所、台大醫院精神醫學部
主治醫師、台大醫學院暨公衛學院助理教授

經歷：台大醫院精神醫學部住院醫師、總醫師、輝瑞藥廠產品醫師

自述：為國內少數兼具臨床、企業界資歷之精神科醫師。致力研發
雲端服務的手機程式 App：全球首款精算手機使用時間的
Know Addiction、自動記錄睡眠的「作息足跡」（Rhythm）、
全自動工時記錄系統「行醫記錄器」，並取得多項國內外專
利。在台大開設「網路心理學」課程，為《2030 兒童醫療與
健康政策建言書》—3C 產品使用召集人。平日熱愛古典音樂
與棋藝，曾任長庚大學弦樂團小提琴首席，且為中華民國圍
棋協會六段棋士。

網路心理與數位行為研究室：https://www.yuhsuanlinlab.app/

劉昭郁（第八、十一、十三章）

學歷：陽明大學醫學系、倫敦大學大學學院博士候選人

經歷：台大醫院精神醫學部住院醫師、總醫師、台大醫院精神醫學
部兒童青少年精神科研修醫師、台大醫院雲林分院主治醫師

自述：對成人精神醫學與兒童青少年精神醫學頗富熱忱，目前專注
研究遺傳與環境對兒童青少年過動症狀發展影響。

陳劭芊（第三、四、十章）

學歷：倫敦大學大學學院心理學碩士、台灣大學醫學系

現職：國泰醫院精神科主治醫師

經歷：台大醫院精神醫學部住院醫師、台大醫院內科部住院醫師、台大醫院精神醫學部總醫師、台大醫院兒童心智科研修醫師、台大醫院竹東分院主治醫師、耶魯大學兒童研究中心訪問學者、Info2Act 共同創辦人、心靈園地臉書頁面管理員

自述：因對心理健康的好奇與熱忱，投入精神醫學領域。在與兒童青少年互動中，除感慨人類不同年齡層的發展變化，及隨著科技進步與時俱進的社會發展變化，從電腦、網路、手機到底會怎麼一路進展下去，而個人與群體又會被如何影響、扮演著什麼角色，值得我們一起研究下去！

李吉特（第七、十四、十五章）

學歷：台灣大學醫學系

現職：衛生福利部嘉南療養院主治醫師

經歷：台大醫院精神醫學部住院醫師、總醫師、台大醫院兒童心理衛生中心研修醫師、台大醫院新竹分院精神醫學部主治醫師、台南市立安南醫院兒童心智科主任、台灣兒童青少年精神醫學會副秘書長

自述：自以為未達網路成癮之程度，曾醉心於最早之線上通訊軟體之一 ICQ 及最基本之社群網路——各大 BBS，興趣之一是玩電玩，曾誇口「雖未必全部破關但至少玩過八成 Gamespot 網站評價超過 8.5 分之遊戲」。最早涉足之網路遊戲為 MUD，學生時代曾與同好籌組當時熱門遊戲魔獸世界公會，曾一度

為該伺服器進度最快之精英公會之一，慶幸至今醫業本業未曾懈怠。希望能貢獻己身經驗於探討、治療上網與網路成癮行為，推廣網路健康使用之觀念。

陳宜明（第五、六章）

學歷：台灣大學醫學系、台灣大學健康政策與管理研究所博士候選人

現職：台大醫院精神醫學部主治醫師、台灣自殺防治學會副秘書長

經歷：臺灣憂鬱症防治協會副秘書長

張立人（前言、致謝、導論、第十二章）

學歷：台灣大學醫學系暨中國文學系輔系畢業

現職：台大兒童醫院兼任主治醫師、台大醫學系兼任講師

經歷：台灣網路成癮防治學會首屆理事、正念助人學會創會理事、台大醫院雲林分院精神醫學部主任、台大醫院精神醫學部主治醫師、台大醫學院精神科兼任講師

自述：長期鑽研網路數位科技對身心健康的衝擊，善用多元治療模式改善網路遊戲成癮，作品包括：《APP世代在想什麼？》、《上網不上癮》、《終結腦疲勞！》、《大腦營養學全書》、《在工作中自我療癒》、《生活，依然美好》等。《上網不上癮》一書榮獲衛生福利部優良健康讀物推介獎，是台灣網路成癮防治的暢銷書籍。

部落格及臉書粉絲專頁：「張立人的祕密書齋」

前 言

Elias Aboujaoude 醫學博士

史丹佛大學醫學院衝動控制疾患門診主任

　　網路迅速擴大為我們日常生活的一部分。對大多數人來說，網路代表一種驚人的資訊工具，以及無庸置疑的機會，能獲致社會連結、自我教育、財務改善、免於害羞、麻痺與壓抑。對他們來說，網路增強了他們的幸福感與生活品質。可是對其他人來說，網路卻似乎能導致一種符合 *DSM* 定義的「精神疾病」，其描述為「臨床上顯著的行為或心理症候群，和現有壓力或明顯增加死亡、疼痛、失能或喪失相當自由的風險有關」（American Psychiatric Association, 2000）。

　　本書共同編輯之一 Kimberly S. Young 博士，在 1996 年出版了問題性上網的案例報告之後，成了將此議題帶進臨床關注的第一人（Young, 1996）。她的病人是一位 43 歲非技術性的家庭主婦，家居生活穩定且沒有既往成癮或精神疾病史，但她最近三個月發現自己每個禮拜在線上聊天室花費的時間，高達六十個小時。病人表示在電腦前很興奮，登出時心情不佳且易怒。她說自己對此媒體上癮，就像別人會對酒上癮那樣。

　　在那報告之後，來自東方與西方大量且豐富的資料，在過去十年內累積起來。整體來說，這些資料是個警世錄，說明了網路具有造成心理傷害的實質潛能。研究闡明了網路相關問題的許多亞型：線上性強迫行為（online sexual compulsivity）、網路賭博、社群網

站成癮（MySpace addiction）、線上遊戲成癮，後者美國醫學會（American Medical Association）估計有 500 萬孩童罹患，且曾考慮在新版診斷準則中將過度的遊戲稱為上癮。

　　網路成癮的問題仍相對新興，當研究發現它已成為增長的健康照護問題的同時，目前卻尚無書籍將文獻整合。這本《網路成癮：評估及治療指引手冊》是在這新興領域中，第一本以實證為基礎的書籍。本書綜合至今的研究，並針對一般族群以及有較高風險發生此問題的青少年族群，提出臨床、社會、公共衛生的處遇。本書能讓臨床工作者在篩檢與治療受新興成癮疾病所苦的案主時，了解其當代臨床意涵、評估工具及治療方式。

　　對於如此徹底且無可挽回地改變我們生活方式的媒體，網路對我們心理健康的影響仍未知，較多的是記者的感性報導，而較少來自治療師或研究專家的討論。甚至當我們對基礎網路心理學的了解延宕了，症狀繼續隨著科技演化——已經從傳統瀏覽器到智慧型手機，後者結合了網路聊天、簡訊與視訊遊戲的性能。若只是簡單地陳述類似的憂慮也出現在每種新科技中，則會錯過了重點：虛擬視訊媒體的沉浸性與互動的特性，加上它全然滲透到生活每一層面，已經和之前所有媒體不同，更容易有過度使用或誤用的問題。隨著我們對科技更加依賴，本書有其臨床上的合理性，並且喚醒公眾與專業人員對此議題的覺知，讓未來能針對此不斷演化的領域進行研究。這領域正快速地發展出值得科學探索的新天地，難怪這些教我們關於虛擬世界內存問題的研究導向書籍，會是如此地必要。

網路成癮 評估及治療指引手冊

American Psychiatric Association. (2000). *Diagnostic and statistical manual of mental disorders* (4th ed., text rev.). Washington, DC: Author.

Young, K. S. (1996). Addictive use of the Internet: A case that breaks the stereotype. Psychology of computer use: XL. *Psychological Reports, 79*, 899–902.

致　謝

　　有人說，接下來五年人類所累積的知識，將比過去整個人類史還多。在十多年前，我們確實會懷疑這句話，想像它是誇大和無稽之談的結果。我們仍使用傳真設備，用錄影帶看電影，電腦仍然是個既引人好奇又令人懷疑的物品。但如果我們考慮到：身上手機所採用的科技，比阿波羅十二號太空船更精細，也許那聽來令人驚訝的預測才是對的。

　　我們正處於科學史巨大變革的震央。我們會是知識與人類行為領域中偉大革命的見證者。這些改變延伸出許多意涵，科技對日常生活影響的結果正屬其中之一。對網路的依賴，成為衝擊社會、家庭、醫師與研究者的議題之一。本書為此主題帶來曙光，雖然我們仍不清楚這新型傳播系統的長期意義。我們希望本書對於那些致力減輕千百萬人不適當上網的專家們，能夠有所幫助。本書題獻給那些受害者。

　　我們也謝謝任職於 John Wiley & Sons 出版社的 Patricia Rossi 和 Fiona Brown，以及我們的經紀人 Carol Mann 版權代理公司的 Carol Mann。他們支持我們並且信賴我們的計畫。

Kimberly S. Young 博士

Cristiano Nabuco de Abreu 博士

蔡　序

　　本書譯者林煜軒醫師提到當年我擔任台中一中校長時，暑假前校園裡一則讓他至今還印象深刻的宣導標語：「上街飆車——遜；回家飆網——酷」。

　　當時網際網路剛開始普及，對許多血氣方剛的青少年，上網和飆車一樣刺激、吸引人，或許「飆網」在那個年代，是比深夜不歸在外飆車，還讓師長們相對能安心的選擇。但轉眼間過了十幾年，「網路成癮」卻成為最令青少年家長們頭痛的課題。我們在報章媒體上不時可見到「沉迷網路遊戲在網咖猝死」、「低頭族犧牲睡眠及吃飯時間玩遊戲，一天內連續昏倒三次」這類的新聞。近年來，我國教育部公布的調查結果顯示：國中、小的網路成癮者高達 20% 以上、甚至有高中職達 30% 以上的盛行率。相較過去幾年，網路成癮的盛行率有逐年攀升的跡象。我們甚至誇張一點地說「網路成癮」所造成的危害似乎不亞於飆車族。

　　瀏覽本書之後，我才了解十幾年前在「回家飆網——酷」這個標語貼出的同時，本書的作者 Kimberly Young 教授已報告了數百位網路成癮的個案，而世界各地許多專家也從各種研究、累積臨床經驗試圖解決網路成癮這個棘手的問題。台灣是網路成癮研究的重鎮，然而我們對網路成癮的預防和治療，卻未如鄰近的亞洲國家積極。從社會大眾的角度，雖然對「網路成癮」耳熟能詳，但僅止於是個「形容詞」，還不是能深入了解其中內涵的「專有名詞」。

　　我很訝異國內網路成癮的專書目前仍屈指可數。相信這本集合
全世界網路成癮臨床專家、研究權威學者所撰寫的手冊，加上台大
醫院精神醫學部堅強的翻譯團隊，俾使基層教師、輔導諮商專家，
以及所有關心生長在資訊爆炸時代孩子的家長和先進，更深入認識
網路成癮，陪伴網路世代的孩子們健康快樂地成長。

蔡炳坤

台中市政府副市長

推薦者曾任台中一中、建國中學校長

高　序

　　當林朝誠醫師告訴我，他帶著多位總醫師及年輕主治醫師翻譯
此書時，我很高興他們能在繁重的臨床工作中完成這項任務。這是
一本不論網路成癮者、家長、學校老師、諮商或臨床心理師及醫
師，必讀的如何助人自助的網路成癮治療手冊。

　　早在 1998 年帶著孩子到耶魯留學時，已知台灣積極推廣網路及
電腦教學，但是卻看到美國國小鼓勵所有的報告以紙筆和美勞素材
完成，身為一位兒童精神科醫師，我已開始憂心，積極推廣網路學
習對於原本不專心、對於常規生活不適應的人，是否容易造成網路
成癮呢？2001 年回國之後，我的病人，尤其是注意力不足過動症或
是亞斯伯格症，有愈來愈多的人沉迷於網路，不僅衝擊學業、人際
互動及親子關係，並且影響身心健康。這些個案常需較長的看診時
間或是額外的認知行為治療，但是限於國內的健保制度，常令醫師
或治療師難以有充分的時間給予治療。我也期盼有一本適合大眾閱
讀的書籍，可以提供網路成癮者，以及其家人、師長或朋友隨時參
考，協助網路成癮者自助助人遠離網路成癮。

　　最近面對中小學推行行動數位教學，引起教育人士擔心此推廣
是否增加網路成癮的機會，我受邀評估此風險，此研究正在進行
中。會不會成癮必須要評估個人、家庭及環境因子，以便擬定治療
計畫。由於網路成癮的比率有上升之趨勢，具有治療網路成癮的專
業治療師有限，這本書即時的出版，也可以做為治療師專業訓練的

教材之一。

　　面對網路成癮，不論是在青春期或成年期均有逐年上升的情形，影響個人身心、學業工作及家庭甚巨，國內不論預防、治療或研究均顯不足，這本書經由台大醫院精神醫學部數位醫師翻譯，淺顯易懂，應可以部分解決國內評估及治療網路成癮資源的不足，是值得推薦的一本好書。

高淑芬

台大醫院精神醫學部主任／台大醫學院精神科主治醫師

王　序

　　網際網路是現代生活中最重要的科技，網際網路的應用，對人類生活造成的影響實在是難以估計，網路有其特殊的雙重特性，它不但是一種溝通媒介，也是一個活動場域。網路人際活動已是現代人在現實生活中與他人接觸的重要方式，透過各種網路應用程式，發展出各種形式的人際互動與生活經驗，網路既是現實社會的延伸也自成另一個可置身其中的社會場域，網路帶來了無可限量的機會與便利，也衍生了許多層出不窮的問題，最為人所知的就是網路成癮的問題。

　　網路成癮本是哥倫比亞大學精神科教授 Ivan Goldberg 醫生戲稱的病名，透過心理學家 Kimberly Young 博士的研究發表，網路成癮一詞在全世界快速爆紅，網路的世界似乎是個具有加速度的特性，雖然仍有爭議，美國精神醫學會仍在 2013 年新出版的《精神疾病診斷與統計手冊》第五版（*DSM-5*）有待未來研究確認的第三區疾病中，放入上網疾患（Internet Use Disorder）的病名，這也回應了網路成癮的診斷與處理已受到社會與助人專業界重大關切的發展現況。

　　筆者自 2003 年起開始投入網路成癮研究，並自 2008 年起邀請本系劉淑慧老師、台灣大學心理系陳淑惠老師、高雄醫學大學醫學系柯志鴻醫師、台中科技大學楊淳斐老師及一群優秀的台大與彰化師大的博碩士生組成了「台灣網路成癮輔導網」研究團隊，編製

「網路成癮評估模組」、進行台灣網路成癮自小學至大學的盛行率調查，並發展出結合「覺、知、處、行、控、追——網路成癮六階段處理模式」、「一次單元諮商模式」與網路諮商的治療模式，並進行療效驗證，深知網路成癮問題並非不可解，但是絕對需要加以高度關切。

本書《網路成癮：評估及治療指引手冊》的出版可說是適時滿足了全世界對網路成癮問題的高度關切，本書之原文由研究網路成癮素有盛名的 Kimberly Young 博士主編，其所邀集的各章作者亦為來自世界各國的網路成癮學者，從學術研究到臨床實務都有深入淺出的探討，非常值得網路成癮的研究者與臨床工作者加以參考，對網路成癮議題關切的各界人士亦可透過本書而對此一問題有一更深入的了解。

加上本書中譯本的工作團隊極為優秀，擔任審閱工作的林朝誠博士本身就是國內網路心理治療與網路成癮研究的先驅，也是專研此等議題的專業組織——台灣心靈健康資訊協會的創會理事長，而其領導的中譯團隊——林煜軒、劉昭郁、陳劭芊、李吉特、陳宜明與張立人醫師，則都是關心網路議題而專業表現優異的精神科醫師，對網路成癮問題在學術面與實務面都知之甚詳，他們的努力使本書更具專業性與可看性。

讀者若為專業人士定可自本書所有章節中，了解目前網路成癮治療的不同發展狀況，讀者若為一般民眾亦可自個人所感到興趣的章節中，讀取有關網路成癮之問題成因與因應策略的重要資訊，網路成癮問題已是國家大事、社會大事，無論是政府與民間，都需要共同來關切。本書的閱讀就是個關切的開始。

王智弘

推薦者現任國立彰化師範大學輔導與諮商學系教授／研究倫理審查委員會主任委員、心理健康行動聯盟副召集人暨發言人、台灣心靈健康資訊協會理事長、台灣心理諮商資訊網主持人、台灣心理諮商季刊主編、中華心理衛生協會副理事長、中華心理衛生學刊副主編、諮商心理師公會全國聯合會副理事長兼專業倫理委員會召集人

著有《助人專業倫理》、《網路諮商、網路成癮與網路心理健康》等專書

柯 序

　　十分感謝林教授讓我有機會閱讀這本十分重要的手冊，我想在網路成癮的治療史上，這本書有其無可取代的地位。即使在日新月異的今天，在出版若干年後，這本書中所提到的內涵，仍是當前網路成癮治療者必須仔細研讀並學習的重要概念。從網路成癮的發展、概念、心理歷程、危險因子、評估、乃至治療，這本書都有精要且嚴謹的論述，同時提出實用可行的方案，相信這是一本對所有關心網路成癮議題的人都有幫助的一本書。然而，除了原始著作的偉大團隊外，陣容堅強的翻譯團隊，在忙碌的臨床及研究工作中，以有限的時間，讓艱澀的外文書成為可讓國內閱聽大眾理解的手冊，亦對台灣網路成癮領域做出重大的貢獻。相信經由閱讀這本書，不論是專業治療者或是關心網路成癮的民眾，都可以獲得網路成癮最核心且實用的知識。

柯志鴻

推薦者現任高雄市立小港醫院精神科主任、高雄醫學大學附設醫院精神科主治醫師、高雄醫學大學醫學系副教授

總校閱者序

　　雖然網路在現代社會的重要性已無庸贅述，但在十八年前我們創建心靈園地網站時，還得努力去跟民眾及醫護人員推廣如何使用網路呢！幾年後，我們發現網路成癮的問題慢慢浮現，於是使用本書編者 Young 博士的網路成癮診斷問卷來調查台灣網路成癮的情形。由於這個因緣，以及林煜軒醫師的熱情邀請，再加上有張立人、劉昭郁、陳劭芊、李吉特、陳宜明等醫師堅強的翻譯陣容，讓我欣然接下了總校閱的工作。

　　Young博士是國際知名的網路成癮實務及研究的先驅，她和Nabuco de Abreu 博士邀請數國專家共同撰寫此書，層面廣泛且內容深入淺出，從成癮現象的了解、理論的探討，到治療及預防都有精闢的闡述及實證根據。校閱的工作十分繁瑣，所幸研讀此書時吸收到新知的喜悅，足以鞭策我從第一個字爬到最後一個字，希望這本書也能夠帶給專業人員（如精神科醫師、心理師、社工師、護理師、職能治療師和老師等）同樣的喜悅，並對大眾（如家長、學生及受網路成癮之苦者）有所助益。

　　國內也有不少學者在做網路成癮的研究，如白雅美、陳震宇醫師和我做的網路盛行率調查，陳淑惠老師做的網路成癮問卷，柯志鴻醫師做的診斷以及腦影像的研究等；此外，也有不少的教育學者針對學生進行網路成癮調查，然而完整的中文著作就比較少了；王智弘老師的《網路諮商、網路成癮與網路心理健康》堪稱是內容最

完整的專書；如今，再加上 Young 博士這本亞馬遜五顆星的中文版國際專書，相信可以讓讀者進一步了解到網路成癮在國外的最新發展情形。

　　這幾年來常看到親友的小孩面臨網路成癮的問題，而路上不經意的觀察更是觸目驚心。上個月經過某家知名咖啡店，看到排隊等著點餐的九個人中就有七個人手上拿著智慧型手機滑來滑去；昨天在公車上，看到十個人中大概有七到八個人在晃動的公車中，低著頭，手指不斷點選或滑動；其中一位站著的低頭族看到一個坐著的乘客下車，於是暫停手的動作，作勢要進入靠窗的座位，坐在靠走道的乘客見狀就立刻縮腿讓他過，低頭族走過坐定後，立刻低頭繼續手指運動，整個過程中，完全沒有言語互動，也無目光接觸。這個景象，不禁讓我這個從十八年前就擔任網路科技的推手，深刻地支持在網路科技的洪流中，需要主動為青少年培養好健康的上網習慣，並防範網路成癮。

　　本書的翻譯及校閱工作得以完成，要感謝諸位醫師及心理出版社林敬堯總編輯的大力支持及小晶等同仁的協助，感謝助理葉華逸協助校閱，也感謝太太和女兒常常看到我在辛苦校稿，毫無抱怨地默默支持。雖然盡力讓本書的翻譯正確、順暢，但許多中文譯名在國內並無一致的翻法，也請讀者包涵並不吝指教。

林朝誠

譯　序
21 世紀的「每日精神病理學」

　　佛洛伊德繼《夢的解析》這部經典後，在 20 世紀的第一年（1901）發表另一本更通俗易懂的巨作《每日精神病理學》（*Psychopathology of Everyday Life*），這本書從「選擇性遺忘」、「說溜嘴」等日常生活經驗，解析心靈的巧妙運作。經過漫長的一個世紀，我們的「每日精神病理學」和一百年前相比，是不是又更加豐富了？

　　就說這短短的二十年間，我們從電腦普及的「e 世代」進入網路隨手可得的「i 世代」；從整天足不出戶的「宅男宅女」到隨處可見的「低頭族」。「網路成癮」顯然已成為這個世紀最具代表性的「每日精神病理學」。

　　然而，猶記第一次在臨床遇到重度網路成癮個案時，我深感「網路成癮」一詞人人雖然琅琅上口，但有系統的專業知識卻蒐羅匪易，特別是中文的專著幾乎付之闕如。我當時正接受高淑芬主任指導，從事校園新生網路成癮與睡眠型態、家庭教養的研究。為厚實學理基礎，便策畫與台大精神部同事一起翻譯這本深入淺出的教科書。

　　本書不僅提供豐富的臨床經驗，對網路成癮的生物－心理－社會各層面的影響，均有詳實的論述。受益於本書簡潔的概念與豐富的內容，我不僅在臨床工作中，對網路造成身心健康的議題更加敏

銳；近期我也和醫學工程權威郭博昭教授、李揚漢教授發表了檢測「智慧型手機成癮」的「觸控式電子裝置使用狀態監測系統」（中華民國專利新型第 M455306 號）手機程式（App）。

　　與台大精神部的同事——昭郁、劭芊、吉特、宜明、立人學長、林朝誠醫師合作翻譯本書，是這四年住院醫師生涯中，最難忘的美好經驗。感謝台大精神醫學部高淑芬主任、台大心理系陳淑惠教授、陽明大學郭博昭教授、陽明大學楊靜修教授、高醫柯志鴻醫師對我在網路成癮臨床和研究的探索，給予許多的指導和啟蒙。心理出版社林敬堯總編、李晶小姐的諸多協助，也致上萬分感謝。掩卷之際，更想由衷謝謝我的父母和家人，讓我在一個沒有網路成癮的家庭成長學習。

　　在 2013 年發行的《精神疾病診斷與統計手冊》第五版（DSM-5）中，「網路成癮」究竟是不是一種正式的精神疾病，仍有待更多研究解答。然而，「網路成癮」就像是「選擇性遺忘」或「說溜嘴」一樣的「每日精神病理學」，值得生活在 i 世代的每個人深思與重視。衷心期盼這本書也成為你認識網路成癮的最佳夥伴。

林煜軒

導　論

　　在過去十年，我們對網路成癮的概念是：已逐漸接受它是一個往往需要治療的正式臨床疾病（Young, 2007）。醫院及診所已開始提供網路成癮治療門診服務，成癮復健中心已收治新的網路成癮個案，而大專院校也開始成立支持團體來幫助成癮的學生。近來美國精神醫學會（American Psychiatric Association）已決定將網路成癮的診斷納入第五版的《精神疾病診斷與統計手冊》（*DSM-5*）的附錄中，以引領未來的研究。

　　《網路成癮：評估及治療指引手冊》著重在當代學術與臨床觀點的研究。第一個網路成癮研究是 1996 年 Kimberly S. Young 博士報告 600 位個案符合《精神疾病診斷與統計手冊》修訂版中的病態性賭博準則。〈網路成癮：新疾病的誕生〉這篇論文發表在多倫多舉辦的美國心理學會年會。儘管剛開始有許多學術上的爭議，是否真有網路成癮這種問題，但此後網路成癮的實證研究如雨後春筍般地不斷增加。

　　跨文化與跨學術領域的新研究著重在了解這項新的臨床與社會現象。新研究已增進我們了解網路行為以及青少年和成人如何使用這種新科技。新的臨床研究則試圖釐清這種新疾病的診斷、心理社會層面的危險因子、症狀處理、治療。網路成癮已被認為是國際性的問題，不僅在美國，在中國、南韓、台灣等國家亦是如此；而政府也介入這個嚴重的公衛議題，向網路成癮宣戰。

　　我們很難確認網路成癮影響的層面有多廣。一份史丹佛大學醫學院衝動控制疾患臨床團隊的國家型研究估計，八分之一的美國人有至少一項以上的問題性上網。在其他國家，如中國、南韓與台灣的媒體報導顯示網路成癮已相當普遍。

　　網路成癮的研究在 1990 年代的後期蓬勃發展。健康照護專業人士在臨床上開始觀察到深受網路相關問題所苦的個案。波士頓區的麥克林（McLean）醫院（隸屬於哈佛醫學院）與伊利諾州皮奧里亞（Peoria）的普羅克特（Proctor）醫院的伊利諾成癮治療中心都成立了專門研究網路成癮的先驅治療中心。住院病人成癮復健中心，像 Betty Ford 診所、Sierra Tucson 與 The Meadows 開始將網路相關的強迫症狀作為他們治療的一項次專科。2006 年，全世界第一個住院治療中心在中國北京成立，而時至今日，南韓大約有超過 140 所網路成癮治療中心。

　　網路相關的各種問題研究包括：線上性強迫行為（online sexual compulsivity）、網路賭博、社群網站成癮與線上遊戲成癮。線上遊戲成癮已成為一個眾所關注的議題，在 2008 年，美國醫學會估計 500 萬兒童有遊戲成癮，且在修正後的診斷手冊中認為過度的線上遊戲是種成癮。

　　當網路成癮在學術及臨床領域受到大量關注的同時，要建立舉世通用的照護與評估標準卻顯得十分困難，因為這個領域有其文化上的多元性，而且在學術文獻裡的專有名詞也不盡相同，從網路成癮、問題性上網、病態性上網與病態性電腦使用都有；同樣地，評估的方式也不盡相同。隨著我們對科技日益依賴，上網是需要或只是想要之間的界線是很模糊的，因此要去定義網路成癮顯得更加困

難。我們必須使用此種科技，因此問題是：何時才稱為網路成癮呢？

網路成癮的問題相當新穎，而當研究證實這已經是個日益重要的健康照護問題時，從科學的觀點理解這個議題也有長足的進展。《網路成癮：評估及治療指引手冊》是第一本全方位彙整這個新興領域當代研究的書籍。本書包含網路與電腦相關的強迫症狀，相當適合大眾讀者。對於找尋網路成癮最新研究資訊與該領域發展趨勢的學者而言，本書也相當實用。社工、成癮諮商、心理學、精神醫學與護理等各領域的臨床工作者，在參考評估及治療經驗時，也將因本書的實證取向而受益良多。

本書的第一部分從臨床的觀點提出理論架構，幫讀者建立概念與釐清如何定義網路成癮。本書涵蓋精神醫學、心理學、溝通技巧與社會學的理論模式。來自各國的頂尖學者探討網路成癮對全世界與文化上的衝擊，並結合這些領域勾勒出網路成癮的診斷概念與盛行率。為了進一步協助治療者診斷網路成癮，此書檢附網路成癮的流行病學資料並將網路成癮分成幾種類型，如色情網站、網路賭博及線上遊戲。本書也論述上網對兒童、個人、家庭的影響，以及產生這種疾病的相關危險因子。

本書的第二部分介紹網路成癮的評估和治療。在現今對電腦高度依賴與大量使用的情況下，醫學專業人員可能會面臨新的問題性電腦使用者。然而，鑑於電腦的普及性，找出這種疾病可能很困難。網路成癮問題的蛛絲馬跡很容易被正當的上網所掩飾，而且臨床工作者很可能因為這是個相當新的現象而忽視這個問題。因此本書提出各種篩檢與評估網路成癮的策略，包含臨床會談問句，以及

第一個具有心理計量效度的問題性上網檢測「網路成癮評量表」
（Internet Addiction Test, IAT）（Widyanto & McMurren, 2004）。
本書也利用治療成效的資料來探究實證治療方式，包括兒童和成人
的介入、團體治療、十二步驟復原及住院復健等各種臨床觀點。

　　最後，有許多對 *DSM-5* 中網路成癮診斷的臆測。網路成癮納入
DSM-5 的附錄中，將提升此問題在臨床上的正式地位，並使後續的
科學研究深入了解網路成癮的本質。總結章節探討這些觀點與如何
讓大眾意識到網路成癮的議題，這將為後續以治療與訓練為基礎的
研究帶來新契機。此章節也探討更多領域的研究，如長期治療成效
及系統性地比較各種治療模式的療效。我們期許在這個領域蓬勃發
展的同時，本書成為臨床工作者與學界重要的啟發。我們希望本書
讓臨床工作者學到現今對網路成癮者最新的治療方式。我們也期待
本書可以成為診所、醫院、住院病人健復中心與門診病人治療的指
引。最終，我們期許本書為網路成癮與線上行為之現有文獻提綱挈
領，俾使學界能在此領域追求進一步的研究。

Widyanto, L., & McMurren, M. (2004). The psychometric properties of the Internet
　　Addiction Test. *CyberPsychology & Behavior, 7*(4),445-453.
Young, K. S. (2007). Cognitive-behavioral therapy with Internet addicts: Treatment
　　outcomes and implications. *CyberPsychology & Behavior, 10*(5), 671–679.

Part

1

了解網路行為與成癮

第 1 章
網路成癮的盛行率估計和致病模式

Kimberly S. Young、岳曉東、應力

　　網路成癮在 1996 年首度被研究探討且在美國心理學會發表研究成果。這份研究回顧 600 位重度網路使用者，他們的臨床表現符合《精神疾病診斷與統計手冊》第四版（*DSM-IV*）中改編自病態性賭博診斷準則之成癮徵候（Young, 1996）。此後十年的研究已檢視這個疾病的各種面向。早期的研究嘗試定義網路成癮並區別強迫性上網和正常上網的不同。而更多近期的研究則調查網路成癮的盛行率與致病因子，或造成此疾病的相關因素。這些研究檢視電腦傳播媒介對人們網路互動模式的衝擊，而且這些研究從美國到英國、俄國、中國以及台灣都蔚然興起。儘管這已成為世界性的問題，但對於為何人們會網路成癮了解的依然不多。本章呈現各國的盛行率數據，並彙整對網路成癮的各種觀點；同時提出理論架構以了解形成網路成癮的致病因子或模型。從學術的觀點來說，本章指引了具有潛力的研究新領域。從精神健康的觀點，本章的內容提供臨床工作者更多關於評估及治療網路成癮者的經驗談。

網路成癮在不同文化間的盛行率

　　早期的研究已調查網路成癮的盛行率。在第一波研究裡，Greenfield（1999）和 ABC 新聞網（ABCNews. com）調查 17,000 位網友中，估計有 6%符合網路成癮的表現。但這份研究的資料來源是依據自己回報的橫斷式研究族群，而且是僅藉由網路的大規模調查。另一份美國史丹佛醫學中心所執行的著名研究指出：八分之一的美國人有至少有一項網路成癮的症狀（Aboujaoude, Koran, Gamel, Large, & Serpe, 2006）。

　　研究指出網路成癮在大學生的盛行率較一般大眾還高。德州大學的 Scherer（1997）以 *DSM* 為基礎的診斷準則調查 531 位學生，發現有 13%具有網路依賴的表現。Morahan-Martin 和 Schumacher（1999）指出 14%的羅德島 Bryant 大學的學生符合診斷準則，而 Yang（2001）估計台灣的大學生有 10%符合網路成癮的診斷。總結來說，大學生較容易接觸到網路而造成校園網路成癮的高盛行率。

　　在青少年的研究中，芬蘭調查 12 到 18 歲間青少年的網路成癮盛行率，發現 4.7%的女孩符合 Young（1998）的網路成癮診斷問卷（Internet Addiction Diagnostic Questionnaire）的定義，而 4.6%的男孩符合此定義。特定類型的網路成癮中，與盛行率相關的研究在 1990 年代後期如雨後春筍般出現。研究網路上與性有關的活動愈來愈盛行，而且據估計有 9%網友的成癮症狀是與性有關的內容（Cooper, 2002）。

　　Bai、Lin 和 Chen 在 2001 年發表了網路成癮盛行率調查報告，

此研究在精神科虛擬門診「心靈診所」進行，100 位精神健康專業人員自願提供免費線上回答精神科問題的服務。在研究期間所有造訪虛擬診所的人都完成了 Young 的八題網路成癮診斷問卷。251 位個案中，有 38 位（15%）符合網路成癮的診斷標準。符合診斷的個案在年齡、性別、教育程度、婚姻狀況、職業或擬似精神疾病等變項與不符合診斷者並沒有差異。然而，符合網路成癮診斷的個案，在物質使用疾患的共病比率，顯著地高於不符合診斷者。

在 2003 年，Whang、Lee 和 Chang 使用改編的 Young 的網路成癮量表（Internet Addiction Scale），調查了韓國網路過度使用的盛行率。在韓國重要入口網站的 2,000 萬名網路使用者中有 13,588 位（7,878 位男性與 5,710 位女性）參與這份研究。在此研究樣本中有 3.5% 被診斷為網路成癮，而 18.4% 被歸類為可能有網路成癮。

一項由「印度網路與行動通訊組織」在 2006 年主導的「I-Cube 2006」研究顯示：在印度的二十六個城市 65,000 名居家受訪者中，大約有 38% 的網路使用者有過度上網的現象（約每週 8.2 小時）。年輕男性，特別是大學生，是上網族群的大宗。印度人上網從事非常多的活動，如電子郵件和即時通訊（98%）、找工作（51%）、銀行事務（32%）、付帳單（18%）、買賣股票（15%）以及尋找結婚對象（15%）。

只有少數的研究去估計印度的網路成癮有多普遍。印度旁遮普（Punjabi）大學心理系的 Kanwal Nalwa 博士與 Archana Preet Anand 博士調查印度 16 到 18 歲學齡兒童的網路成癮程度（Nalwa & Anand, 2003）。他們區分出網路依賴者和非依賴者兩組人。依賴者因上網而耽誤課業、半夜上網而犧牲睡眠，而且覺得少了網路人生將失去

意義。可想而知，網路依賴者花更多時間上網而且感到孤獨的程度也高於非依賴者。

在印度，「上網」才剛開始被意識到可能會成為一種疾病。自從 2007 年開始，某些教育機構，像是印度科技組織（Indian Institutes of Technology, IITs），以及一些頂尖的理工大學，因為有些自殺事件與過度上網所促成的反社會行為有關，因而開始限制校園夜間的上網時段（Swaminath, 2008）。

根據中國青少年網路協會（China Youth Association for Internet Development）最近的網路成癮統計報告（Cui, Zhao, Wu, & Xu, 2006），中國的青少年網路成癮者占上網青少年的 9.72%到 11.06%。更精確地計算，中國 1 億 6,200 萬的網路使用者中，大約有 63%，也就是約有 1 億人是小於 24 歲，而這 1 億名青少年中，有9.72%到11.06%，也就是大約1,000萬名年輕人是嚴重的成癮者。

網路成癮的盛行率在各文化與社會間有很大的差異。研究者以不同的方式來定義網路成癮，使得不同研究結果很難取得一致性。而且這些研究會受到不同方法學差異的影響，有些是網路上的橫斷式調查，有些則只針對特定校園和大學裡的學生。一般而言，我們可以說網路成癮在青少年盛行率最低點似乎在 4.6%到 4.7%之間；而這個數字在使用網路的大眾族群中正在逐漸增加，一般大眾有網路成癮症狀的則在 6%到 15%之間；風險最高的大學生則在 13%到 18.4%。這些數據顯示了問題的重要性，而且指出網路使用者中有相當的比例有一種以上的網路成癮症狀。

致病因子

　　成癮的定義是沉迷於某些活動和使用某些物質，儘管這已經對個人的身心靈健康、社交、經濟狀況造成負面影響，他們仍然會去做這些習慣性強迫行為。成癮者用這種不好的因應策略來應對日常生活中的困境和壓力，以及過去或現在的心靈創傷。典型的成癮會表現出生理和心理的特徵。生理上的依賴是指當某個人的身體必須依賴某種像藥物或酒精這類物質，一旦沒有繼續使用就會出現戒斷症狀。成癮性物質剛開始會引起愉悅的感覺，為了排解沒有這些物質所帶來的焦慮，因而導致強迫行為。心理的依賴則可觀察到成癮者的戒斷症狀，如憂鬱、渴求、失眠、煩躁。通常行為和物質的成癮，都會帶來心理上的依賴。以下會提出不同的模式來解釋網路成癮的心理依賴。由於是一種行為成癮，把焦點放在增加上網的心理因素，有助於了解臨床上人們為何會過度使用網路。

▶▶ 認知行為模式

　　Caplan（2002）將科技產物成癮視為行為成癮中的一部分，網路成癮具有成癮的核心特徵（即獨特的感覺、情緒改變、耐受性、戒斷症狀、衝突與復發）。從這個觀點來說，網路成癮者呈現對這種活動的獨特感覺、常常渴望上網而且當離線時會對網路念念不忘。他們用上網來逃避心煩意亂的感覺，對上網帶來的滿足感逐漸產生耐受性，當減少上網時會有戒斷症狀；由於這種行為而增加許多人際衝突，並且會有成癮復發的情形。這個模式也應用在解釋性

行為、進食和賭博這些行為上（Peele, 1985; Vaillant, 1995），而且在檢視病態性或成癮性的上網也同樣很有用。

　　Davis（2001）提出病態性上網（pathological Internet use, PIU）的認知行為理論，以解釋病態性上網的病因、形成及預後模式。Davis 認為病態性上網不只是一種行為成癮，他進一步提出，病態性上網是一種特別會造成生活負面影響的網路相關認知行為模式。Davis 主張把病態性上網分成兩類：特殊性和一般性。特殊性病態性上網涉及有特定內容的過度使用或濫用網路（如：賭博、買賣股票、瀏覽色情網站）。而且 Davis 認為這些涉及特定刺激的行為問題可能在他們無法上網時，會以其他替代方式來表現。一般性病態性上網是指普通且多元內容的過度上網，而造成個人和工作上的負面影響。一般性病態性上網的症狀包括和上網相關但沒有特定內容的適應不良認知和行為。更精確地說，一般性病態性上網是指個案因為網路上獨特的溝通方式而產生問題。也就是說他已被網路所深深吸引，寧可在虛擬世界裡也不想要面對面的人際溝通。

　　研究者因此認為治療網路成癮最好的方式是調整並控制上網（Greenfield, 2001; Orzack, 1999）。認知行為治療（cognitive behavioral therapy, CBT）是特別推薦的治療方式（Young, 2007）。認知行為治療這種為人熟知的治療是根據「想法會決定感覺」的論述。在一項 114 位病人的研究中，病人被教導以認知行為治療的方式檢視自己的想法並且辨別那些會引起上癮的感覺，而他們學習新的應對策略來防止重蹈覆轍。認知行為治療需要三個月或大約十二次每週一小時的療程。治療的前期是將重點放在特定行為和造成衝動控制疾患的困難情境。在治療進行的過程中，重點會逐漸放在造成和

影響強迫性上網行為的認知思考和扭曲。

　　研究指出治療應同時著重與電腦相關及無關的行為（Hall & Parsons, 2001）。在電腦相關的行為方面，以戒除造成問題的應用程式作為主要的目標，但仍保留在合理的用途下使用電腦。舉例來說，一位色情網路成癮的律師，應該在能上網從事法律研究和與客戶互通電子郵件的情形下戒除成人網站。與電腦無關的行為，則著重在協助個案沒有網路時，改變為正向的生活型態。鼓勵他們參與和電腦無關的活動，像是不用上網的嗜好、社交與家庭聚會。和飲食成癮一樣，其可藉由測量熱量攝取和體重減少作為療癒的客觀測量指標；網路成癮者也可以客觀地記錄造成問題的應用程式，以及下線後從事有意義活動的時間。建立這些基準量之後，可以用行為治療的方式反覆學習如何正確上網來達成特定的目標，像是調整上網時間，更明確地戒除有害的應用程式並掌控合埋的使用目標。使用電腦並且調整沒有電腦的活動，這些行為的管理應著重在當前的上網行為。

　　從認知的觀點，成癮式的思考是當面臨困境時，不經邏輯思考的一種直覺（Hall & Parsons, 2001）。當成癮者擔心和預期負面的結果時，他們會比其他人更傾向有這些行為。Young（1998）首先提出這種災難化的思考是逃避現實的心理防衛機轉，而導致強迫性上網。後續的研究已提出假說，網路成癮是因為某些不適的（maladaptive）認知，如以偏概全、災難化思考和負面的核心信念（Caplan, 2002; Caplan & High, 2007; Davis, 2001; LaRose, Mastro, & Eastin, 2001）。這些苦於負面想法的人通常也會有自卑感並抱持悲觀的態度。他們以網路上匿名的互動方式來克服這種適應障礙。早期的治

療預後研究顯示對於這些負面想法的認知行為治療可以克服個人的低自尊和價值（Young, 2007）。這個認知模式解釋為何網路使用者形成習慣性或強迫性上網，以及自己的負面想法如何維繫這種強迫性上網的模式。

▶▶ 神經心理學模式

中國大陸的學者愈來愈關注中國社會的網路成癮問題。在 2005 年的報告中，中國青少年網路協會（簡稱青網協，China Youth Association for Network Development, CYAND）首次提出以一個必要條件和三種情況作為判斷網路成癮的標準（CYAND, 2005）。必要條件是網路成癮必須嚴重地危及青少年的社交功能與人際溝通，以及只要符合以下三個條件中的任何一個，就可歸類為網路成癮者：(1)覺得在網路上自我實現比現實生活中容易；(2)被打斷或停止上網時感到不悅或憂鬱；(3)試著對家人隱瞞使用網路的時間。中國青少年網路協會心理發展研究院院長應力，提出神經心理連結模式來解釋網路成癮的行為（Tao, Ying, Yue, & Hao, 2007）（見圖 1.1 及表 1.1）。

當檢視與成癮相關的原始趨力時，很多研究起源於與化學物質依賴相關的大腦活動。成癮性的物質對大腦回饋系統中的藥理活性產生很大的作用。即使人格、社會以及基因等因子都可能很重要，但藥物對中樞神經系統的影響仍然是藥物成癮的主要決定因素。非藥物的因素在影響開始使用藥物以及決定多快會成癮可能很重要。某些物質其非藥物的因素和藥物的藥理作用產生交互影響，造成強迫性的物質使用。成癮行為會影響這些個案去使用一般被認為不具

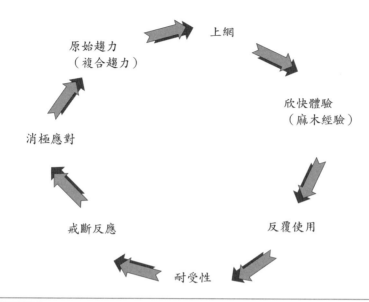

原始趨力
（複合趨力）

上網

欣快體驗
（麻木經驗）

消極應對

戒斷反應

反覆使用

耐受性

圖 1.1 網路成癮的神經心理連結模式

有成癮性的藥物。

　　多巴胺是一種中樞神經系統的神經傳導物質。由於它在調節情緒、動機和報償作用的特殊角色，所以特別引起精神藥理學家注意。雖然大腦中有數個多巴胺系統，中腦邊緣（mesolimbic）的多巴胺系統在動機性程序中是最重要的。有些成癮性藥物藉由增加中腦邊緣系統多巴胺的活性，對行為產生影響（Di Chiara, 2000）。成癮行為（如賭博和進食）的神經化學連結已被確立，但早期研究已經指出這些神經化學反應在所有無論是物質或行為性的成癮都占有重要的角色（Di Chiara, 2000）。

　　成癮在大腦報償系統的模式是：大腦某些區域受到刺激時，多巴胺的釋放會增加。大腦中的特定路徑與報償及動機的調節有關。

表 1.1 網路成癮的神經心理連結解說

主要觀念	精確解釋
原始驅力	原始驅力指個體避害趨利的本能，為尋求及時行樂而可以不顧一切，因此代表了上網的各種動機和衝動。
欣快體驗	欣快體驗指個體由於網路活動刺激中樞神經而產生的快樂與滿足狀態。這驅使人不斷上網，擴大欣快體驗。而一旦成癮行為形成，欣快體驗會很快轉化為麻木狀態。
耐受性	耐受性是指個體由於反覆使用網路，感覺閾值（sensory threshold）增高，為了達到同樣的快樂體驗必須增加時間和投入程度。高耐受性是網路成癮的跳板，也是網路欣快體驗的強化結果。
戒斷反應	戒斷反應則指個體一旦停止或減少上網行為而產生的生理、心理的症候群，主要表現為煩躁不安、失眠、情緒不穩定、易怒等。
消極應對	消極應對是指個體受到挫折、失敗，或接受外界不良影響後產生的一種被動順應環境行為。包括不良的問題歸因、認知的曲解及形成的壓抑、逃避、攻擊等負面行為。
雪崩效應	雪崩效應（avalanche effect）指個案在原始驅力基礎上，由耐受性、戒斷反應導致的消極經驗，及個體本身的消極應對方式所構成的複合動力。

直接對前腦內側神經束（medial forebrain bundle, MFB）電刺激時，會產生增強的報償作用。中樞神經興奮劑與鴉片分別在伏隔核（nucleus accumbens）和中腦腹側被蓋區（ventral tegmental area）產生藥理作用而啟動報償系統。中腦腹側被蓋區的鴉片作用區域可能和腦內啡系統（endogenous opioid peptide system, ENK）有關，但解剖學上的位置還沒有被確定。與生俱來的報償反應物（例如飲食和性）及其他物質（如咖啡因、酒精、尼古丁）都可能會激發大腦的報償系統（Di Chiara, 2000）。

當我們探索成癮行為中新的神經化學反應時，了解在生理與心

理上的反應是非常重要的。研究學者認為成癮與大腦內神經傳導物質的變化有關,而有些理論更提出不論任何的形式,所有的成癮(包括性、食物、酒、網路)都是由大腦內相似的反應所引起的。為此發展了許多以藥物治療網路成癮的新研究。紐約西奈山醫學院(Mount Sinai School of Medicine)的研究者嘗試對十九位花費過多時間、無法控制自己,或因上網造成社交、職業、經濟困難的衝動性—強迫性上網者,以抗憂鬱劑 escitalopram(Lexapro, from Forest Pharmaceuticals)治療(Dell'Osso et al., 2008)。受試者在開放標籤(open-label)階段服用十週的 escitalopram,而對藥物有反應的受試者,在接下來的九週進入隨機分派、雙盲性、安慰劑控制的階段,繼續服藥或安慰劑。成癮者在開放標籤階段對藥物都有非常好的反應,他們平均上網時間由三十六小時減少至十六小時。因為這只是第一個藥物研究,更多大型臨床藥物試驗需要進一步檢視藥物對網路成癮的效力(efficacy)。辨別出藥物治療對網路成癮和相關強迫症的藥物治療的作用是很重要的。

▶▶ 補償假說

中國科學院(Chinese Academy of Sciences)心理研究所提出「補償假說」(compensation theory)來解釋中國年輕人網路成癮的原因。Tao(2005)進一步指出,用單一的評量系統來評斷學業表現使得許多年輕人藉由線上活動來尋求精神上的補償。此外年輕人用上網來尋求補償自我認同、自尊心和社交圈。在過去的二十年,中國的青少年用詩、吉他和運動來抒發他們的情感,而現在他們則是打電動玩具和上網。

先前的研究已經證實成年人和孩子一樣，會用網路來作為補償或因應其自尊、認同和人際關係上的不足。一個早先的研究使用UCLA 孤獨感量表（UCLA Loneliness Scale）（Russell, Peplau, & Cutrona, 1980）發現有網路成癮的學生有較高的孤獨感（Morahan-Martin & Schumacher, 2003）。一般來說，網路成癮者對於親密關係的建立感到困難，因此將自己隱藏在匿名的網路世界裡，以比較不具壓迫感的方式和其他人接觸。他們可以在網路上建立新的社交網絡。藉由定期造訪特定的社群（像是特定的論壇、線上遊戲或臉書），他們和社群中的成員愈來愈熟，而建立了溝通的默契。就像所有的溝通方式一樣，網路文化也有自己的一套價值觀、標準、語言、訊息和傳承。網友們會融入社群中的文化。線上團體常常忽略了保持該有的隱私（例如：在留言板或聊天室張貼個人的訊息）；線上團體的使用者在平行的時空中，經由電腦來彼此連線，讓團體保持存活。

當這種特別的社群關係建立起來後，網路成癮者依賴網路上的對話互動來獲取友誼、建議、理解，甚至浪漫關係。創造虛擬社群的能力使網友們遠離了我們所熟悉的真實世界而活在線上匿名的打字社群裡。網友們藉由線上的訊息交流來補償現實生活中的失落（Caplan &High, 2007）。他們用線上聊天室、即時通訊或社群網站來尋求心靈的滿足和交流，及時地獲得親密關係。當現實生活中的人際互動貧乏而缺少親密關係時，這樣虛擬實境裡的人際互動滿足了他們內心深處的渴求。像管家、殘障人士、退休人員和家庭主婦的生活環境中，人際互動往往比較侷限。他們上網建立人脈來彌補現實生活中所缺乏的。這些人在社交活動中感到不自在，或是在現

實生活中不易以健康的方式建立人際關係，他們在網路上表現自己和交朋友會顯得更自在些。

現今著名的家庭網研究（Home Net Study）中，Krant 等人（1997）發現社交孤立和憂鬱與上網的關聯性。卡內基美隆大學（Carnegie Mellon University）的研究人員進行了一個為數不多的縱貫性追蹤研究是關於上網對心理的衝擊。研究人員隨機挑選一些先前沒有用過電腦的家庭，給他們電腦並教他們上網。一到兩年後，隨著上網的增加，家庭的互動和他們的社交圈都減少了。研究人員發現即使他們不常上網，參與實驗的家庭孤獨和憂鬱感增加了。尤其年輕人特別會感到孤獨和失去社會支持。研究人員發現網路成癮者更傾向於用上網來逃避問題（Young & Rogers, 1997）。當面臨工作壓力或鬱悶時，網路成癮者比其他人更傾向上網而且有較高程度的孤獨、憂鬱和衝動。一般來說，憂鬱和過度上網有關聯性。憂鬱如何造成網路成癮，或是網路成癮如何造成憂鬱的原因並不清楚。但研究指出兩者是高度相關的而且會互相影響。

在研究者持續了解網路成癮的背後原因時，臨床工作者也要去了解網路成癮者如何藉由上網來彌補那些生活中的失落。上網可能幫助他們克服自卑感、在社交場合中不善言辭、孤獨感和憂鬱。有這些問題的人可能會有比較高的風險造成網路成癮。以此考量的治療方式需要去檢視個案如何去處理這些共同出現的問題。也就是說，個案是用臉書來獲得未被滿足的社交需求嗎？他們因為社交恐懼所以用網路交友？當他們感到自卑時，是否就打線上遊戲來讓自己更有掌控權？他們是否用上網來解悶？幫助個案了解自己是如何用上網來補償失去的社交和心理需求，是邁向康復的第一步。

▶▶ 環境因素

環境因素在網路成癮的形成中占有很重要的角色。這些被電腦裡的異想世界所吸引的個案可能覺得被工作壓得喘不過氣或有個人的問題、人生重大轉變，諸如換工作、搬家或親人過世（Young, 2007）。網路成為逃避現實生活問題和困難的心靈避風港。例如某位走出離婚傷痛的人可以轉移注意力到眾多的網友上，對那些剛換工作的人來說，在新工作和新環境一切重新開始是很孤獨的。來到陌生的新環境，他們藉著上網來度過空虛的漫漫長夜。個案可能也曾深受藥酒癮之害，對他們容易成癮的傾向而言，唯有強迫上網是較安全的替代方案。他們相信在醫療的觀點上，網路成癮比藥酒癮安全，但這種強迫性的行為仍然是種逃避不愉快情境的潛在成癮。

多重成癮的個案是最容易網路成癮的族群。成癮性人格的個案遇到困難時很容易使用菸、酒、毒品、食物、性等方式來讓自己覺得好一點。他們已經學會用成癮行為來因應生活中的困難，而網路似乎是個方便、合法、又不傷身體的方式，可以轉移對現實生活困難的注意力。對性愛和賭博上癮的網路成癮者而言，網路提供了一個結合性與賭博的新天地。沉溺性愛的人發現可以藉由網路上的色情圖庫和匿名的色情聊天室這種新的資源來獲得滿足。網路使他們在可以被社會接受的範圍內延續這些與性有關的活動，而不必親自到脫衣舞廳或妓院。那些沉迷的賭徒則可以到網路上的賭場和撲克牌網站上聚賭。

在中國有個美國所沒有的文化因素。有人指出中國的教育體制是造成青少年成癮行為的主要環境因素（Tao, 2005; Tao et al.,

2007）。北京軍區總醫院青少年成長基地（Center for Youth and Ad-olescent Development）的主任醫師陶然（Ran Tao）解釋道：中國的父母都希望他們的孩子有個光明的未來，而通過大學考試是個人成功的「黃金指標」，這成為孩子在學習上的重大壓力，學校壓力使他們在放學後放縱自己去找樂子（Lin & Yan, 2001; Lin, 2002）。

我們觀察到環境壓力，不論是離婚、喪親之痛、失業、升學壓力，都可能驅使一個人增加網路的使用。他們上網以逃避一時或紓解壓力時，一開始並不會網路成癮。這些行為只是短暫而且會漸漸減少。然而，當他們的行為持續存在時，網路上的活動便占據了所有的時間。他們漸漸地以網路為生活重心。這種行為可能一開始與工作所需的科技產品有關，像是黑莓機，或是聊天室、線上遊戲這類的娛樂。當這種行為逐漸成形時，上網的情況變得更慢性化且根深柢固，而成為一種強迫性的意念。在這個階段，強迫性網路成癮使生活變得難以掌控，而且也危及了工作和人際關係。

當一個人對生活不滿、失去緊密的人際關係、缺乏自信心或調劑生活的興趣，或失去希望時，他們會變得脆弱而容易成癮（Peele, 1985, p. 42）。在相似的情境中，有些人因為對他們生活中的特別事件不滿、沮喪而不知如何面對時，會增加網路成癮的傾向（Young, 1998）。舉例來說，酒癮者總是用喝酒來減輕痛苦、逃避問題，以維持現狀，而不是用正向的方式來尋求解決途徑。然而，當酒醒後，他們發現問題仍然沒有解決。喝酒並無法改變什麼，而他們只是愈來愈會喝酒而不去解決問題。如同酒癮者的行為，網路成癮者以上網來減輕痛苦、逃避問題，以維持現狀；但離開網路後，他們發現問題仍然沒解決。這些滿足需求的替代品通常讓成癮者暫時逃

避問題，但這種上網的替代行為並無法解決任何問題。因此評估個案的現況對治療師或醫師是非常重要的，這樣才能評斷他們是否用上網來當作是逃避婚姻或工作不滿、身體疾病、失業或學業成績不佳的避風港。

 ## 臨床意義

過去十年來，關於網路成癮和強迫性上網的文獻大量出版。早期的研究指出網路成癮造成重大的心理與社會問題。以 *DSM* 為基礎的診斷準則是所有評估方式中最被廣為接受的。最近美國精神醫學會已考慮將網路成癮納入《精神疾病診斷與統計手冊》第五版（*DSM-5*）（Block, 2008）診斷系統並決定編入索引中。

從精神健康的觀點，由於只有極少數的康復中心投入在處理網路成癮的問題，成癮的網路使用者擔心這個領域進展太慢。為了達成更有效的康復計畫，需要持續的研究來更加了解網路成癮者的內在動機。進一步的研究應該著重在精神疾病，像憂鬱症和強迫症在形成強迫性上網中扮演的角色。縱貫性追蹤研究可以釐清人格特質、家庭動力學或人際溝通技巧如何影響人們使用網路。最後，需要進一步的預後研究來決定用專業化的治療方法來治療網路成癮的效果，並與傳統的治療方式比較。從技術層面來說，已經有新軟體防止網路誤用及過度使用，例如開發給企業作為監控軟體的 Web-Sense，或像是個人用來管理上網時間的 Spy Monkey。

目前還沒有特別針對十二步驟療程的療效研究。這個領域目前還太新，以至於像成癮者支持團體這種對網路成癮個案很有治療潛

力的研究資料仍付之闕如。研究文獻已開始討論許多待釐清的網路
成癮問題。有些研究缺乏嚴謹的實驗設計，太依賴調查的資料以及
自己篩選出的族群的自我報告。這些研究缺乏適當的控制組，而且
很多是以小樣本不嚴謹的訪談性研究和問卷來做出結論。只要方法
學的問題沒有解決，這個領域中的研究就會呈現各種觀點和不同的
結果。

Aboujaoude, E., Koran, L. M., Gamel, N., Large, M. D., & Serpe, R. T. (2006). Potential markers for problematic Internet use: A telephone survey of 2,513 adults. *CNS Spectrum, The Journal of Neuropsychiatric Medicine, 11*(10), 750–755.

Bai, Y.-M., Lin, C.-C., & Chen, J.-Y. (2001). The characteristic differences between clients of virtual and real psychiatric clinics. *American Journal of Psychiatry, 158*, 1160–1161.

Block, J. J. (2008). Issues for DSM-V: Internet addiction. *American Journal of Psychiatry, 165*, 306–307.

Caplan, S. E. (2002). Problematic Internet use and psychosocial well-being: Development of a theory-based cognitive-behavioral measurement instrument. *Computers in Human Behavior, 18*, 553–575.

Caplan, S. E., & High, A. C. (2007). Beyond excessive use: The interaction between cognitive and behavioral symptoms of problematic Internet use. *Communication Research Reports, 23*, 265–271.

China Youth Association for Network Development (CYAND). (2005). Report of China teenagers' Internet addiction information 2005 (Beijing, China).

Cooper, A. (2002). *Sex & the Internet. A guidebook for clinicians*. New York: Brunner-Routledge.

Cui, L. J., Zhao, X., Wu, Z. M., & Xu, A. H. (2006). A research on the effects of Internet addiction on adolescents' social development. *Psychological Science, 1*, 34–36.

Davis, R. A. (2001). A cognitive behavioral model of pathological Internet use. *Computers in Human Behavior, 17*, 187–195.

Dell'Osso, B., Hadley, S., Allen, A., Baker, B., Chaplin, W. F., & Hollander, E. (2008). Ecitalopram in the treatment of impulsive-compulsive Internet usage disorder: An open-label trial followed by a double-blind discontinuation phase. *Journal of Clinical Psychiatry, 69*(3), 452–456.

Di Chiara, G. (2000). Role of dopamine in the behavioural actions of nicotine related to addiction. *European Journal of Pharmacology, 393*(1–2), 295–314.

Greenfield, D. N. (1999). Psychological characteristics of compulsive Internet use: A preliminary analysis. *CyberPsychology & Behavior, 2,* 403–412.

Greenfield, D. N. (2001). Sexuality and the Internet, *Counselor, 2,* 62-63.

Hall, A. S., & Parsons, J. (2001). Internet addiction: College students case study using best practices in behavior therapy. *Journal of Mental Health Counseling, 23,* 312–322.

Krant, R., Patterson, M., Lundmark, V., Kiesler, S., Mukopadhyay, T., & Scherlis, W. (1997). Internet paradox: A social technology that reduces social involvement and psychological well-being? *American Psychologist, 53,* 1017–1031.

LaRose, R., Mastro, D., & Eastin, M. S. (2001). Understanding Internet usage: A social-cognitive approach to uses and gratifications. *Social Science Computer Review, 19*(4), 395–413.

Lin, X. H. (2002). A brief introduction to Internet addiction disorder. *Chinese Journal of Clinical Psychology, 1,* 74–76.

Lin, X. H., & Yan, G. G. (2001). Internet addiction disorder, online behavior and personality. *Chinese Mental Health Journal, 4,* 281–283.

Morahan-Martin, J., & Schumacher, P. (1999). Incidence and correlates of pathological Internet use among college students. *Computers in Human Behavior 16,* 1–17.

Morahan-Martin, J., & Schumacher, P. (2003). Loneliness and social uses of the Internet. *Computers in Human Behavior, 19,* 659–671.

Nalwa, K., & Anand, A. (2003). Internet addiction in students: A cause of concern. *CyberPsychology & Behavior, 6*(6), 653–656.

Orzack, M. H. (1999). Computer addiction: Is it real or is it virtual? *Harvard Mental Health Letter, 15*(7), 8.

Peele, S. (1985). The concept of addiction. In S. Peele, *The meaning of addiction: Compulsive experience and its interpretation.* Lanham, MD: Lexington Books.

Russell, D., Peplau, L. A., & Cutrona, C. E. (1980). The revised UCLA Loneliness Scale: Concurrent and discriminant validity evidence. *Journal of Personality and Social Psychology, 39,* 472–480.

Scherer, K. (1997). College life online: Healthy and unhealthy Internet use. *Journal of College Development, 38,* 655–665.

Swaminath, G. (2008). Internet addiction disorder: Fact or fad? Nosing into nosology. *Indian Journal of Psychiatry [serial online], 50,* 158–160. Available from http://www.indianjpsychiatry.org/text.asp?2008/50/3/158/43622.

Tao, H. K. (2005). Teenagers' Internet addiction and the quality-oriented education. *Journal of Higher Correspondence Education (Philosophy and Social Sciences), 3,* 70–73.

Tao, R., Ying, L., Yue, X. D., & Hao, X. (2007). *Internet addiction: Exploration and intervention.* [In Chinese]. Shanghai, China: Shanghai People's Press, 12.

Vaillant, G. E. (1995). *The natural history of alcoholism revisited.* Cambridge, MA: Harvard University Press.

Whang, L., Lee, K., & Chang, G. (2003). Internet over-users' psychological profiles: A behavior sampling analysis on Internet addiction. *CyberPsychology & Behavior, 6*(2), 143–150.

Yang, S. (2001). Sociopsychiatric characteristics of adolescents who use computers to excess. *Acta Psychiatrica Scandinavica, 104*(3), 217–222.

Young, K. S. (1996). Internet addiction: The emergence of a new clinical disorder. Poster presented at the 104th Annual Convention of the American Psychological Association in Toronto, Canada, August 16, 1996.

Young, K. S. (1998). *Caught in the Net: How to recognize the signs of Internet addiction and a winning strategy for recovery.* New York: John Wiley & Sons.

Young, K. S. (2007). Cognitive-behavioral therapy with Internet addicts: Treatment outcomes and implications, *CyberPsychology & Behavior, 10*(5), 671–679.

Young, K. S., & Rogers, R. (1997). The relationship between depression and Internet addiction. *CyberPsychology & Behavior, 1*(1), 25–28.

第 **2** 章
網路成癮個案的臨床評估

Kimberly S. Young

　　網路成癮的診斷通常很複雜。和其他化學藥物依賴不同的是，網路在科技一日千里的現今社會裡，帶來許多直接的好處，而不是被評為成癮性的產物。我們可以用網路來做研究、談生意、使用圖書館資源、溝通、規劃假期。許多書籍也提到網路可為我們帶來心理和生活機能上的便利。相較之下，酒或毒品不是我們個人生活和工作中不可或缺的，也不會帶來直接的好處。由於網路有許多實用價值，網路成癮的癥候很容易被蒙蔽或視為正常。此外，臨床評估常常很全面性且涵蓋許多相關的精神科疾病。然而，由於這是比較新的觀念，在初次的會談未必會透露出網路成癮的症狀。即使因網路成癮而自行求診已愈來愈普遍，但個案往往不是抱怨網路成癮，他們起先以憂鬱、躁鬱症、焦慮、強迫特質尋求專業的治療，之後在進一步評估時才發現網路成癮的症狀（Shapiro, Goldsmith, Keck, Khosla, & McElroy, 2000）。

　　因此，在臨床會談時診斷網路成癮極具挑戰性，是故由專業人

員來篩檢強迫性上網變得很重要。本章回顧了多種評估可能的網路成癮的方式、網路成癮的演進，及 *DSM-5* 關於病態性電腦使用的最新概念。在評估流程的某種程度上來說，本章也提出第一個證實有效的網路成癮評估工具，在確定診斷後用來評估症狀的嚴重度特別有用。最後，本章提出特定的會談問句和個案早期治療時呈現的治療議題，這些包括個案對治療的動機、潛在的社會問題和多重成癮。

 概念化

網路成癮的研究先驅、哈佛醫學院附設馬克林（McLean）醫院電腦成癮部（Computer Addiction Services）主任 Maressa Hecht Orzack 醫師表示，當網路成癮者生活變得無法掌控時，他們會失去控制衝動的能力，即使有這些問題，成癮者依然無法停止上網。電腦已是成癮者生活中最直接重要的人際聯繫（Orzack, 1999）。

雖然使用時間並非直接診斷網路成癮的依據，早期研究指出這些被歸類為網路依賴者大都過量使用網路，無論在何處每週耗費四十到八十小時上網，且每次上網時間可能長達二十小時（Greenfield, 1999; Young, 1998a）。儘管在現實生活中，隔天一早他們還要上班或上學，但成癮者大都在深夜上線並且熬夜網路漫遊而打亂睡眠作息。在極端的案例中，他們會用咖啡因錠來提神以繼續上網。這些睡眠剝奪會造成過度疲勞、學業或工作上的失能以及增加三餐不正常和缺乏運動的危險。

隨著網際網路的普及，要察覺和診斷網路成癮通常是很困難

的，因為合理的商業及個人用途常掩蓋這些成癮行為。臨床上檢測強迫性使用網路最好的方法，是與其他已建立的成癮診斷準則做類比。研究者將網路成癮和成癮的症狀比照 *DSM*（American Psychiatric Association, 1994）系統第一軸診斷中的衝動控制疾患，並以 *DSM-IV* 為基礎的改編版本來定義網路成癮。在 *DSM* 所有的資料中，病態性賭博最接近這種現象。網路成癮診斷問卷（Internet Addiction Diagnostic Questionnaire, IADQ）是第一個為此診斷發展的篩檢工具（Young, 1998b）。下列的問卷以八個診斷準則將此疾病概念化：

1. 你是否覺得腦海裡想的全是上網的事情（總想著先前上網的經歷或下次去上網的事情）？

2. 你是否感到需要花更多時間在網路上才能得到滿足？

3. 你是否曾多次努力試圖控制、減少或者停止上網，但並沒有成功？

4. 當減少或停止上網時，你是否會感到坐立不安、情緒不穩、憂鬱或易怒？

5. 你每次上網實際所花的時間是否都比計畫的時間要長？

6. 你是否因為上網而損害了重要的人際關係，或者損失了教育或工作的機會？

7. 你是否曾向家人、朋友或他人說謊以隱瞞自己上網的程度？

8. 你是否把上網作為一種逃避問題或排遣不良情緒（如無助感、內疚、焦慮、憂鬱）的方法？

　　回答這些問題需考量到非必要的電腦或上網，像是非商業或學術相關的用途。如果個案回答是的題目至少有五項以上且超過六個

月的時間，就必須考慮有網絡依賴的傾向。相關的特徵包括經常性過度上網、忽視日常生活的常規和責任、社交孤立、對網路活動保持隱密或上網時突然需要隱私。IADQ 將病態或成癮性的上網概念化，但這些具有警示性的癥候常常被某些鼓勵上網的文化所蒙蔽，即使個案符合所有的診斷準則，在他的現實生活中網路已經造成重大的問題，但濫用網路仍可能被合理化（例如：「我的工作需要上網」或「它只是台機器而已」）。

Beard 和 Wolf（2001）進一步修改 IADQ，建議在診斷網路成癮時，必須符合前五項所有準則，即使他們符合的診斷未造成日常生活功能損害。他也建議在診斷網路成癮時，符合最後三項（也就是準則六到八）的其中一項，也是必要的。將最後三項和其他準則分開討論的理由是這些準則影響病態性上網者的適應能力和功能（例如：憂鬱、焦慮、逃避問題），而且也影響與他人的互動（像是重要的人際關係、工作、待人不真誠）。新研究指出在經驗上符合 IADQ 的三或四個準則就可以強烈地確診為網路成癮，而要求符合五項可能太過嚴格了（Dowling & Quirk, 2009）。最後，Shapiro 等人（2003）推廣以 *DSM-IV-TR*（American Psychiatric Association, 2000）中衝動控制疾患的概念來診斷網路成癮，並進一步拓展問題性上網（problematic Internet use）的診斷準則。這種上網失衡可以用無法抗拒地想用網路或超過自己計畫的上網時間為指標。上網或整天想著要上網導致重大的社會、職業或其他重要面向的功能損害。最後，這些過度使用網路者並非在輕躁或躁症時期，也不是由於其他第一軸疾患所致。

最近美國精神醫學會考慮將病態性電腦使用列入即將修訂的

DSM-5（Block, 2008），此診斷在概念上屬於強迫性—衝動性類群疾病，常牽涉到上線與離線的電腦使用（Dell'Osso, Altamura, Allen, Marazziti, & Hollander, 2006），並至少分為三種類型：過度遊戲、充斥性愛內容、電子郵件和通訊系統（Block, 2007）。所有的變異型都包含以下四種成分：(1)過度使用：通常和失去時間觀念或忽略了基本需求有關；(2)戒斷：當無法用電腦時感到憤怒、緊張或憂鬱；(3)耐受性：包括需要更好的電腦配備、更多軟體，或使用時間變多；(4)負面的效應：包括爭執、說謊、低成就、社交孤立和疲勞（Beard &Wolf, 2001; Block, 2008）。這個最近的診斷準則全面性地匯集了先前網路成癮的分類定義，以涵蓋與強迫行為相關的重要部分。

▶▶ 網路成癮評量表

網路成癮評量表（Internet Addiction Test, IAT）是第一個評估網路成癮的有效工具（Widyanto & McMurren, 2004）。研究已證實網路成癮評量表涵蓋病態性上網的關鍵特徵，為可信的測量工具。這份量表衡量使用電腦的程度，並將成癮行為區分為輕、中、重度的障礙。網路成癮評量表可在門診或住院的場合使用，並且可以根據臨床的需求做調整。除了英文版的效度研究，義大利文（Ferraro, Caci, D'Amico, & Di Blasi, 2007）和法文版（Khazaal et al., 2008）的網路成癮評量表也做了效度研究，使這份量表成為第一個世界性的心理計量工具。

▶▶ 使用

　　簡單地指導個案根據 5 分的量尺回答二十題的問卷。個案只需針對考慮耗費在非學術性、非工作的時間來做回答。也就是說，只需考慮娛樂性的使用。

　　為了評估成癮程度，個案需要以下列的量尺回答接下來的問題：

　　0 = 不適用

　　1 = 幾乎不會

　　2 = 偶爾

　　3 = 常常

　　4 = 幾乎總是如此

　　5 = 總是如此

1. 你多常發現你上網時間超過原先預計的時間？
2. 你多常放下該完成或執行的事而將時間用來上網？
3. 你多常選擇上網來獲得興奮感，甚於人際的親密互動？
4. 你多常在網路上結交新朋友？
5. 你多常因為上網花太多時間而被周遭的人抱怨或指責？
6. 你多常因為花太多時間上網而造成成績、學業退步？
7. 你多常在必須做別的事之前先檢查電子郵件信箱？
8. 你多常因為上網而使工作表現或業績失常？
9. 當有人問你上網做些什麼時，你多常變得有所防衛或隱瞞？
10. 你多常藉由回想上網時愉悅的事來阻止自己想到困擾的事？

11. 你多常期待自己能再次上網？

12. 你多常害怕少了網路，人生變得無聊、空虛、無趣？

13. 若有人在你上網時打擾你，你多常會怒斥、吼叫或發脾氣？

14. 你多常因為半夜上網而犧牲晚上的睡眠？

15. 你多常在離線時仍然對網路活動的內容念念不忘或幻想自己正在上網？

16. 當你上網時，你多常告訴自己「只要幾分鐘就好」？

17. 你多常嘗試縮減上網時間卻失敗？

18. 你多常試著隱瞞自己的上網時數？

19. 你多常選擇把時間花在網路上而不想跟人出門？

20. 當離線後，你多常因為沒上網而感到心情鬱悶、喜怒無常或緊張，而一旦上網，這些情緒就消失？

　　回答所有問題後，將每項問題分數加起來計算總分。分數愈高，表示網路成癮的程度也愈高，如下：

正常範圍：0-30 分

輕度：31-49 分

中度：50-79 分

重度：80-100 分

　　算好個案的總分與所屬分級後，可進一步評估個案達到 4 或 5 分的項目。這種分項的分析可以全面地評估個案，察覺並指出網路濫用的特定問題。舉例來說，如果個案在第 12 題「少了網路，人生變得無聊、空虛、無趣」的答案是 4 分（幾乎總是如此），他是否了解這種依賴和害怕失去網路？或許個案在第 14 題「因為半夜上網

而犧牲晚上的睡眠」的答案是 5 分（總是如此），深入探討後可能發現個案每天晚上都過度熬夜，這已影響白天工作、上學或做家事的正常運作，且對個案的健康已有莫大的損害。這些都是進一步評估個案的重要面向，也是網路成癮引起的症狀和後果。總而言之，網路成癮評量表對電腦過度使用所產生的特定情況或問題提供了評估的架構，以便用在接下來的治療計畫裡。

▶▶ 適度和有節制的上網

像是與客戶的電子通訊或電子銀行這些商業性質或居家上網都是合理的。因此，當要多數個案禁止使用網路時，傳統的戒除模式並非可行的介入方式。治療的焦點應放在減少整體網路的使用。把減少上網作為首要目標時，通常有必要戒除造成問題的應用程式。例如在初次評估時，常會發現一些特定的應用程式，像聊天室、互動式遊戲或一些成人網站，都會引起上網的狂熱。然而，調控引發成癮的應用程式可能會失敗，因為這些應用程式與生俱來的誘惑力，所以個案需要停止所有與這些應用程式有關的活動。幫助個案的基本目標是在能維持控制合理使用網路下，戒除這些造成問題的應用程式。

治療上包含各種介入的方法與綜合的心理治療理論來治療成癮行為並處理常與成癮合併出現的心理社會問題（如：社交畏懼症、情感性疾患、睡眠疾病、不滿意的婚姻或工作過勞）。為協助個案戒除造成問題的線上應用軟體，以結構式、可量化、系統性的技術介入使之康復。根據這群人的預後研究數據，證實了認知行為治療是有效的治療方式（Young, 2007）。

▶▶ 治療動機

在恢復的前期，個案往往會否認或低估他們的上網習慣，以及上網對他們日常生活作息的影響。通常他們的情侶、朋友、另一半或父母會督促他們尋求協助。個案可能感到憤恨不平而否認上網造成問題的程度。為了打破這個僵局，治療師在診斷後應該以動機式晤談的技巧，鼓勵個案在康復的整合觀點上參與治療（Greenfield, 1999; Orzack, 1999）。

Miller（1983）首度提出動機式晤談（motivational interviewing），這種方法是由治療飲酒問題的經驗發展而來。這些基本觀念和方法，由之後的 Miller 和 Rollnick（1991）在描述更多臨床上的細節後而臻於完善。動機式晤談是以目標導向的諮商模式，來幫助個案探索並解決矛盾，引發個案的行為改變。動機式晤談包含開放式的問題、給予肯定，與反應式傾聽（reflective listening）。

動機式晤談試圖以結構式的方式質問個案來引發改變，或以可能失去工作、人際關係等外在情境來穩固個案的價值觀和改變行為的目的。個案在處理成癮或物質濫用時常對「戒除」感到兩難，即使他們承認問題存在。他們害怕失去網路，他們害怕如果不能和網友聊天、參加線上活動、把網路作為心靈的避風港，生活會變得怎樣。動機式晤談幫助個案質疑他們的矛盾。

可以詢問以下的問題：

- 你何時開始用網路？
- 你最近一週花多少時間在網路上（在非必要的用途上）？
- 你上網都在做什麼（特定的網站／社群網站／遊戲）？

- 你每週花幾小時在這上面？
- 你如何安排這些的重要性（1＝第一，2＝第二，3＝第三……）？
- 你最喜歡其中哪一項？最不喜歡哪一項？
- 網路改變了你的生活嗎？
- 登出離線時你感覺如何？
- 你上網已經造成哪些問題和影響（如果個案很難描述，請個案在電腦旁做個紀錄以便在下次的會談討論）？
- 是否曾有人抱怨你花太多時間上網？
- 你曾因此尋求治療嗎？如果有的話，是什麼時候？有成功過嗎？

　　這些問題的答案勾勒出個案更清楚的臨床概況。治療師可以確定對個案來說哪種應用程式是最有問題的（聊天室、線上遊戲、色情網站等）。上網的時間長短、造成的後果、先前嘗試治療的過程和預後都要評估。這幫助個案開始檢視網路如何影響他們的生活，也有助於個案感受到要對自己的行為負責。循序漸進地督促個案化解矛盾的心理，他們才更能認清過度上網的後果並且融入治療。一般來說這是以循循善誘的方式，而非積極的質問或爭辯。對習慣於詰問個案並給予忠告的治療師而言，動機式晤談像是個看不見未來的緩慢被動過程，但結果會證明一切。更激烈的手段──有時是想直接「質疑個案的否認」──很容易誤使個案在沒準備好的情況下去催促他們快點改變。

　　幫忙個案探索他們上網前的感覺，有助於指出他們是用上網來掩飾哪些情緒（或個案是如何用上網來應對、逃避問題）。答案可能是和另一半吵架、心情鬱悶、工作壓力或學業成績不佳。動機式

晤談應探討這些感覺如何在上網後逐漸消失。檢視個案如何合理化、為上網作辯解（例如「上網聊天讓我忘了和先生吵架的事」、「瀏覽網路上的色情圖片可以解悶」、「上網賭博讓我覺得工作壓力沒那麼大了」、「在線上遊戲裡幹掉其他玩家讓我在學校成績不好時感到舒服多了」）。動機式晤談同時也幫助個案認清過量或強迫性上網造成的後果。這些問題可能包含了像是「關掉電腦後，不好的感覺又回來了」、「我的工作依舊很糟」、「如果我的成績沒進步的話，我可能會被退學」這類的議題。治療關係更應該像合作或朋友的關係來檢視並解決矛盾，而不是專家與接受者的角色。動機式晤談的操作型假設在於克服主要的障礙——矛盾，才能引起改變。總而言之，這些特別的對策是以病人為中心和尊重的治療態度為前提來引發、澄清並解決矛盾。

▶▶ 多重成癮

在解決對治療的矛盾心理後，接下來的課題是檢視個案的成癮經驗。這是個案第一次成癮嗎？或是個案一直有長期成癮的問題？通常網路成癮者有多重成癮的問題。有藥酒癮病史的個案通常認為：強迫性上網之於他們的（藥、酒）成癮傾向，對身體狀況來說是相對安全的。他們相信在醫療的觀點，網路成癮比藥酒癮安全，但這種強迫性的行為仍然是種逃避不愉快情境的潛在成癮。

多重成癮（對網路、菸、酒、毒品、食物、性等）的個案通常是最容易復發的。特別是當他們來到網路的世界。成癮者的工作或學業常需要用電腦，由於電腦總是隨手可得，所以這種行為問題一直持續著。個案的多重成癮也暗示著他有成癮性人格和強迫性的傾

向，使他們更容易復發。

一位迷上網路色情聊天室長達三年的個案前來求診時說：「當我被工作壓垮、壓力很大的時候，我總是會想到網路性愛，我總是承諾只上半小時或一小時，但時間就這樣悄悄溜走了，每次離線時我保證我不會再這樣了，我恨自己浪費在網路上所有的時間，但戒了幾週後，內心的壓力又增長起來。我在打心理戰，告訴自己只是一下子不會怎樣，沒有人知道我在做什麼。有時候我真的相信我可以掌控住，我逐漸放逐自己而一切又周而復始。我覺得被擊垮了，我永遠無法擺脫這些感覺。」

這就是在描述所謂的「停止—開始的復發循環」（Stop-Start Relapse Cycle）（Young, 2001, pp. 65-66）。很多網路成癮者陷入了自我毀滅式的合理化內在對話，隨之引起復發。這種模式一開始是將行為合理化為「還好」或「無害」的，接著是一段後悔的時期，之後他們保證不再上網，然後暫時戒除了，戒除可能持續了幾天、幾週或幾個月，而情緒壓力逐漸增長，合理化也在成癮者心中逐漸增長，然後引起了復發。這個「停止—開始的復發循環」分為四個獨特卻互相關聯的階段：

第一階段：合理化。成癮者將上網合理化為一天辛苦漫長工作後應得的調劑，他們常說「我工作那麼辛苦，應該休息一下」、「只上幾分鐘而已，沒關係啦」、「我可以掌控自己上網」、「電腦讓我放輕鬆」或「平常壓力這麼大，應該休息一下」。成癮者辯解瀏覽成人網站、或花幾分鐘與網路情人聊天、或是和朋友玩線上遊戲這類需求，只是更顯示了這種行為是不容易抑制的。

第二階段：後悔。上網之後成癮者懊悔好一段時間。關掉電腦

後，成癮者意識到已堆積如山的工作和對這種行為的罪惡感，因而提到「我知道這樣毀了我的工作」、「我真不敢相信浪費了所有的時間」或「做了這些事，讓我覺得自己真是個可怕的人」。

第三階段：戒除。成癮者將這種行為視為個人意志力的失敗而保證不會再做了，所以就戒了一段時間。在這段時間裡，他們回歸健康作息、勤奮工作、重拾以前的興趣嗜好、花更多的時間陪伴家人、運動，以及足夠的休息。

第四階段：復發。成癮者在壓力大或情緒緊繃時，又開始渴望上網或受到網路的誘惑。成癮者想起用上網來自我療傷和上網帶來放鬆與興奮的感覺。成癮者想到了上網的感覺是多麼美好而忘了之後的感覺是多麼糟。合理化的階段又再次開始，而對電腦的可近性很容易再次啟動這個循環。

成癮者利用一些合理化的方式，把網路對生活的衝擊降到最低，像是「再一次沒關係啦」、「我才不會對電腦成癮」、「網路成癮總比對毒品或喝酒上癮還好」或「我想我不像其他人這麼糟」。這些合理化想法助長了成癮的行為。成癮者將一天花八小時、十小時、十五小時上網合理化成正常的行為。他們的判斷力不佳，而且跟他們所認識比他們還要糟糕的那些人比較──「我沒那麼糟糕」。他們合理化上網不是問題，而且忽略了這種行為所產生的後果。

合理化是這種循環的開始，而為了要終止這個循環，讓個案去檢視這些想法和對上網的渴求是很重要的。

幫助個案評估渴望上網和戒斷症狀可用以下的問題：

• 你整天想著上網嗎？

- 你嘗試過用什麼方式控制、暫停、終止使用電腦？
- 你多常想到要上網？
- 你多常提到要上網？
- 你多常計畫如何上網？
- 你多常會放下該做的事來上網？
- 你多常用上網來逃避憂鬱、焦慮、罪惡感、孤獨或悲傷？
- 你戒掉網路最長的時間是多久？

這些答案反映個案想上網的程度或是腦海裡充斥著想上網的念頭。如果個案已經試著停止上網幾週、幾個月或幾年，這些問題也顯現出他們戒除和復發的模式。除此之外，這些問題呈現了個案藉由上網來逃避的心態屬於哪種類型，以及他們沒有上網就不行的感覺到底是如何。

治療師了解這些個案利用那些合理化的方式是很重要的，因為他們會啟動復原程序。從認知的觀點，合理化代表渴求和戒斷的徵象，將誘發問題性上網（Beck, Wright, Newman, & Liese, 2001）。

這些失衡的認知造成問題性電腦使用（Caplan, 2002; Davis, 2001）。治療師需要辨識並徹底消除這些已經形成並影響到行為的認知想法與曲解，這可能包括解決問題、認知重建和記錄想法等。

個案不應認為上網比毒品、喝酒、賭博或性成癮無害。網路成癮的個案可能苦於某些情緒、人際問題，他們把上網當作安全的避風港來緩和自己的緊張、悲傷或壓力（Young, 2007）。這些被電腦中的虛擬世界所吸引的個案可能覺得被工作壓垮、有金錢的問題，或人生的重大轉變，諸如離婚、搬家或家人過世。他們可以放任自己留連在色情小說、網路賭博和線上遊戲裡，一旦上網，他們的所

有注意力都集中在電腦上，生活中的困難似乎就煙消雲散。

在評估過程的早期，將所有不健康或強迫行為點出時，對個案是很有幫助的。使用動機式晤談的技巧，可讓個案了解到他們如何把使用電腦當作是一種新的逃避方式，而不是真正去解決生活中的潛在問題。他們也要學習到網路成癮的傷害性就如同其他物質的成癮，他們只是一直逃避問題，而沒有解決問題。

▶▶ 潛在的社會問題

過度或問題性上網通常起因於個性內向或社交問題等的人際障礙（Ferris, 2001）。許多網路成癮者無法好好面對面溝通（Leung, 2007），這是他們把網路當作首選的部分原因。上網交談似乎比較安全且對他們而言更自在。不良的溝通技巧會導致低自尊和被孤立的感覺，也會造成額外的生活問題，例如在團體中工作、報告，或社交上的困難。因此治療上需要涵蓋他們在網路之外是如何溝通。鼓勵表達情緒，分析、重新塑造溝通技巧以及角色扮演都有助於介入並建立互動的新方式和社交功能（Hall & Parsons, 2001）。有些人可能受限於沒有適當的社會支持系統，這是他們轉而進入虛擬世界中的人際關係來取代他們生活中所失去的社交網絡的部分原因。當感到孤獨或需要找人聊天時，他們求助於網路上的其他人。更糟的是，網路情人正逐漸以驚人的成長率增加（Whitty, 2005）。網路情人是一段網路上邂逅，而主要由電子郵件、聊天室或即時通訊維繫的浪漫或性關係（Atwood & Schwartz, 2002）。這樣的問題已經愈來愈多，而且根據一份美國律師婚姻學會（American Academy of Matrimonial Lawyers）的研究指出，63%的委任律師提到網路情人

是離婚的原因（Dedmon, 2003）。

個案常因為他們的成癮而破壞或失去了真實世界中與配偶、父母或親密朋友等這些重要的人際關係（Young, 2007）。這些人通常是成癮者在用網路前提供支持、愛與接納的人，而他們的離開只會使成癮者感到沒有意義而強化了先前自己不討人喜歡的信念。成癮者應該要修正並重建這些被破壞的人際關係，以找回不可或缺的支持來對抗成癮，重建人際關係和提供新的交友方式讓他們改過自新。在康復之路上，他們所愛的人是幫助個案保持冷靜和戒除最好的精神支柱。伴侶諮商或家庭治療可能是必要的，可以協助教育他們的另一半關於成癮的過程，且使他們更全心投入於幫助個案與電腦保持距離。

在評估社交問題時，檢視個案如何使用網路是很重要的。如果在互動式的環境像聊天室、即時通訊或社群網站，那麼治療師應該評估上網的面向包括：他是否創造出了虛擬角色？他在網路上用怎樣的名字？上網是否破壞了現在的社交關係？到什麼程度？這些因素在評估上很重要：了解網路底下的社會互動以及網路上建立的關係如何取代了真實世界中的人際關係。可考慮用以下的問題：

- 你會對家人和朋友坦承自己的上網習慣嗎？
- 你曾經扮演過線上的虛擬人物嗎？
- 你是否變成了一個線上的虛擬人物？
- 你曾對網路上的活動保密或是認為其他人會不贊同嗎？
- 網路上的朋友中斷了現實生活中的人際關係嗎？
- 如果有的話，是誰（先生、太太、父母、朋友）受到影響？如何影響？

- 使用網路是否中斷了你的社交或工作上的人際關係？如果有的話，是怎麼影響的？

- 使用網路還會怎樣影響你的生活？

這些問題有助於建構臨床會談以提供網路如何影響個案生活中人際關係的更多資訊細節。個案常常創造出線上的角色，他們的回答提供了關於這些線上角色的特性之具體訊息。治療師可以了解他們的內心動機、這個線上人物是如何被塑造，還有他們可能如何被用來填補空虛和未獲滿足的社交需求。一旦採用了這種嚴謹的評估，治療師可以協助個案拓展新的社交關係或重新建立之前的人脈，以維持個案繼續治療的動機。

▶▶ 未來趨勢

網路成癮的研究起源於美國，近來也在許多國家快速成長，包括義大利（Ferraro et al., 2007）、巴基斯坦（Suhail & Bargees, 2006）及捷克共和國（Simkova & Cincera, 2004）。報導也指出網路成癮已成為中國（BBC News, 2005）、韓國（Hur, 2006）和台灣（Lee, 2007）嚴重的公共衛生問題。在中國超過 3,000 萬的網友中，約有 10% 提到自己成癮。為了消弭這個許多報告所稱的流行性問題，中國當局定期關閉多家非法經營的網咖，並對經營者科以巨額罰款。中國政府已制定法律減少青少年上網時間並在北京成立第一所網路成癮住院治療中心。

網路成癮問題涉及的範圍很難以評估。一個由史丹佛醫學院團隊執行的全國性調查發現將近八分之一的美國人至少有一個問題性上網的徵兆（Aboujaoude, Koran, Gamel, Large, & Serpe, 2006）。

　　網路成癮似乎是個獨立於文化、種族或性別，愈來愈嚴重的問題。大學的輔導老師提到學生是網路成癮的最高危險族群，因為他們被鼓勵使用電腦、住在有網路的宿舍、使用行動上網設備（Young, 2004）。大學生因脫離家裡和父母的掌控，有許多自由可以和朋友通宵打屁、聊天、和他們的男女朋友共枕而眠、可以享用父母禁止的食物。少了父母抱怨他們為何離不開電腦，他們大可自由地掛在聊天室或在臉書（Facebook）或 MySpace 上聊天。

　　對一家公司來說，網路成癮同時有法律責任和生產力的問題。當公司裡幾乎每個工作環節都要仰賴資訊處理系統時，員工的網路濫用以及潛在的成癮性就可能成為商業界的流行病。研究顯示員工在工作時的網路濫用造成了數 10 億美元的生產力損失。媒體報導全錄（Xerox）、陶氏化學（Dow Chemical）和默克藥廠（Merck）這些公司都解僱了濫用網路的員工。而 IBM 已因為不當解僱員工而被控告賠償 500 萬美元（Holahan, 2006）。那位員工因為在上班時間上聊天室而被解僱，他以美國障礙者法案（Americans with Disabilities Act）控告該公司解僱他而不是提供網路成癮的復原治療，有更多小公司的不當解僱訴訟也隨之跟進。這些爭議點在於公司供應了所謂的「數位毒品」，而公司似乎應為此提供治療和預防網路成癮的方案，以減少他們的法律問題。

　　好的診斷評估應該包括完整的症狀病史，不論這些症狀已被治療與否，以及如何治療。治療師應該詢問飲酒和使用毒品以及成癮的家族史，適切的網路成癮評估對臨床和法律兩方面都很重要。臨床上治療師要精確地診斷並了解背後的故事，這些和上網有關的事可能不是立即問得出來的。治療師可能只問他們花多少時間上網，

但這只是臨床資訊中的一個面向而已，治療師需要去了解個案，特別是已經成癮的那些人對治療經常面臨的矛盾，並鼓勵他們如何調整自己上網，也要了解個案為何要上網的動機：創造虛擬人物、親密關係、各種形式的遊戲。最後，從法律的觀點而言，精確的診斷是很重要的，當認定電腦和網路成癮應當治療時，愈來愈多法律責任需要共同釐清，像涉及網路的離婚案件就與民法有關，或是向網路戀童癖這類刑事案件，就要做詳實的評估以利復健。

　　總而言之，當網路成癮愈加普及且為人熟知，對不同領域、為了各種原因而做的精確、完整的臨床評估變得更加重要。

Aboujaoude, E., Koran, L. M., Gamel, N., Large, M. D., & Serpe, R. T. (2006). Potential markers for problematic Internet use: A telephone survey of 2,513 adults. CNS Spectrum, *The Journal of Neuropsychiatric Medicine*, 11(10), 750–755.

American Psychiatric Association. (1994). *Diagnostic and statistical manual of mental disorders (DSM)* (4th ed.). Washington, DC: Author.

American Psychiatric Association. (2000). *Diagnostic and statistical manual of mental disorders (DSM)* (4th ed., text rev.). Washington, DC: Author.

Atwood, J. D., & Schwartz, L. (2002). Cyber-sex: The new affair treatment considerations. *Journal of Couple & Relationship Therapy*, 1(3), 37–56.

BBC News. (2005). China imposes online gaming curbs. Retrieved August 7, 2007, from http://news.bbc.co.uk/1/hi/technology/4183340.stm

Beard, K. W., & Wolf, E. M. (2001). Modification in the proposed diagnostic criteria for Internet addiction. *CyberPsychology & Behavior*, 4, 377–383.

Beck, A. T., Wright, F. D., Newman, C. F., & Liese, B. S. (2001). *Cognitive therapy of substance abuse*. New York: Guilford Press.

Block, J. J. (2007). *Pathological computer use in the USA. In 2007 international symposium on the counseling and treatment of youth Internet addiction* (p. 433). Seoul, Korea: National Youth Commission.

Block, J. J. (2008). Issues for DSM-V: Internet addiction. *American Journal of Psychiatry*, 165, 306–307.

Caplan, S. E. (2002). Problematic Internet use and psychosocial well-being: Development of a theory-based cognitive-behavioral measurement instrument. *Computers in Human Behavior, 18*, 553–575.

Davis, R. A. (2001). A cognitive behavioral model of pathological Internet use. *Computers in Human Behavior, 17*, 187–195.

Dedmon, J. (2003). *Is the Internet bad for your marriage? Study by the American Academy of Matrimonial Lawyers*, Chicago, IL. [News release]. Retrieved January 28, 2008, from http://www.expertclick.com/NewsReleaseWire/default.cfm?Action=ReleaseDetail&ID=3051

Dell'Osso, B., Altamura, A. C., Allen, A., Marazziti, D., & Hollander, E. (2006). Epidemiologic and clinical updates on impulse control disorders: A critical review. *Clinical Neuroscience, 256*, 464–475.

Dowling, N. A., & Quirk, K. L. (2009). Screening for Internet dependence: Do the proposed diagnostic criteria differentiate normal from dependent Internet use? *CyberPsychology & Behavior, 12*(1), 21–27.

Ferraro, G., Caci, B., D'Amico, A., & Di Blasi, M. (2007). Internet addiction disorder: An Italian study. *CyberPsychology & Behavior, 10*(2), 170–175.

Ferris, J. (2001). Social ramifications of excessive Internet use among college-age males. *Journal of Technology and Culture, 20*(1), 44–53.

Greenfield, D. (1999). *Virtual addiction: Help for Netheads, cyberfreaks, and those who love them*. Oakland, CA: New Harbinger Publication.

Hall, A. S., & Parsons, J. (2001). Internet addiction: College students case study using best practices in behavior therapy. *Journal of Mental Health Counseling, 23*, 312–322.

Holahan, C. (2006). *Employee sues IBM over Internet addiction*. Retrieved November 15, 2007, from http://www.businessweek.com/print/technology/content/dec2006/tc20061214_422859.htm

Hur, M. H. (2006). Internet addiction in Korean teenagers. *CyberPsychology & Behavior, 9*(5), 514–525.

Khazaal, Y., Billieux, J., Thorens, G., Khan, R., Louati, Y., Scarlatti, E., et al. (2008). French validation of the Internet Addiction Test. *CyberPsychology & Behavior, 11*(6), 703–706.

Lee, M. (2007). *China to limit teens' online gaming for exercise*. Retrieved August 7, 2007, from http://www.msnbc.msn.com/id/19812989/

Leung, L. (2007). Stressful life events, motives for Internet use, and social support among digital kids. *CyberPsychology & Behavior, 10*(2), 204–214.

Miller, W. R. (1983). Motivational interviewing with problem drinkers. *Behavioural Psychotherapy, 11*, 147–172.

Miller, W. R., & Rollnick, S. (1991). *Motivational interviewing: Preparing people to change addictive behavior*. New York: Guilford Press.

Orzack, M. H. (1999). Computer addiction: Is it real or is it virtual? *Harvard Mental Health Letter, 15*(7), 8.

Shapiro, N. A., Goldsmith, T. D., Keck, P. E., Jr., Khosla, U. M., & McElroy, S. L. (2000). Psychiatric evaluation of individuals with problematic Internet use. *Journal of Affect Disorders, 57*, 267–272.

Shapiro, N. A., Lessig, M. C., Goldsmith, T. D., Szabo, S. T., Lazoritz, M., Gold, M. S., & Stein, D. J. (2003). Problematic Internet use: Proposed classification and diagnostic criteria. *Depression and Anxiety, 17*, 207–216.

Simkova, B., & Cincera, J. (2004). Internet addiction disorder and chatting in the Czech Republic. *CyberPsychology & Behavior, 7*(5), 536–539.

Suhail, K., & Bargees, Z. (2006). Effects of excessive Internet use on undergraduate students in Pakistan. *CyberPsychology & Behavior, 9*(3), 297–307.

Whitty, M. (2005). The realness of cybercheating. *Social Science Computer Review, 23*(1), 57–67.

Widyanto, L., & McMurren, M. (2004). The psychometric properties of the Internet Addiction Test. *CyberPsychology & Behavior, 7*(4), 445–453.

Young, K. S. (1998a). *Caught in the Net: How to recognize the signs of Internet addiction and a winning strategy for recovery*. New York: John Wiley & Sons.

Young, K. S. (1998b). Internet addiction: The emergence of a new clinical disorder. *CyberPsychology & Behavior, 1*, 237–244.

Young K. S. (2001). *Tangled in the Web: Understanding cybersex from fantasy to addiction*. Bloomington, IN: Authorhouse.

Young, K. S. (2004). Internet addiction: The consequences of a new clinical phe-nomenon. In K. Doyle (Ed.), *American behavioral scientist: Psychology and the new media* (Vol. 1, pp. 1–14). Thousand Oaks, CA: Sage.

Young, K. S. (2007). Cognitive-behavioral therapy with Internet addicts: Treatment outcomes and implications, *CyberPsychology & Behavior, 10*(5), 671–679.

第**3**章
線上社交互動、心理社會健康與問題性上網

Scott E. Caplan 和 Andrew C. High

目前已有多項不同領域的研究，致力於了解線上社交互動和問題性上網（problematic Internet use, PIU）及心理社會健康之間的關係。本章中，問題性上網意指一種結合思考、行為和結果的整體表現，並非代表疾病或成癮。進一步來說，問題性上網為一種結合了認知與行為症狀的症候群，並且導致無論社交、學業或工作上的負面影響（Caplan, 2002; Davis, 2001; Davis, Flett, & Besser, 2002; Morahan-Martin & Schumacher, 2003）。本章中所討論的問題性上網不侷限在疾病或成癮的範疇，而泛指會帶來各種負面影響的自我調節失衡（LaRose, 2001; LaRose, Eastin, & Gregg, 2001; LaRose, Lin, & Eastin, 2003; LaRose, Mastro, & Eastin, 2001）。網路濫用（Internet abuse）（Morahan-Martin, 2008）、網路成癮（Internet addiction）（Young, 1998; Young & Rogers, 1998）、病態性上網（pathological Internet use）（Morahan-Martin & Schumacher, 2000）、過度上網

（excessive Internet use）（Wallace, 1999）、強迫性上網（compulsive Internet use）（van den Eijnden, Meerkerk, Vermulst, Spijkerman, & Engels, 2008），和網路依賴（Internet dependence）（Scherer, 1997; Young, 1996）等術語都可視為問題性上網中較極端的例子。

　　本章中我們主要會檢視問題性上網和網路上人際互動之間的關係。線上社交互動和傳統的面對面談話〔face-to-face (FtF) conversations〕的差別，可能就是特別吸引問題性上網者之處（Caplan, 2003; McKenna & Bargh, 2000; Morahan-Martin & Schumacher, 2000）。和傳統面對面形式相比，藉由電腦的人際溝通提供了更高的匿名性、更多時間來思考或組織文字內容、更合宜地調控自我形象與表達（Walther, 1996）。因此研究中很容易就發現，問題性上網往往和線上社交互動及真實社交困擾（例如社交技巧缺乏、孤獨感、社交焦慮）有高度正相關（Caplan, 2005, 2007; Morahan-Martin & Schumacher, 2000, 2003）。Valkenburg 和 Peter（2007）甚至斷言，「如果網路可以這麼強烈地影響心理健康，那它勢必會大大改變溝通和社交互動的本質」（p. 44）。Morahan-Martin（2007）在文獻回顧中亦發現，「愈來愈多共識指出網路社交的獨特性是造成網路濫用相當重要的一個原因」（p. 335）。本章希望從理論層面呈現網路社交使用和問題性上網的關聯，並提供未來研究的方向。接下來的段落是關於網路社交互動和心理社會健康及問題性上網的關係，更後面的段落則會就認知行為層次詳述這幾個面向是如何及為什麼會相互關聯。

線上社交互動、問題性上網與心理社會健康

　　本節的文獻回顧會放在線上社交互動、心理社會健康與問題性上網的關係，主要有以下三個重點：(1)研究指出互動式上網和問題使用的關聯；(2)有心理問題的人特別容易受到網路型人際互動的吸引；(3)有些報告指出人際困擾和問題性上網的嚴重度有關。整體說來，這些研究都提供關於線上社交互動、心理社會健康與問題性上網之間足夠的關聯證據。

▶▶ 線上社交互動和問題性上網

　　容易被網際網路的社交功能吸引的人，通常也是報告指出比較容易有上網負面結果的人（Caplan, 2002, 2003, 2005, 2007; Chak & Leung, 2004; Davis, Flett, & Besser, 2002; McKenna & Bargh, 2000; Morahan-Martin, 1999, 2008; Ngai, 2007; Young, 1996, 1998; Young & Rogers, 1998）。在我們最近的文獻回顧中，Morahan-Martin（2008）指出，「研究一致發現，網路中的特定社交功能是造成網路濫用的重要因素」（p. 51）。Morahan-Martin（2007）解釋，比較常在網路上使用社交功能、喜歡上線找人、建立線上關係、在網路上尋找情感支持者也是容易在使用網路後產生負面結果者。同樣地，Wallace（1999）觀察到，「網路上同步空間的功能，不只吸引人，也是造成過度上網的元兇」（p. 182）。

　　一個早期研究指出，非依賴型的網路使用者大多數線上時間是

用來收發電子郵件或者瀏覽網頁，而依賴型的網路使用者則沉溺於同步性的人際交流互動設施（Young, 1996）。另一個 Scherer（1997）的研究報告，網路依賴型的大學生使用網路來結交新朋友的比例比一般大學生高出 26%。Scherer 發現有網路依賴的大學生對於使用網路的動機和一般大學生並不相同，他們對於網路上所能提供的獨特社交經驗特別感興趣。Morahan-Martin 和 Schumacher（2000, 2003）同時也發現問題性上網者比一般人更喜歡上網認識新朋友、在網路上和興趣相投者聊天、尋求網路上的情感支持、使用人際互動功能（像是聊天室、論壇或互動遊戲）。Kubey、Lavin 和 Barrows（2001）也有同樣的發現，他們研究了 572 位大學生的上網類型、上網頻率、讀書習慣、學業表現以及其他人格差異，結果指出網路依賴型的學生顯著地比非依賴型學生更常使用能同步聊天的應用程式。

van den Eijnden 等人（2008）的近期研究使用縱貫性追蹤研究設計，想證明「線上溝通功能是造成網路強迫性使用最相關的原因」（p. 658）。第一波研究中，研究人員測量青少年使用網路各項功能的頻率，包括下載、遊戲、電子郵件、即時通訊、聊天室、查資料、色情圖片和瀏覽網頁。六個月追蹤後，同一群受試者被要求完成一份測量強迫性上網的測驗。結果顯示，即時通訊和聊天室相較於其他非互動相關的網路功能，是預測青少年強迫性上網最有效的預設因子，而電子郵件使用則沒有預測功能。作者們因此推論，「只有即時的溝通功能，像是即時通訊或是聊天室，對於六個月後的強迫性上網有較高的影響」（p. 662）。

Caplan、Williams 和 Yee（2009）在另一項近期的 4,000 人研究

中，針對大型多人線上（massively multiplayer online, MMO）遊戲的玩家們可發現，問題性上網和即時通訊使用、使用網路認識新朋友、逛論壇等功能都有顯著正向關聯。同一個研究中也顯示出，問題性上網的形成和是否能從線上認識的朋友中得到社群認同感有正相關，也和真實面對面互動中所得到的社群認同感呈現負相關性。換句話說，如果玩家得到社群認同感的方式愈是從線上互動而非真實面對面的互動，那就愈容易形成問題性上網。Kim 和 Davis（2009）的研究也有相同發現，他們注意到「如果上網主要是和家人或朋友聯絡時，那即使大量使用也不會造成負面影響；但如果上網的目的在認識新朋友的話，則使用量愈高愈容易造成問題性上網」（p. 496）。以上文獻回顧可以發現，問題性上網者似乎特別容易被網路所帶來的社交互動功能吸引。

雖然文獻回顧中清楚指出線上社交行為和問題性上網之間的關聯，進一步檢視卻發現這個關聯比較適用在某部分原本就有心理社會困擾的族群上。故本章的論證為：心理社會困擾會讓某些人線上社交互動偏好（preference for online social interaction, POSI）甚於真實面對面的談話，因此無法節制上網，而導致負面結果（Caplan, 2003, 2005, 2010）。

▶▶ 線上社交互動和心理社會健康

研究指出有心理問題或社交障礙的人比較容易被線上社交互動吸引。以憂鬱症來說，一項全國普查發現有憂鬱症狀的青少年相較於一般青少年，比較喜歡在網路上跟陌生人聊天、比較常使用網路作為人際溝通、在網路上也有比較多的自我揭露（Ybarra, Alexander,

& Mitchell, 2005）。van den Eijnden 等人（2008）的研究亦發現，青少年即時通訊的使用即使可降低孤獨感，卻預測了半年後的憂鬱增加。

之前的研究也指出線上社交互動和重大心理問題的關係。Mitchell 和 Ybarra（2007）從第二次青少年網路安全調查（Second Youth Internet Safety Survey）資料庫中的 1,500 名青少年發現，有自傷行為的青少年相較於沒有自傷行為者，用網路聊天室的比率高出兩倍。除此之外，會自傷的青少年也更顯著地和網路上認識的人維持親密關係。不過無論是否有自傷行為，大多數青少年都會和原本就已認識的朋友一起使用網路通訊互動。研究者同時發現，線上社交互動和嚴重型人格疾患間的關聯性。Mittal、Tessner 和 Walker（2007）研究一群分裂型人格疾患（schizotypal personality disorder, SPD）的青少年發現，這群青少年「和『真實生活』中的朋友極少有社交互動，但是在網路上卻有遠高於控制組的社交互動」（p. 50）。明確地說，不管是分裂型人格疾患或者憂鬱症狀的嚴重度都和青少年花在聊天室或是線上遊戲的時間呈現正相關。研究也發現，花在網路聊天的時間和真實生活中朋友的數目成反比。可以推論對於某些人來說，線上社交互動和嚴重的心理困擾有關。

在線上人際活動和自尊（心理社會健康的重要指標）的關聯性研究中可發現中間的負相關性。Valkenburg、Peter 和 Schouten（2006）發現頻繁的線上社交互動會間接影響青少年的自尊和整體健康，同時也和他們在線上檔案中所收到的正向或負向回饋有關。負向回饋會造成低自尊及整體健康不良，而正向回饋會帶來比較健康的結果，所以回饋評價和心理社會健康息息相關。

人際困擾和問題性上網

　　研究者也發現問題性上網和人際困擾（孤獨、社交焦慮、缺乏社交技巧、內向）的關聯。Morahan-Martin（2008）近期的文獻回顧中發現，「長期孤獨者和社交焦慮者都有容易產生網路濫用的共通特質」（p. 52）。事實上，許多研究都已報告孤獨及問題性上網的正相關性（Amichai-Hamburger & Ben-Artzi, 2003; Caplan, 2002; Morahan-Martin & Schumacher, 2003）。研究同樣指出社交焦慮和問題性上網的正向關聯（Caplan, 2007）。其他研究者也指出有重度問題的青少年相較於有良好家庭關係的同儕，比較容易在網路上形成親密關係（Wolak, Mitchell, & Finkelhor, 2003）。談論到社交技巧，Caplan（2005）則發現，大學生自我表達社交技巧的程度會和線上社交互動偏好成反比關係。

　　亦有別的證據指出社交焦慮和問題性上網呈現正相關（Caplan, 2007）。Erwin 和同事（2004）解釋，「對內向或社交焦慮者，網路提供一個避免孤獨的方法，並可能與面對面的互動關係更加脫離」，「使用網路溝通取代面對面互動關係，似乎比較容易成功滿足內向者的人際需求」（p. 631）。在他們的研究中，Erwin和同事發現，有較嚴重社交焦慮的人指出，透過網路讓他們比較容易避免常規的面對面互動。作者們因此得到以下結論，「極重度社交焦慮者，透過網路互動使他們比較舒服也因此花更多時間在這之上。不過這些網路上的成功，可能導致更加逃避、遮掩下的孤獨、焦慮，也讓真實互動更加困難」（p. 643）。整體說來，這些研究都支持前

面所述，有心理問題或社交障礙的人比較容易被線上社交互動所吸引。到目前為止，本章回顧的研究指出，問題性上網、線上社交互動及心理障礙之間有顯著的正相關，但我們還不清楚的是，這些關聯是如何及為什麼發生？本章後面，我們將討論這些關聯性背後的理論基礎及未來研究方向。

 # 線上社交行為和認知行為模式

　　Davis（2001; Davis et al., 2002）試圖提出一套認知行為模式來解釋造成問題性上網的成因、發展和結果，幫助我們更加了解問題性上網和網路人際互動的關係。根據這套認知行為模式顯示，跟網路相關而導致負面影響的認知行為，其實是原本已存在的心理社會問題（憂鬱、社交焦慮、孤獨、缺乏社交技巧）所帶來的結果，上網並非造成心理社會問題的原因。換言之這種觀點斷言，原本就有心理社會問題的人比較容易培養錯誤的認知，造成沒有節制的上網，最終導致上網的負面結果（Davis, 2001; Caplan, 2005, 2010）。

　　研究者發現一個和問題性上網相關的認知症狀就是，線上社交互動偏好（POSI）甚於面對面互動（Caplan, 2003; Davis, 2001; Morahan-Martin & Schumacher, 2000；回顧請見 Morahan-Martin, 2008）。線上社交互動偏好是「一種個人的認知差異，構築在『認為線上社交互動相較於傳統面對面的互動更安全、更有效率、更有自信而且更舒適』的信念上」（Caplan, 2003, p. 629）。有線上社交互動偏好的人同時相信，他們在線上擁有一些人際優勢。研究者指出，線上社交互動偏好同時與心理社會健康以及問題性上網的行為

層面（例如強迫性使用）有關聯。舉例來說，Morahan-Martin 和 Schumacher（2000）就發現，網路濫用的大學生就比一般學生偏好網路社交互動更甚面對面的交流：

> 對於頻繁網路使用者來說，社交層面的意義和一般使用者有很大不同。病態性上網者，更喜歡藉由網路認識新朋友、尋求情感支持、分享興趣給同好或是參與互動遊戲……。〔病態性使用者〕在網路上也顯得比較友善、比較開放、比較像自己，而且據他們所說也比較容易交到朋友。他們在線上的時候很容易跟人玩成一片，也可以分享私密事情……對於這些人來說，網路讓社交變得自由自在，彷彿是社交萬靈丹。（Morahan-Martin & Schumacher, 2000, p. 26）

Caplan（2003）的研究和之前所提的認知行為模式一致發現，線上社交互動偏好調節了心理社會問題和上網負面結果間的關係。Caplan（2003）更特別發現，主觀的寂寞程度預測了線上社交互動偏好的程度，同時也預測了由上網帶來負面結果的程度。另一個展現自我形象技巧的研究中，Caplan（2005）發現線上社交互動偏好在社交技巧和強迫性上網的負相關中亦扮演重要角色。這個特別的研究檢視大學生的自我表達能力，也就是 Riggio（1989）定義的「一個人是否有能力在社交環境中表現得合宜有技巧且有自信」及「不管在何種社交場合下都可以自在地融入」這兩個面向（p. 3）。Caplan（2005）假設，「〔有社交技巧缺陷者〕為了要增加自我表

達能力並減少社交危機，會傾向使用溝通管道（如電腦媒介溝通）來補足自身的缺陷」（p. 724）。結果發現大學生自我表達能力的程度，和線上社交互動偏好的程度、強迫性上網、上網導致負面結果都是成反比的。亦即一個人如果自我表達能力愈差，其線上社交互動偏好和強迫性上網程度愈高，也愈常體驗到上網所帶來的負面影響。可以發現，線上社交互動偏好影響了社交技巧缺陷和上網負面結果之間的關係。

經驗證據也發現，社交焦慮和線上社交互動偏好有關聯（Caplan, 2007; Erwin et al., 2004; Morahan-Martin, 2008）。Morahan-Martin（2008, pp. 52-53）在文獻回顧中指出，「偏好網路互動更甚〔面對面〕互動，是社交焦慮及孤獨會造成網路濫用的關鍵因素。長期孤獨者和社交焦慮者都有容易產生網路濫用的共通特質，他們在與人接觸的時候都容易感到憂慮，害怕負面評價或是拒絕。容易全神貫注於自己所感受到的社交缺陷，所以會表現得比較壓抑謹慎，在人際場合中容易退縮甚至避免互動」。

之前提過 Erwin 等人（2004）針對社交焦慮者的上網研究中發現，社交焦慮者表示透過網路溝通比面對面溝通讓他們覺得更自在。他們社交焦慮的程度與「盡可能在各方面都要使用網路以避免面對面溝通的可能性」的程度成正相關（p. 640）。高度社交焦慮者覺得透過網路溝通遠比實際面對面互動輕鬆，他們甚至把時間花在被動觀察網路上的人際互動，而不主動參與這些活動。因此社交焦慮和線上社交互動偏好及問題性上網有著特殊的關係。

本節文獻回顧指出，透過認知行為模式可以建立心理社會健康和線上社交互動偏好的關係。各類研究一致指出，線上社交互動偏

好和孤獨、憂鬱、社交焦慮和社交技巧缺陷都有相關。為了更加了解為何這些有心理社會困擾的人容易被線上社交活動吸引，下一節文獻回顧會讓我們更清楚明白電腦媒介溝通和面對面溝通的共通性及差異之處。

▶▶ 電腦媒介溝通和面對面溝通的差異性？

因為過去幾十年網際網路的發展，愈來愈多理論試圖解釋電腦媒介對話和面對面溝通間的歧異（回顧請見 Walther, 2006）。隨著科技的日新月異，使用科技方式愈來愈純熟，單就溝通管道上的差異來理解這個差別似乎是不可行的，不過本節還是會提出數個目前針對電腦媒介溝通（computer-mediated communication, CMC）和面對面溝通模式在管道方面之差異所提出互相矛盾的發現。

許多理論解釋使用電腦和面對面互動模式在人際過程中的差異（更多回顧請見 Hancock & Dunham, 2001; Ramirez, Walther, Burgoon, & Sunnafrank, 2002; Walther, 2006; Walther & Parks, 2002），大部分的理論基本上都包含以下兩種假設模式之一。早期的電腦溝通模式理論指出線索濾出模式（cues filtered out paradigm），強調因為溝通管道限制，電腦溝通模式使人少了非言語的線索。因為少了非言語線索的溝通，學者們認為線上溝通無法完整提供有效的互動關係（Culnan & Markus, 1987; Daft, Lengel, & Trevino, 1987; Kiesler, 1986; Kiesler, Siegel, & McGuire, 1984; Rice & Case, 1983; Short, Williams, & Christie, 1976）。「線索濾出模式」理論者聲稱電腦媒介溝通因為缺少了非言語線索，永遠無法如同面對面溝通般有效率。

相反地，近期的線索濾進（cues filtered in）理論認為電腦媒介

溝通是一種特別有效率的人際溝通方法（Postmes, Spears, & Lea, 1998; Postmes, Spears, Lea, & Reicher, 2000; Walther, 1992, 1996, 2006, 2007）。「線索濾進理論」同樣認為電腦媒介溝通減少了非言語線索，但是強調線上傳遞的資訊減少，對某些人的人際互動是有利的。一些理論家斷言，由於電腦媒介溝通的特質，讓線上互動者藉由線上互動比面對面互動更容易達到成功社交（Walther, 1996, 2006）。「線索濾進理論」提供問題性上網的認知行為模式一個可以解釋的理論基礎，說明為什麼有心理社會問題的人特別容易被線上社交互動吸引。

　　「線索濾進理論」認為電腦媒介溝通的特性加速了關係的發展，也幫助人們在網路上建立有意義且正向的互動關係。舉例來說，社交資訊處理（social information processing, SIP）理論駁斥了之前所提，電腦媒介溝通因為缺少非言語線索會侷限溝通的說法（Walther, 1992）。相反地，「社交資訊處理理論」認為，人們為了適應線上缺少的非言語資訊，會更加強調言語訊息的內容風格和使用時機（Walther, 1992, 1996）。由此觀點看來，線上所傳遞的訊息同時也包含了原本面對面互動中的非言語線索。

　　根據「社交資訊處理理論」，線上和面對面互動傳遞訊息的最大差異，「不是在社交資訊交換的量反而是在交換的速度」（Walther, 1996, p. 10）。所以電腦媒介溝通中所缺少的非言語線索不一定會限制可傳遞的訊息總量，但會減慢傳遞訊息的速度。「社交資訊處理理論」認為，透過電腦媒介溝通所進行的關係互動相較於傳統面對面溝通花費更多時間（Walther, 1992; Walther & Parks, 2002）。然而，只要有足夠的時間來交換資訊和訊息，電腦媒介溝通同樣能

達到和面對面互動相當程度的關係發展（Walther, 1993）。研究問題性上網的人員，另一個想問的問題就是，藉由「社交資訊處理理論」的假設——電腦媒介溝通產生親密關係所花費的時間多過面對面交談，是否可以解釋「線上社交互動偏好」最終會導致上網的負面後果。也就是說因為人們需要花較多時間來處理網路上的關係，所以最後就花了更多時間在網際網路上。

去個人化的社交認同模式（social identity model of deindividuation effects, SIDE）是另外一個應用「線索濾進理論」的模式，同樣認為人們較適應線上缺乏非言語溝通的模式（Postmes et al., 1998; Postmes et al., 2000）。與其認為人們被線上較少的非言語線索限制，「去個人化的社交認同模式」認為線上互動因為缺少線索，人們可更專注於社交場合互動相關的內容與資訊（Lea & Spears, 1992; Spears & Lea, 1992）。這個理論假設電腦媒介中匿名或是去個人化的情境，促進了強烈的社交認同和群眾意識。因為缺少可辨認的個人資訊，「去個人化的社交認同模式」認為人們降低了原本的個人認同，強調電腦溝通模式社群中的社交認同，因此人們也會強化共同社群中相關的群體認同關係，展現出較典型的群體表現。「去個人化的社交認同模式」認為電腦媒介溝通不只是一個充滿表淺印象的去個人化環境，反而因為缺少個人資訊而造就了豐富的團體社交互動場域（Spears & Lea, 1992）。

最後一個本章最重要的理論超個人化觀點（hyperpersonal perspective），也是應用「線索濾進理論」，認為線上社交互動可能超越面對面溝通。「超個人化觀點」理論提出，線上溝通的缺乏非言語線索可以促進人際溝通，社交目標也比面對面談話可更有效地達

成。Walther（1996, p. 17）提出，「超個人化」溝通就是「電腦媒介溝通比面對面互動的體驗更符合我們社交上的需求」。根據「超個人化觀點」，透過電腦調節的互動讓人有機會調整並減少非言語的線索，也讓人更能夠達成社交目標（Dunthler, 2006; Walther, 1996, 2006）。舉例來說，透過電腦媒介傳遞的文字內容，相較於非言語的行為，是更容易去掌控及操縱的（Ekman & Friesen, 1969）。更明確一點地說，透過電腦媒介溝通時，人們在送出訊息前必須先打出內容，也多了機會去修改或取消在面對面溝通中會出現的錯誤（Walther, 1996, 2006）。

「超個人化觀點」也假設電腦媒介溝通會產生正向循環，因為人們呈現出來經篩選過的訊息，容易持續彼此正向回饋的產生（Walther, 1996）。換句話說，傳遞並選擇過的自我展現，可以讓人產生相較於面對面的環境中更討喜的形象，並源源不絕地產生正向的行為。如同 Walther（1996）所說，「這就解釋了為什麼如此神奇且強烈的親密與個人化互動，可以在電腦媒介溝通中產生，因為電腦媒介溝通提供了一個有力的強化機制」（p. 27）。

「超個人化觀點」也提供了關於為什麼人們偏好線上互動的一個解釋，因為透過電腦媒介溝通，人們有能力表現自我認同中的重要特質，而這些可能是在面對面的情況下無法展現出來的（Bargh, McKenna, & Fitzsimmons, 2002）。線上互動可以修正或是隱藏一些不想要或是難控制的特色，同時強調想表現的特質（Walther, 1996, 1997）。依據「超個人化觀點」，電腦媒介溝通讓對話中的人可以只「展現自己的部分特質並加以理想化，也造就了面對面模式中沒辦法達成的親密感」（Tidwell & Walther, 2002, p. 319）。因為減少

了可能有礙溝通的非言語線索，電腦媒介溝通者很容易把對他人的印象建立在那些被挑選過而呈現出來的線上訊息（Walther, 1996）。事實上，「超個人化觀點」假設，訊息接收者也常常過度解讀這些透過電腦媒介溝通所傳遞（Walther, 1997; Walther, Slovacek, & Tid-well, 2001），而且精挑細選過的社交資訊（Walther, 1996, 1997）。由此看來，沉浸於線上社交互動的人，容易根據這些策略性篩選過的有限資訊，形成過度理想化的印象。Walther（2006）認為超個人化的溝通，相較於傳統面對面溝通，容易促成快速且強烈的關係形成。學者們的確記錄到，網路上的關係的確進展得比面對面關係來得快和親密（Hian, Chuan, Trevor, & Detenber, 2004）。因此「超個人化觀點」提出了幾項線上溝通的人際好處。

「超個人化觀點」特別可以解釋為什麼已經有心理社會問題的人（例如社交焦慮）會偏好線上社交互動（High & Caplan, 2009）。這些人容易被線上過度個人化的溝通吸引，因為他們認為相較於傳統面對面溝通，這種方式比較安全、簡單而且有效率（Caplan, 2007; Erwin et al., 2004; Morahan-Martin & Schumacher, 2003）。Morahan-Martin 和 Schumacher（2003）提出，「在網路上，社交互動跟親密關係都是可以被控制的，人們可以隱藏起來觀察別人的互動，也可以控制自己想要互動的量或時間。線上的匿名性和非面對面的溝通，可以減少自我意識與社交焦慮」（p. 659）。O'Sullivan（2000）研究對於不同溝通方式（電腦、面對面、電話）偏好中發現，人們的偏好會受到不同情境下所評估的自我表現風險大小而定。當研究參與者覺得自我表現是有風險時，他們會偏好選擇電腦媒介的溝通。Davis 等人（2002）提出，「對於某些人而言，網際網路提供

了一個面對倍感威脅的社交情境時的緩衝」（p. 332）。

「超個人化觀點」也辯稱電腦媒介溝通中因為缺乏非言語線索，讓溝通者能夠在認知功能上更強化訊息的製造、接收以及交換過程（Walther, 1996, 1997）。換句話說，以「超個人化觀點」來看，當人們更有自信而且更有效率地使用線上訊息時，可減輕由社交焦慮或人際困擾所帶來的認知壓力。因此，另一個解釋為什麼心理社會困擾者會偏好電腦媒介溝通的理由，是這種溝通模式可以把多餘的認知功能放在強化正向的自我表現和推展人際目標上。總括說來，「超個人化觀點」認為，自在感、有效率而且安全這些特點是電腦媒介溝通特別吸引有心理社會困擾者的原因。

其他研究同樣支持「超個人化觀點」，而且認為超個人化溝通在線上社交互動中是常見的（Chester & Gwynne, 1998; Gibbs, Ellison, & Heino, 2006; Henderson & Gilding, 2004）。Dunthler（2006）就發現，透過電腦媒介溝通時，溝通者花更多時間產生訊息，因此有較多的時間組織想法，並更容易掌握好想表現的自己。Henderson和 Gilding（2004）觀察到回應者會特別花心思處理電腦媒介上這些精心設計過的訊息。研究者也觀察到，同步化的電腦媒介溝通管道，在超個人化溝通下顯得特別有傳導力。在這些溝通管道中，使用者因為時間差而受惠，也可以隨心所欲地組織他們想傳遞的訊息。更精準地說，學者們發現，非同步化的溝通相較於需即時反應的媒介而言，人們可以更深思熟慮地組織規劃和編輯自己的想法（Dunthler, 2006; Hiemstra, 1982）。Walther（1996）主張，「非同步化的溝通可因此表現得較符合社會期待，也讓溝通者能按著自己的步調產生符合多方需求的訊息」（p. 26）。因此人們在以文字為

主、非同步溝通的電腦媒介下，可產生比同步管道中更有禮貌的訊息（Dunthler, 2006）。非同步性讓人們有更多時間分散處理在同步訊息中所面對的認知壓力，所以非同步性勢必會吸引面對面溝通有困難或是會因為面對面場景而有認知情緒壓力的人。

到目前為止，本章已陳述以下兩個觀點：(1)研究指出有心理社會困擾的人比較偏好線上社交互動；(2)超個人化觀點可提供作為解釋的理論基礎。本章接下來試圖要解釋為什麼線上社交互動偏好後來會導致問題性上網各個症狀的產生。Caplan（2010）提出，偏好線上互動的人因為信任線上互動而產生其他症狀，像是藉由上網調整心情、全神貫注於網路、強迫性使用，最終產生負面結果。

問題性上網有兩個重大的認知症狀，分別是：使用網路的動機是為了調整心情和全神貫注於網路世界（Caplan, 2003, 2005, 2010; Davis et al., 2002）。使用網路調整心情是指，用網路來減輕一些不舒服的心理狀態，像是焦慮、孤獨或是憂鬱。全神貫注於網路世界則是經常重複強迫地思考上網相關問題，例如「我就是沒辦法不去想上網的事情」或是「當我下線時，我就會去擔心線上是否正發生什麼事情」。Caplan（2005, 2010）指出當個體明確有線上社交互動偏好時，他們也會傾向使用網路媒介溝通來調整心情。舉例來說，一個有高度線上社交互動偏好的人，為了減輕面對面互動所面對的社交焦慮，就會使用電腦媒介溝通來滿足自己的人際需求。

此外有高度線上社交互動偏好的人，遇到情感困擾時也會特別喜歡使用電腦媒介溝通來尋求社交支持。也就是線上社交互動偏好本身會讓人在需要支持或陪伴時，選擇投向網際網路而非傳統的面對面方式。Caplan（2010）的研究發現線上社交互動偏好可以正向

預測是否使用網路調節心情，而線上社交互動偏好和使用網路調節心情都會正向預測是否全神貫注於網路世界及強迫性上網。換句話說，線上社交互動偏好和使用網路調節心情，都和是否會造成無節制的上網息息相關。

認知行為理論強調，如果問題性上網的認知症狀夠多時，行為症狀就會跟著產生負面結果。不過大多數學者認為，過量的上網不一定會造成問題（Caplan, 2003; Caplan & High, 2007; Kim & Davis, 2009）。 Davis（2001）提出如果要明確標的出最終會導致問題性上網的上網行為，「並非以特定的行為或者是時間限制就可以確認是問題性上網，反而以認知行為模式來說，應該是種功能上的連續面」（p. 193）。

以此觀點看來，問題性上網最基本的行為症狀就是強迫性上網，代表著上網行為已經失去自我調節與控制。事實上，Shapira和同事（2003）針對問題性上網的回顧中發現，「就目前有限的經驗證據看來，問題性上網最應該被分類屬於衝動控制疾患」（p. 207）。Caplan（2003）比較過度上網和強迫性上網這兩者與問題性上網的負面後果之相關性，無論是過度使用或是強迫性使用都與網路造成的負面後果有顯著預測性，然而「過度使用卻是針對負面後果最弱的預測因子，但是線上社交互動偏好、強迫性上網、全神貫注於網路世界則是最強烈的預測因子」（pp. 637-638）。Caplan和High（2007）的另一個研究中發現，過度的上網和網路帶來負面後果的關聯會受到是否全神貫注於網路世界這個因素所調節。

藉由認知行為模式，可以預測缺乏自我調節的上網會導致負面後果，其他研究也支持這項假說。Caplan（2010）發現線上社交互

動偏好和使用網路來調整心情，都是上網上缺乏自我調節（也就是強迫性上網和全神貫注於網路世界）的顯著預測因子。研究同時指出，缺乏自我調節的上網就是負面後果的顯著預測因子。這些發現指出，線上社交互動偏好和使用網路來調整心情是因為透過了缺乏自我調節的上網的關係，而**間接地**預測了負面後果。換句話說，缺乏自我調節的上網，同時媒介了線上社交互動偏好和使用網路來調整心情與網路負面後果之間的關聯性。整體說來，這些認知與行為症狀（線上社交互動偏好、使用網路調整心情、缺乏自我調節的上網），可以解釋參與者的網路負面結果分數變異之 61%，也更加支持之前假設認知症狀（線上社交互動偏好、使用網路調整心情）會促進行為症狀（缺乏自我調節的上網），最終導致上網帶來的負面後果。

 ## 結論

　　本章試圖解釋線上社交互動、心理社會健康、問題性上網三者之間的關聯。本章一開始的文獻回顧證明了網路上的人際社交和心理社會困擾及問題性上網三者之間的關係。本章後半段接著利用認知行為模式來說明，為何有心理社會困擾者會傾向線上社交互動，而逐步造成使用網路來調整心情、缺乏自我調節的上網，以及最終的負面後果。這些文獻都支持網路上的人際互動使用會因為線上社交互動偏好扮演了重要的角色，最終導致問題性上網。

　　隨著理論持續發展，還是有幾個有待回答的問題：認知行為模式是否能更鉅細靡遺地解釋為什麼線上社交互動偏好會導致使用網

路來調整心情？同時，雖然我們已知線上社交互動偏好藉由調整心情而可以間接預測強迫性上網，線上社交互動偏好和缺乏自我調節的使用仍是有直接的關聯（Caplan, 2010）。所以研究者需要更努力去理解，線上社交互動偏好是否透過其他方式去預測缺乏自我調節的上網。未來的研究也可著重在不同類型的人際上網（即時通訊、聊天室、電子郵件），是否和線上社交互動偏好、調整心情、缺乏自我調節的使用、負面後果有不同的關聯。最後，研究者應該要探究為什麼使用網路調整心情可以預測缺乏自我調節的上網和負面後果。實際上我們可以發現，在某些狀況下使用電腦媒介溝通來轉換心情，可以帶來正面的後果（線上支持團體、線上治療）（回顧請見 Wright, 2009）。 為什麼同樣使用網路來調整心情，有些人因此得利有些卻因此受害？

整體說來，雖然網際網路幫助我們能不受時空阻隔地進行人際溝通，本章的文獻回顧卻發現，這種形式的人際互動對某些人可能是有害的。必須鄭重強調這些研究並不是說線上社交行為本身是危險的，而是原本就有心理社會困擾的人因為偏好線上社交，又習慣以網路來處理自己的心情，可能容易造成無法控制上網的情況。

Amichai-Hamburger, Y., & Ben-Artzi, E. (2003). Loneliness and Internet use. *Computers in Human Behavior*, *19*, 71–80.

Bargh, J. A., McKenna, K. Y. A., & Fitzsimmons, G. M. (2002). Can you see the real me? Activation and expression of the "true self" on the Internet. *Journal of Social Issues*, *58*, 33–48.

Caplan, S. E. (2002). Problematic Internet use and psychosocial well-being: Development of a theory-based cognitive-behavioral measurement instrument. *Computers in Human Behavior*, *18*, 553–575.

Caplan, S. E. (2003). Preference for online social interaction: A theory of problematic Internet use and psychosocial well-being. *Communication Research*, *30*, 625–648.

Caplan, S. E. (2005). A social skill account of problematic Internet use. *Journal of Communication*, *55*, 721–736.

Caplan, S. E. (2007). Relations among loneliness, social anxiety, and problematic Internet use. *CyberPsychology & Behavior*, *10*, 234–241.

Caplan, S. E. (2010). Theory and measurement of generalized problematic Internet use: A two-step approach. *Computers in Human Behavior*, *26*, 1089–1097.

Caplan, S. E., & High, A. C. (2007). Beyond excessive use: The interaction between cognitive and behavioral symptoms of problematic Internet use. *Communication Research Reports*, *23*, 265-271.

Caplan, S. E., Williams, D., & Yee, N. (2009). Problematic Internet use and psychosocial well-being among MMO players. *Computers in Human Behavior*, *25*, 1312–1319.

Chak, K., & Leung, L. (2004). Shyness and locus of control as predictors of Internet addiction and Internet use. *CyberPsychology & Behavior*, *7*, 559–570.

Chester, A., & Gwynne, G. (1998). Online teaching: Encouraging collaboration through anonymity. *Journal of Computer-Mediated Communication*, *4*. Retrieved from http://jcmc.indiana.edu/vol4/issue2/chester.html

Culnan, M. J., & Markus, M. L. (1987). Information technologies. In F. M. Jablin, L. L. Putnam, K. H. Roberts, & L. W. Porter (Eds.), *Handbook of organizational communication: An interdisciplinary perspective* (pp. 420–443). Newbury Park, CA: Sage.

Daft, R. L., Lengel, R. H., & Trevino, L. K. (1987). Message equivocality, media selection, and manager performance: Implications for information systems. *MIS Quarterly*, *11*, 355–366.

Davis, R. A. (2001). A cognitive-behavioral model of pathological Internet use. *Computers in Human Behavior*, *17*, 187–195.

Davis, R. A., Flett, G. L., & Besser, A. (2002). Validation of a new scale for measuring problematic Internet use: Implications for pre-employment screening [Special issue: Internet and the workplace]. *CyberPsychology & Behavior*, *5*, 331–345.

Dunthler, K. W. (2006). The politeness of requests made via email and voicemail: Support for the hyperpersonal model. *Journal of Computer-Mediated Communication*, 500–521.

Ekman, P., & Friesen, W. V. (1969). Nonverbal leakage and cues to deception. *Psychiatry*, *32*, 88–105.

Erwin, B. A., Turk, C. L., Heimberg, R. G., Fresco, D. M., & Hantula, D. A. (2004). The Internet: Home to a severe population of individuals with social anxiety disorder? *Anxiety Disorders*, *18*, 629-646.

Gibbs, J. L., Ellison, N. B., & Heino, R. D. (2006). Self-presentation in online personals: The role of anticipated future interaction, self-disclosure, and perceived success in Internet dating. *Communication Research, 33*, 1–26.

Hancock, J. T., & Dunham, P. J. (2001). Impression formation in computer-mediated communication revisited: An analysis of the breadth and intensity of impressions. *Communication Research, 28*, 325–347.

Henderson, S., & Gilding, M. (2004). "I've never clicked this much with anyone in my life": Trust and hyperpersonal communication in online friendships. *New Media & Society, 6*, 487–506.

Hian, L. B., Chuan, S. L., Trevor, T. M. K., & Detenber, B. H. (2004). Getting to know you: Exploring the development of relational intimacy in computer-mediated communication. *Journal of Computer-Mediated Communication, 9*. Retrieved from http://jcmc.indiana.edu/vol9/issue3/detenber.html

Hiemstra, G. (1982). Teleconferencing, concern for face, and organizational culture. In M. Burgoon (Ed.), *Communication yearbook 6* (pp. 874–904). Beverly Hills, CA: Sage.

High, A., & Caplan, S. E. (2009). Social anxiety and computer-mediated communication during initial interactions: Implications for the hyperpersonal perspective. *Computers in Human Behavior, 25*, 475-482.

Kiesler, S. (1986). The hidden messages in computer networks. *Harvard Business Review, 64*, 46–54.

Kiesler, S., Siegel, J., & McGuire, T. W. (1984). Social psychological aspects of computer-mediated communication. *American Psychologist, 39*, 1123–1134.

Kim, H., & Davis, K. E. (2009). Toward a comprehensive theory of problematic Internet use: Evaluating the role of self-esteem, anxiety, flow, and the self-rated importance of Internet activities. *Computers in Human Behavior, 25*, 490–500.

Kubey, R. W., Lavin, M. J., & Barrows, J. R. (2001). Internet use and collegiate academic performance decrements: Early findings. *Journal of Communication, 51*, 366–382.

LaRose, R. (2001). On the negative effects of e-commerce: A sociocognitive exploration of unregulated on-line buying. *Journal of Computer-Mediated Communication, 6*. from http://jcmc.indiana.edu/vol6/issue3/larose.html

LaRose, R., Eastin, M. S., & Gregg, J. (2001). Reformulating the Internet paradox: Social cognitive explanations of Internet use and depression. *Journal of Online Behavior, 1*(2). Retrieved from http://www.behavior.net/JOB/v1n2/paradox.html

LaRose, R., Lin, C. A., & Eastin, M. S. (2003). Unregulated Internet usage: Addiction, habit, or deficient self-regulation? *Media Psychology, 5*, 225–253.

LaRose, R., Mastro, D., & Eastin, M. S. (2001). Understanding Internet usage: A social-cognitive approach to uses and gratifications. *Social Science Computer Review, 19*, 395–413.

Lea, M., & Spears, R. (1992). Paralanguage and social perceptions in computer-mediated communication. *Journal of Organizational Computing, 2*, 321–341.

McKenna, K. Y. A., & Bargh, J. A. (2000). Plan 9 from cyberspace: The implications of the Internet for personality and social psychology. *Journal of Personality and Social Psychology, 75,* 681–694.

Mitchell, K. J., & Ybarra, M. L. (2007). Online behavior of youth who engage in self-harm provides clues for preventive intervention. *Preventive Medicine, 45,* 392–396.

Mittal, V. A., Tessner, K. D., & Walker, E. F. (2007). Elevated social Internet use and schizotypal personality disorder in adolescents. *Schizophrenia Research, 94,* 50–57.

Morahan-Martin, J. (1999). The relationship between loneliness and Internet use and abuse. *CyberPsychology & Behavior, 2,* 431–440.

Morahan-Martin, J. (2007). Internet use and abuse and psychological problems. In J. Joinson, K. McKenna, T. Postmes, & U. Reips, *Oxford handbook of Internet psychology* (pp. 331–345). Oxford, UK: Oxford University Press.

Morahan-Martin, J. (2008). Internet abuse: Emerging trends and lingering questions. In A. Barak (Ed.), *Psychological aspects of cyberspace: Theory, research and applications* (pp. 32–69). Cambridge, UK: Cambridge University Press.

Morahan-Martin, J., & Schumacher, P. (2000). Incidence and correlates of pathological Internet use among college students. *Computers in Human Behavior, 16*(1), 13–29.

Morahan-Martin, J., & Schumacher, P. (2003). Loneliness and social uses of the Internet. *Computers in Human Behavior 19,* 659–671.

Ngai, S. S. (2007). Exploring the validity of the Internet Addiction Test for students in grades 5–9 in Hong Kong. *Journal of Adolescence and Youth, 13,* 221–237.

O'Sullivan, P. B. (2000). What you don't know won't hurt me: Impression management functions of communication channels in relationships. *Human Communication Research, 26,* 403–431.

Postmes, T., Spears, R., & Lea, M. (1998). Breaching or building social boundaries? SIDE-effects of computer-mediated communication. *Communication Research, 25,* 689–715.

Postmes, T., Spears, R., Lea, M., & Reicher, S. D. (2000). *SIDE issues centre stage: Recent developments in studies of deindividuation in groups.* Amsterdam: Royal Netherlands Academy of Arts and Sciences.

Ramirez, A., Jr., Walther, J. B., Burgoon, J. K., & Sunnafrank, M. (2002). Information-seeking strategies, uncertainty, and computer-mediated communication: Toward a conceptual model. *Human Communication Research, 28,* 213–228.

Rice, R. E., & Case, D. (1983). Electronic messages systems in the university: A description of use and utility. *Journal of Communication, 33,* 131–152.

Riggio, R. (1989). *The social skills inventory manual: Research edition.* Palo Alto, CA: Consulting Psychologists Press.

Scherer, K. (1997). College life on-line: Healthy and unhealthy Internet use. *Journal of College Student Development, 38,* 655–665.

Shapira, N. A., Lessig, M. C., Goldsmith, T. D., Szabo, S. T., Lazoritz, M., & Gold, M. S., et al. (2003). Problematic Internet use: Proposed classification and diagnostic criteria. *Depression & Anxiety, 17*(4), 207–216.

Short, J., Williams, E., & Christie, B. (1976). *The social psychology of telecommunications.* London: John Wiley & Sons.

Spears, R., & Lea, M. (1992). Social influence and the influence of the "social" in computer-mediated communication. In M. Lea (Ed.), *Contexts of computer-mediated communication* (pp. 30–65). Hertfordshire, England: Harvester Wheatsheaf.

Tidwell, L. C., & Walther, J. B. (2002). Computer-mediated communication effects on disclosure, impressions, and interpersonal evaluations: Getting to know one another a bit at a time. *Human Communication Research, 28,* 317–348.

Valkenburg, P. M., & Peter, J. (2007). Internet communication and its relationship to well-being: Identifying some underlying mechanisms. *Media Psychology, 9,* 43–58.

Valkenburg, P. M., Peter, J. & Schouten, A. (2006). Friend networking sites and their relationship to adolescents' well-being and social self-esteem. *CyberPsychology & Behavior, 9,* 584–590.

van den Eijnden, R. J. J. M., Meerkerk, G., Vermulst, A. A., Spijkerman, R., & Engels, R. C. M. E. (2008). Online communication, compulsive Internet use, and psychosocial well-being among adolescents: A longitudinal study. *Developmental Psychology, 44,* 655–665.

Wallace, P. M. (1999). *The psychology of the Internet.* New York: Cambridge University Press.

Walther, J. B. (1992). Interpersonal effects in computer-mediated interaction: A relational perspective. *Communication Research, 19,* 52–89.

Walther, J. B. (1993). Impression development in computer-mediated interaction. *Western Journal of Communication, 57,* 381–398.

Walther, J. B. (1996). Computer-mediated communication: Impersonal, interpersonal, and hyperpersonal interaction. *Communication Research 23,* 3-43.

Walther, J. B. (1997). Group and interpersonal effects in international computer-mediated collaboration. *Human Communication Research, 23,* 342–369.

Walther, J. B. (2006). Nonverbal dynamics in computer-mediated communication, or :(and the Net :('s with you, :) and you :) alone. In V. Manusov & M. L. Patterson (Eds.), *Handbook of nonverbal communication* (pp. 461–480). Thousand Oaks, CA: Sage.

Walther, J. B. (2007). Selective self-presentation in computer-mediated communication: Hyperpersonal dimensions of technology, language, and cognition. *Computers in Human Behavior, 23,* 2538–2557.

Walther, J. B., & Parks, M. R. (2002). Cues filtered out, cues filtered in: Computer-mediated communication and relationships. In M. L. Knapp, J. A. Daly, & G. R. Miller (Eds.), *The handbook of interpersonal communication* (3rd ed., pp. 529–559). Thousand Oaks, CA: Sage.

Walther, J. B., Slovacek, C. L., & Tidwell, L. C. (2001). Is a picture worth a thousand words? Photographic images in long-term and short-term computer-mediated communication. *Communication Research, 28,* 105–134.

Wolak, J., Mitchell, K. J., & Finkelhor, D. (2003). Escaping or connecting? Characteristics of youth who form close online relationships. *Journal of Adolescence, 26,* 105–119.

Wright, K. B. (2009). Increasing computer-mediated social support. In J. C. Parker & E. Thorson (Eds.), *Health communication in the new media landscape* (pp. 243–265). New York: Springer Publishing.

Ybarra, M. L., Alexander, C., & Mitchell, K. J. (2005). Depressive symptomatology, youth Internet use, and online interactions: A national survey. *Journal of Adolescent Health, 36,* 9–18.

Young, K. S. (1996). Psychology of computer use XI: Addictive use of the Internet; A case study that breaks the stereotype. *Psychological Reports, 79,* 899–902.

Young, K. S. (1998). Internet addiction: The emergence of a new clinical disorder. *CyberPsychology & Behavior, 1,* 237–244.

Young, K. S., & Rogers, R. C. (1998). The relationship between depression and Internet addiction. *CyberPsychology & Behavior, 1,* 25–28.

第 4 章
網路成癮的使用與滿足

Robert LaRose

　　原本只是短暫娛樂的上網活動是如何進展成愉快的習慣，或者有時變成問題性的過度上網呢？而且,既然有那麼多種有趣的網路消遣，為什麼問題性上網並沒有變得更常見呢？本章經由傳播研究中的使用與滿足（uses and gratifications, UGs）理論，來探討網路習慣的養成，利用一般人有意識和無意識的心理過程，從一開始的正常上網逐漸進展到問題性上網，來建立網際網路使用模型。為了預防養成有害的網路習慣，後面也會討論到自我調節機制是如何控制過量的上網。

 ## 網路成癮的使用與滿足

　　治療師要評估個案是否受到網路成癮所苦，必須先考量的重點就是：為什麼網路那麼吸引人？接下來我們將提出數個理論來解釋網路成癮的使用與滿足。對成癮者來說，上網已不僅僅是一項科技

或是工具，上網代表更深層豐富的意義。所以治療師在評估網路成癮個案之前，勢必要了解造成這項行為背後的原因。雖然都叫做媒體習慣，但每個人各有自己使用網路的原因與動機。這些動機可能包括：找樂子、打發時間、滿足社交需求。雖然原因各自不同，不過治療師都可以藉由這些模型找到個案透過上網所得到的滿足，也可以幫助個案建立個人化的治療計畫，進而達到長期的康復。

▶▶ 好的和壞的網路習慣

一般的網路活動一開始為什麼會吸引人，接著變成令人喜愛的活動，有些會發展成消磨時間的娛樂，有些卻變成有害病態甚至影響生活的壞習慣呢？而且儘管有那麼多不同樣式、唾手可得、幾乎可以滿足各種需求的網路活動，為什麼大多數的使用者仍可以避免沉迷於網路世界，不至於到耗費大量時間精力甚而跟真實世界脫節？本章的目的就是希望幫助臨床工作人員、教育者、父母可以了解並鼓勵健康且正常的上網，同時提早察覺可能導致過度使用並產生危害的過程。

目前利用傳播研究裡的「使用與滿足理論」，觀察一般大眾在媒體使用上的習慣，來討論這些上網問題。以往的支配模式主要是應用在所謂的舊媒體（電視、報紙等）上，而「使用與滿足理論」則被發現可以應用在網際網路這種新興媒體（Papacharissi & Rubin, 2000; Song, LaRose, Lin, & Eastin, 2004），尤其是這種模式可以完美解釋一開始只是打發時間的消遣如何進展成媒體習慣（如 LaRose, 2009; LaRose & Eastin, 2004; LaRose, Lin, & Eastin, 2003）。

本章先講述「使用與滿足理論」的基本概念，再回顧如何把這

套模式應用到網際網路使用，包括其他新興媒體的使用。接著進一步解釋，一個原本正常使用者是如何培養出有問題的使用習慣。最後，如何應用「使用與滿足理論」來預防問題性上網。

▶▶ 使用與滿足理論

「使用與滿足理論」起源於 1940 年代，傳播學者用以了解大眾媒體功能的理論（Ruggerio, 2000）。Elihu Katz 是一位有名的媒體社會學家，同時也是 Karl Lazarsfeld 的學生，和他的同事通常被譽為「使用與滿足理論」的創造者。「使用與滿足理論」的基本前提是，媒體使用者經由主動思考後，在各種媒體中選擇符合自己需求的媒體內容。簡單說來，「使用與滿足理論」試圖解釋人們為什麼會選擇不同媒體。在 Katz、Gurevitch 和 Haas（1973）一篇常被引用的研究中指出，媒體會因為滿足不同觀眾的需求而被分類。像是電視就是滿足娛樂需求，而報紙則是資訊需求，如同最開始的假設：觀眾依據不同需求選擇不同媒體。

滿足的評估則是依據觀眾對選擇媒體的理由（娛樂、社交），使用多項式計分法。Rubin（1984）使用一個 5 分制的同意不同意評分表，從「最同意」到「最不同意」；而 Papacharissi 和 Rubin（2000）則是問填答者是否同意問題所列的陳述，從「完全是」到「完全不是」。早期的修正則包括，試圖區分追尋滿足和已得滿足這兩個面向，希望因此得到關於媒體使用更精準的預測因子。「追尋滿足」和「已得滿足」可藉由時間軸區分——亦即填答者未來希望從這個媒體得到怎樣的滿足，或是填答者過去從這個媒體經驗已得到滿足。同一個人如果有被詢問包括過去經驗和未來期待，就可

以把兩者的差值透過電腦數學運算，得出期望值的高低。然而因為「追尋滿足」包含了過去媒體使用經驗加上兩者的差值，所以「追尋滿足」是接下來研究中比較常使用的面向。問卷陳述使用現在式（如：「我利用網路……幫助別人」，Papacharissi & Rubin, 2000）試圖在陳述句中加入包含持續地媒體使用動機的描述。

因此要評估一個人是否把上網當作娛樂，就可以選擇表 4.1 中「娛樂滿足」標題下的問句，詢問這樣的描述是否符合他的狀況，以 5 分代表完全符合，而 1 分代表完全不符合。把三個問句的分數加總起來，就可以得到娛樂是否為這個人使用網路的動機的指標。再比較不同滿足面向的分數，決定出最符合這個人的上網動機。如同接下來會解釋的，如果在「打發時間」這個滿足面向得到高分者，通常比較容易產生問題性上網。過去一個結合滿足、心理因素（需求、習慣）、社會架構（媒體系統、社會規範）的複雜模式也曾經被提出（Palmgreen, Wenner, & Rosengren, 1985）。然而實務上，研究者使用「使用與滿足理論」可以比較細緻地描繪出在不同媒體管道（電視、VCR、面對面溝通）和不同內容（連續劇、運動轉播、綜藝節目）中所得到的滿足，通常是引用自早期 Rubin（1983）針對電視節目提供滿足的研究。滿足評估通常先由媒體消費者用多面向的評分表，再去做不同的因素分析，進而決定出不同的媒體或內容中最符合何種使用與滿足面向。通常可歸類出下列幾種滿足面向：娛樂、搜尋資訊、打發時間（排解無聊）、社交理由（為了和朋友有共通話題）等。根據其最顯著的使用與滿足面向將媒體分門別類，接著分析與使用量、使用者特色或其他有興趣的心理社會變項之間的關係。然而「使用與滿足理論」在理解媒體消費

行為上，大概僅能解釋其中 10%的使用差異（Palmgreen et al.,
1985），對於上網的解釋也有所侷限（Papacharissi & Rubin,
2000）。

　　雖然「使用與滿足理論」早期就提出媒體習慣這個概念（如
Palmgreen et al., 1985, p. 17），卻不被認為能直接影響行為。「使用
與滿足」的影響，是透過對於媒體的信念及追求滿足這種主動的媒
體選擇過程。在實務層面，Rubin（1983）認為滿足代表了習慣的養
成（如「這就是種習慣，得做點事情」、「只是因為它就在那裡」）
的論點，也常被納入後期的「使用與滿足理論」中。不只是針對動
機部分做因素分析，Rubin（1984）也把滿足區分為「工具型媒體」
和「儀式型媒體」這兩個不同概念。工具型導向就像是有目的地在
媒體內容中搜尋資訊，而儀式型則是一種「或多或少就是習慣使用
媒體來滿足不同的需求」（Rubin, 1984, p. 69）。可惜 Rubin 自己提
供的資料並無法完全支持這種差別。針對習慣部分的測量，在「打
發時間」或「有人陪伴」的動機這些被視為儀式化行為的項目裡都
僅有中等影響（0.59）。研究中針對習慣部分的測量，也跟方便性、
經濟、溝通、行為導致的滿足、工具導向的動機都有顯著相關。因
此主動追求滿足和習慣性，不管在經驗上或理論上似乎都是會相互
干擾的因素。

　　後來的研究者通常也會引用 Rubin 的動機因素，包括習慣的相
關評量。然而因為缺乏至少三個不同項目來達到統計上的顯著意
義，「習慣性」這個面向最終在統計分析時還是會被擱置，或是視
為「娛樂」或「打發時間」等面向的干擾因子（LaRose, 2010）。
這麼多年來，「使用與滿足理論」的研究者仍無法對習慣性的影響

有好的解釋，或許如同 Stone 和 Stone（1990）所說的，習慣性這個概念仍一直潛伏在文獻中，即使在媒體成癮已愈來愈受重視的現在，仍是個相當邊緣化的主題（McIlwraith, Jacobvitz, Kubey, & Alexander, 1991）。

▶▶ 網際網路的使用與滿足

網際網路的發展為「使用與滿足理論」帶來了機會與挑戰。一方面，這個新媒體的互動特性，無疑是增強了「使用與滿足理論」認為觀眾的主動選擇建立了媒體消費模式（Ruggerio, 2000）；另一方面，研究者也發現，藉由之前電視觀眾所提出而且應用在「使用與滿足理論」中的各種滿足類型，不一定能符合這個新興互動媒體的情形。

藉由網路相關的研究，新類型的滿足形式逐漸被提出。其中有些雄心勃勃的研究，故意捨棄之前媒體研究中已經確認的滿足形式，重新利用質性研究的方式，詢問網路使用者關於滿足形式的表述（Charney & Greenberg, 2001; Korgaonkar & Wolin, 1999）。有些滿足面向是如同以往所確認的，像是娛樂、搜尋資訊、社交互動、「打發時間」等；有些則是和新舊媒體都有關係，但卻被大眾媒體研究者所忽略的，像是新奇聲光享受（Charney & Greenberg, 2001）；更有一些則是獨特屬於這新興線上世界。舉例來說，Papacharissi 和 Rubin（2000）考量到電子郵件和聊天室使用，就曾建議把「人際溝通」這個滿足面向，列入大眾媒體調查的標準清單。其他新的滿足面向包括解決問題、說服他人、維持關係、追求地位、酷炫、職業、搜尋、互動和經濟控制（Korgaonkar & Wolin, 1999）；個人洞

察（Flanagin & Metzger, 2001）；虛擬社群（Song et al., 2004）；同儕認同（Charney & Greenberg, 2001）；和認知滿足（Stafford & Stafford, 2001）。表 4.1 重現了一個傳播文獻中常被廣泛引用的網路滿足面向表。

▶▶ 使用與滿足理論的社會認知模式

隨著網路的發展，大家也開始好奇，除了追求滿足以外，是否還有其他追求的因素也可用來解釋影響媒體使用的原因。我和同事（Eastin & LaRose, 2000; LaRose & Eastin, 2004; LaRose, Mastro, & Eastin, 2001）藉由 Bandura（1986）的社會認知理論（Social Cogni-

表 4.1 網際網路使用與滿足

人際效能滿足
我利用網路……幫助別人、參與討論、鼓勵別人、屬於某個團體、因為我喜歡回答問題、自由地表達自己、加強自己、了解更多觀點、教導別人如何做事、因為我好奇別人的想法、認識新朋友、因為我希望有人幫我做事。

打發時間滿足
可以排解無聊的時間、當我沒有更好的事情可做時、殺時間。

搜尋資訊滿足
因為這是一個新的作研究的方法、因為這比較簡單、可以得到免費的資訊、找資料、看看發生了什麼事情。

方便滿足
與家人朋友們溝通、因為這比較便宜、因為寫電子郵件比直接講省事、因為不需要為了收電子郵件一直等在那邊。

娛樂滿足
因為它很好玩、因為我就是喜歡使用、因為它很有趣。

註：回應的選項從完全符合（5）到完全不符合（1），依自己使用網路理由的程度。

來源：Papacharissi & Rubin (2000).

tive Theory, SCT），提出了除了使用與滿足理論外的附加因素。我們發現網際網路，至少在它剛開始發展的時候，是一個相較之下新而且難操作的媒體，所以我們注意到了所謂的「網際網路自我效能」。如果可以成功操作網路，代表著一種新認定的自我價值（Eastin & LaRose, 2000）。

我們也重新思考了所謂「追求滿足」的意義，畢竟預期追求到的滿足跟實際上得到的滿足會有一定落差，其中包含部分對於行為所致結果的主觀預測。也就是說一特定行為，其實是被預期會得到的未來結果（期望結果）所影響，而非目前追尋但不一定有的未來結果（追尋滿足）所決定。舉例來說，某人可能會說他使用網路是因為網路很好玩，套用使用與滿足理論來解釋，他可能是想到過去使用網路的好玩經驗，而並非預期他未來用網路時會覺得很好玩。以此例子中的人來說，追尋滿足理論這樣的框架，沒有辦法區分到底是已得的滿足或是預期的滿足。社會認知理論對於預期結果和滿足也提供了一個先驗性的面向，像是新奇的刺激、金錢、愉悅的活動、社交、地位和自我反應結果（Bandura, 1986, p. 232ff）。一個分析網際網路使用與滿足理論的研究（LaRose, Mastro, & Eastin, 2001）指出，因為以前的媒體沒辦法傳遞金錢和地位，使得這兩項結果在之前的實驗中都被忽視。依據此論述，我們可以把「透過網際網路得到娛樂滿足」這個句子改寫成「使用網際網路可以感覺到被取悅的可能性有多高」，依據 1 分（非常不可能）到 7 分（非常可能）的量表來評測（見 LaRose & Eastin, 2004）。

目前內容中，使用與滿足理論外最重要的附加理論就是社會認知理論中的自我調節機制。這個機制可解釋自我調節缺失如何變成

喪失自我控制的習慣性行為。自我調節分成三個步驟：自我觀察、判斷過程和自我反應（Bandura, 1991）。自我觀察必須專注在行為和結果的關係上，且了解行為和獎勵間的規則性。判斷過程中，行為的自我觀察會被拿來和個人、社會及集體常模作比較。自我反應則是會在觀察的行為被認為和常模有所落差時做出影響與調整。一個人可能會觀察到，相較於自己認為有效率的時間利用，花費了太多時間在使用網際網路。或者他可能會發現，自己因為花費時間在線上活動，而沒辦法如同一般人參加家庭活動。針對以上的反應，此人可能就會採取各種自我管控的方式來控制自己的行為。他可能會因為減少上網時間而獎勵自己，也可能會用罪惡感或自我批判來懲罰自己，例如「我無法接受自己變成這樣的網路阿宅」。

　　自我調節缺失就經驗上可分成兩個面向：自我觀察缺失和自我反應缺失（LaRose, Kim, & Peng, 2010）。前者是對於自我行為缺乏覺察（如「這就是我生活的一部分」），後者則是無法自我控制（如「我沒有辦法控制自己使用網路」）。雖然習慣由自我調節缺失而來，但不是所有自我調節缺失都是習慣。舉例來說，出現衝動行為代表了自我調節缺失，不過若沒有重複發生就不算是習慣。這裡我們把討論重點放在習慣形式的自我調節缺失。

　　加上自我效能和自我調節兩項機制，就可以把使用與滿足理論預測網際網路使用行為的預測力提升到30%至40%。在圖 4.1 的模型中，預期結果、自我效能、自我觀察缺失[1] 和自我反應缺失[2] 是

1　原版本為習慣強度。
2　原版本為自我調節缺失。

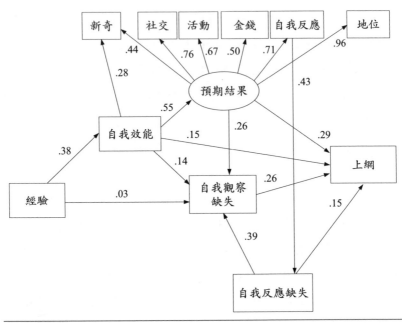

圖 4.1 使用與滿足理論的社會認知模式
來源：取自 LaRose 和 Eastin（2004）。

上網的直接預測因子。自我效能同時也是預期結果、自我觀察缺失
和自我反應缺失的預測因子。因為一個人對於自己使用網路能力的
感知，會影響到之後所經歷到的結果，及嘗試一些後來會變成習慣
的行為，也有可能因此變為無法控制的習慣。不過這些關係更有可
能是相互作用的。隨著使用者逐漸精通各種更困難的線上活動，預
期結果的成就感會支持自我效能。重複行為逐漸變成習慣，透過反
覆練習也會增進自我效能。先前的網路經驗，同時是網路自我效能
和預期結果的前驅表現。上面這些連結都反映出社會認知理論中的
學習模式，也就是預期結果會隨著直接經驗而調整。從他人經驗觀

察而來的學習也會影響到預期結果，不過沒有在這個圖中表現出來。

▶▶ 從使用與滿足到無意識的習慣

預期結果、自我觀察缺失、自我反應缺失和行為之間的關係是了解正常媒體使用變成習慣的關鍵。透過重複動作，媒體使用變得自動化而不再受意識思考下的預期結果控制，此時媒體選擇不再是使用與滿足理論中所提的主動選擇（LaRose, 2010）。自動化行為的特色是缺乏察覺、缺乏專注、缺乏動機且缺乏控制。自我觀察缺失就涵蓋了前三項，而自我反應缺失則代表著第四項的缺乏控制。藉由自我觀察缺失和自我反應缺失這兩個面向，可以區分某個重複行為（相較於新奇行為或衝動行為）是否是習慣。

習慣行為可能會被原本習慣養成環境中的內在或外在線索激發。一開始的媒體選擇是為了追尋滿足的主動選擇，而控制則變成一種無意識下重複選擇相同媒體的過程。重複行為變成習慣之前的最初，是透過意識控制下的使用與滿足開始成形。

在固定環境中有重複行為會加速習慣養成（Verplanken & Wood, 2006）。當習慣養成後，相同環境就會暗示出行為，而可能產生自動化行為。這裡特別強調「可能產生自動化行為」，是因為即使是最根深柢固的習慣，還是受大腦皮質所控制。舉例來說，正在玩線上遊戲的時候，自然會忽略一定要回推特訊息的衝動。

多種外在刺激已經被認為是培養習慣所需的穩定環境中的因素（Verplanken & Wood, 2006），包括：時間、地點、他人或特定物品的存在、前置行為、目標和情緒狀態。了解了這些習慣都是認知

架構之後，任何相關的思考過程都可能是造成穩定環境的必要因素。所以一個線上遊戲的習慣可能是受到固定遊戲時刻到來、看到電腦或某個熟悉的玩家、工作整天後的放鬆目標、無聊來襲等多種因素誘發。然而，任何跟遊戲相關的影像或認知思考都有可能是誘發因子。像是線上賭博的習慣，就可能被雜誌上拉斯維加斯的賭場廣告喚起。媒體習慣和其他領域的習慣相比，似乎較不受內容物所限制（LaRose, 2010）。這可能就是媒體無所不在的影響，它的影像不受時間、空間或是平台的限制。習慣會在愈來愈強的認知效能需求下不斷重複確認，也可能因為一開始並不存在的不同暗示而被刺激加強。網際網路習慣，因為多樣性的內容以及不受時間限制的可近性，更是如此地被反覆確認與加強。一開始在家裡臥室電腦所養成玩線上遊戲的習慣，後來可能變成在看到辦公室電腦時同樣被激發。

當習慣愈來愈強時，主動選擇過程的控制性就愈來愈弱，在強烈習慣驅使下，甚至會演變到意識對於控制上網行為無足輕重的地步（Limayem, Hirt, & Cheung, 2007）。以使用與滿足理論來比較習慣養成的不同階段，可以發現習慣控制在上網行為的進展。Lin（1999）在一群沒有用過網路的成年人樣本中發現，每個人使用網路的動機有 50%的差異，而這群人也幾乎不可能產生使用網路習慣，這是使用與滿足理論研究上一個空前絕後的成功。LaRose 和 Eastin（2004）發現自我觀察缺失對於上網習慣的形成，和預期結果或滿足是一樣重要的預測因子。另一個研究（LaRose, Kim, & Peng, 2010）指出，相對於一般上網，當我們以某個受人喜愛的網路活動（線上社交、下載、線上遊戲）的習慣性使用為標準時，自我觀察

缺失與自我反應缺失二者和滿足所造成的影響一樣重要。

習慣養成後，「使用與滿足」可能還是會影響部分行為，像是當一個原本讓人有興趣的活動不再吸引人時，意識下的主動選擇過程又會再開始。當然也有可能當被問到已經變成習慣的媒體行為時，人們可能會選擇回答一個他們其實已經不再主動追求的滿足目的。因為不想被視為一個漫無目的上網的阿宅，他們可能會藉此合理化上網，或者是企圖在研究者心中塑造合宜形象。某部分說來，習慣本身也可以帶來滿足（Newell, 2003）。另一個可能性是當被詢問某種已經習慣化的行為所帶來的滿足時，人們會被喚起最初影響這個行為決定的主動選擇過程。他們可能會模糊地想起一開始是為了收發電子郵件（完成某種社交滿足，如「我用網路跟朋友保持聯絡」），即使現在主要都是用網路玩多人線上遊戲。

近期在腦生理學和社會心理學的發現（回顧請見 LaRose, 2010）支持關於行為控制的主張，主動思考後果而選擇媒體的流程是受大腦皮質影響，當變成受到環境刺激就自動化產生的行動則是由大腦中的基底核控制。這種把主動行為演進為自動化行為的機制，對於人類要在複雜環境中維持每天功能來說是必需的。如果沒有將某些行為轉化成自動化行為，人們會沒有足夠的精力來處理決定每天要面對的大量訊息。換句話說，自動化思考幫助人們保留有限的注意力。經過一定次數的重複（確切數目未知），媒體行為就被無意識的自動化流程所控制，即使有部分還是受到皮質掌控。人們不再需要密切注意他們的行為或可能帶來的後果，也就進展到我們前面所說的「自我觀察缺失」的狀態。

▶▶ 失去控制

自我反應缺失已經被提出來以解釋娛樂型網路活動如何變成習慣，有時甚至可能破壞人們的日常生活功能（LaRose, Lin, Eastin, 2003）。自我反應缺失表示行為已經無法控制。這個變項的操作型測量問句（如「我試著要減少上網的時間，不過失敗了」），明確指出個人試著要調節自己的行為卻失敗。不過這不代表就一定是病態的，因為可能是藉由減少日常生活的例行公事而把時間用得更有效率。像是因為上網而無法準時吃飯，不過卻沒有影響到人際關係或是工作。

早期，習慣被定義為一種缺乏察覺、缺乏注意力、缺乏動機、缺乏控制的自動化行為。然而這四個面向是相互獨立的（Saling & Phillips, 2007）。所以一個人可能很痛苦地察覺到自己有過度的上網行為，甚至有想要減少的動機，但仍然因為無法控制行為（也就是我們所說的自我反應缺失），而被說有上網的習慣。因此一個人可能缺乏察覺、缺乏注意力且缺乏動機（也就是自我觀察缺失），不過仍有辦法（或至少尚未無法）控制自己的媒體使用行為。

我同事跟我的研究中已經證明，自我反應缺失是上網中一致性相當高的預測因子（LaRose & Eastin, 2004; LaRose, Kim, & Peng, 2010; LaRose, Lin, & Eastin, 2003; LaRose, Mastro, & Eastin, 2001）。在其他使用不同名稱但同樣包含此種缺乏自我控制意味的變項分析研究中，同樣證實了這種關係。例如，強迫性上網量表（Compulsive Internet Use Scale）（「你多常試著減少上網的時間卻徒勞無功？」「你多常發現，只要一上網就沒辦法停下來？」）和上網的

相關性是 0.42（Meerkerk, van den Eijnden, Vermulst, & Garretsen,
2009）。Leung（2004）發現在網路成癮（像是「你曾經試著減少
上網的時間卻失敗嗎？」）中符合五項或五項以上症狀的人，平均
一個禮拜花三十五小時在網路上，而其他比較少症狀的人則花費二
十七小時。不過其評估變項還包括使用網路所帶來的後果（像是錯
過社交聚會、搞砸學業或工作），這些應該被視為我們提出模型中
的預期結果（負面的）。

　　研究強迫性／問題性／病態性上網和花費在網路上時間的關聯
性來證明前者的效度，會產生一個問題：怎麼樣的上網算是「過
多」或是「有問題」的？不過這恐怕是個很糟的問題。全美國有數
百萬成年人每週看電視超過三十小時，不過仍維持著正常功能。那
每週花個三十小時休閒地使用網路難道過多嗎？如果整體媒體使用
是大約每週五十小時，而現在愈來愈多媒體都是經由網路傳播，那
麼每週花個五十小時在網路上會過多嗎？即使每週花到六十小時，
每天還是有相當足夠的時間可以來工作和睡覺。若把一邊吃飯、一
邊整理家務、一邊通勤時使用的網路媒體也列入考量，所謂「過
多」的邊界就顯得更模糊了。然而如果因此棄重要計畫於不顧、因
為上網賭博導致債台高築、藉由網路購物變成卡奴，或是在網路上
搞婚外情等，那即使短短數小時的使用也可能是問題重重的。

　　網際網路使用是否過量或是有問題，應該是由它的功能而非它
的量所決定。圖 4.1 中自我反應式的結果預期和自我反應缺失間的
關聯就是關鍵。這個關係中建議，當網路被用來當作心情不好的心
情調節工具時，它很容易就壓過理性的自我控制。預期網路可以調
節心情或是排解無聊很容易導致自我反應缺失，也就是所謂的行為

成癮（Marlatt, Baer, Donovan, & Kivlahan, 1988）。

　　大量使用網路會忽視了原本的人際關係或重要生活事件，忽視的後果可能帶來壞心情，而產生惡性循環。圖 4.2 說明了網路成癮模型中的下一步循環（LaRose, Lin, & Eastin, 2003）。憂鬱時為了調節心情導致更多自我反應式的結果預期，造成進一步的自我反應缺失和大量使用。憂鬱也會直接影響自我反應缺失，因為憂鬱的人會習慣忽略在有效自我調節中個人應盡的努力（Bandura, 1999）。每次這樣的循環會加速推向上網的惡性循環。

　　為了評估某人是否有即將造成問題性上網習慣的危險，臨床工作者一定要探討上網行為是否已經變成排解憂鬱情緒的主要工具，也要探索是否有跟過度上網相關的憂鬱症狀。在傳統的使用與滿足模式中，當「打發時間」這個滿足面向變得過分顯著時就是這種情況。與其用像表 4.1 評估使用與滿足模式的工具一個一個詢問，不如直接詢問個案最近都是做什麼來排解無聊、抒發壓力和減輕憂

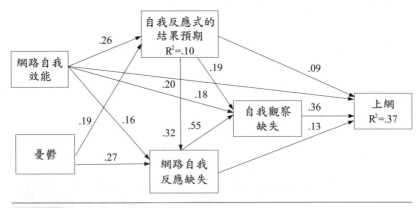

圖 4.2 網路成癮模型

來源：取自 LaRose、Lin 和 Eastion（2003）。

鬱。如果使用的方式都是網路活動，那暗示可能有潛在上網問題。若上網行為已經產生自動化特質，也是一個早期警訊。自我報告習慣指標（Self-Report Habit Index, SRHI）（Verplanken & Orbell, 2003）是用來測量心理性習慣強度相當可靠的工具，透過與敘述句子的相符程度，來了解行為執行時，是否經過思考，或是行為無法實現時可能導致的苦惱程度。如果網路成癮或是強迫性上網（Caplan, 2005）的量表中顯示出輕到中度傾向時（約略在量表分數一半），可能就代表媒體使用已經從正常模式逐漸進展到有害或病態的程度。

▶▶ 為何不是所有人都是網路成癮者？

接下來我們要考慮的是，為什麼網路成癮並沒有更常見？為什麼不是所有人都有病態性的網路習慣呢？畢竟網路是這麼名副其實有趣的活動，可以滿足各種想像空間與品味，又是一天二十四小時不打烊隨時隨地唾手可得的。在向專業求助之前，能怎樣打斷這個可能的惡性循環呢？

一個先決假設可能是，某些網路活動就是比其他類型來得容易被濫用，而涉足於有濫用性活動的人才可能會產生問題。如同社交技巧導致問題性上網（Caplan, 2005, 2006）裡所發現的，網路上的社交使用常常與濫用有關。前一章的理論也有提到，社交技巧缺失導致線上社交互動偏好，再演變成強迫性使用（本章中所指稱的自我反應缺失），而最終造成學業、工作問題上的負面後果。依據此論調，社交網路和即時通訊軟體應該是最容易造成問題的。然而一個結合最喜歡的網路活動、社交技巧、習慣性上網模型等面向的比

較分析指出，下載音樂和影像檔案才是最有可能造成問題的活動。不過這個最喜歡的網路活動間的差異性其實不大，雖然社交網路和即時通訊相較於下載、遊戲和網路購物，的確和自我觀察缺失比較有關（不過並不影響自我反應式預期結果和自我反應缺失）（LaRose, Kim, & Peng, 2010）。依照前面所提的模型邏輯來解釋，任何令人喜愛的網路活動如果是持續被用來減輕憂鬱心情的話，都可能會變成有問題的習慣。

所以對於為什麼不是所有人都會變成病態性上網較好的答案大概就是，因為大多數人有辦法維持有效的自我控制，或者當自我控制失靈時也有辦法修補回來。大多數人當配偶、老闆或是銀行帳戶開始發出警訊時，就會試圖要調節自己脫序的行為。而且網路行為在某些程度，也是自我節制的。一開始可以減少憂鬱心情的有趣活動沒多久也會失靈（LaRose, 2008），所以人們接著會開始尋求新的活動，同時也調整或減少舊有的習慣。此外因為習慣活動所帶來的負面結果也可能會幫助恢復有效的自我觀察（LaRose, Kim, & Peng, 2010），也把原本已經「自動化」的上網行為再次轉回意識控制下的思考流程。

 ## 網路濫用預防的應用

目前提到的分析都是使用正常族群來預測上網，所以無法解釋病態性上網的成因或是推測有效的治療方式。不過如同我們所了解的，習慣一旦養成，即使本身不是病態，也都很難打斷（Verplanken & Wood, 2006）。所以我們務必要思考如何在上網習慣養成而且變

成有害的惡性循環之前，就先預防而且打斷它的成形。

　　之前推論提到自我調節缺失是造成失控網路習慣的關鍵，而有效的自我調節可能就是調整這個失控上網行為的重點。針對電視這個也很容易成癮的媒體的介入研究指出，加強自我調節的訓練可以減少兒童花費在看電視的時間、降低看太多電視帶來的負面結果（肥胖、暴力傾向等）（Jason & Fries, 2004; Robinson & Borzekowski, 2006）。

　　既然習慣需要在一個穩定環境中重複發生而養成，要打斷習慣最明顯的策略就是去改變可能誘發行為的刺激。舉例來說，改變一個人進行喜歡的上網活動時伴隨的時間、地點、前置活動、夥伴等，就可以削弱習慣的程度。然而在 Robinson 和 Borzekowski（2006）直接關掉電視一個禮拜的研究中發現，強烈的意志力來執行極端行為的中斷，可能是必要的。可以藉由一些自然發生的行為來改變上網行為，就像是新學期的開始、工作計畫的改變或是買了一台新電腦等。也可以經由網站過濾器（色情守門員）來阻斷可能造成問題的網站內容，來改變上網的內容。制定相關政策也可改變部分上網的習慣，像是加重上網所需負擔的費用，或是對某些特定內容課稅等。

　　多種用來促進健康的方法也可以應用在習慣養成上。既然對行為缺乏注意力是習慣養成的特徵，每天記錄上網日誌、觀察上網活動紀錄等就可以讓人比較注意自己的行為，避免習慣養成。觀察每次沉溺於喜愛的網路活動，或是使用網路時間超過預期前的心情，也可作為危險失控習慣的早期警訊。另一個可行方法是建立 LaRose 等人（2010）發現的自然防衛機轉：利用自助或大眾教育，強調上

網與負面結果的關聯，重新喚醒對上網行為的注意力。藉由成功戒除網路成癮者的分享或是逐步減少上網等方式，可以強化對於成功戒除網路成癮的自我效能信念。也可以強調社會或群體（學校裡、家中等）對於上網的常模規範。不過這種種策略，多在習慣尚在養成階段奏效。當習慣已經根深柢固時，人們會傾向忽略會讓行為改變的資訊（Verplanken & Wood, 2006）。然而這些說服技巧還是可以幫助強化內容改變的效率。

自我調節就像是肌肉訓練一樣，暫時的過度強化只會破壞調節的資源，只有持久且逐步增加的訓練才能真正強化。如同鍛鍊出來的肌肉不只是用來在健身房舉重也可以在家裡抬重物，自我調節能力一旦被強化後也可以應用在各個方面（Baumeister, Schmeichel, & Vohs, 2007）。如果能恢復對於媒體使用（像是電視）的自我調節能力，甚至是完全不相干的領域的行為調節力（像是吃東西、運動習慣），就也可以增加對於上網的自我調節能力。

 ## 總結

網路使用者一開始會選擇上網活動，是為了滿足某些需求，例如娛樂、資訊、社交互動或是消遣等。藉由重複執行，喜愛的網路活動逐漸變成自動化、習慣式的行為，也就是不需要察覺、不需要注意力、不需要動機、不需要意志力控制，只需要一些內容的提示下就可自動進行。習慣性行為可以被理解為因為自我觀察缺失和自我反應缺失的影響，取代了原本有意識的主動追求滿足而決定的上網行為。如果習慣的主要功用是用來減輕憂鬱心情的話，就更容易

因為自我反應的影響而失去控制。自助課程和大眾教育對於習慣形成的早期控制可能會有助益，然而根深柢固的習慣就很難改變，需要不斷調整上網相關內容才有可能改變。使用與滿足理論和自我調節的關係是上網和上網行為會變成習慣的關鍵部分，也是預防問題性上網的切入點。

治療師可以使用這些模式來評估個案為什麼會變成網路成癮。了解個案個人成癮的動機，才能建立有效的復原策略。戒治過程（無論戒酒、戒藥、戒色、戒食物），需要艱苦地面對一些困難狀況或是情緒問題。當人們發現生活中失去原本依賴的成癮物時，會很懷念成癮物曾經提供的避風港，同時就轉向網路這個比較新而且社會能接受的應變方法。他們忽略了投向網路懷抱的這個舉動，反而使成癮循環永垂不朽。成癮者常使用網路來逃避現實，而不處理形成成癮問題背後的真正困擾。他們不處理感情問題、經濟問題、工作問題或學校問題，而只是擁抱網路，原本造成酗酒、暴飲暴食或是賭博的原因還是懸而未決。

使用網路變成一個可快速掃除煩惱的方法，好像這些問題都不存在，不需要煩惱。由這些模式，我們發現網路成癮者容易被任何有趣的東西吸引，因為只要把注意力都放在網路上，就能忽略真實困難。因為透過網路可以滿足這麼多需求，他們就更容易維持這項成癮行為而變成逃避。網路讓成癮者忙著成癮而不處理影響成癮的問題，導致惡性循環。應用本章所提供的模式，臨床工作者和治療師可以了解網路如此吸引人的原因，也訂立出因地制宜的復原計畫。

Bandura, A. (1986). *Social foundations of thought and action: A social cognitive theory*. Englewood Cliffs, NJ: Prentice Hall.

Bandura, A. (1991). Social cognitive theory of self-regulation. *Organizational Behavior and Human Decision Processes, 50*, 248–287.

Bandura, A. (1999). A sociocognitive analysis of substance abuse: An agentic perspective. *Psychological Science, 10*, 214–217.

Baumeister, R. F., Schmeichel, B. J., & Vohs, K. D. (2007). Self-regulation and the executive function: The self as controlling agent. In A. W. Kruglanski & E. T. Higgins (Eds.), *Social psychology: Handbook of basic principles* (2nd ed.) (pp. 516–540). New York: Guilford Press.

Caplan, S. E. (2005). A social skill account of problematic Internet use. *Journal of Communication, 55*, 721–736.

Caplan, S. E. (2006). Relations among loneliness, social anxiety, and problematic Internet use. *CyberPsychology & Behavior, 10*, 234–242.

Charney, T. R., & Greenberg, B. S. (2001). Uses and gratifications of the Internet. In C. Lin & D. Atkin (Eds.), *Communication, technology and society: New media adoption and uses* (pp. 379–407). Cresskill, NJ: Hampton Press.

Eastin, M. A., & LaRose, R. L. (2000). Internet self-efficacy and the psychology of the digital divide. *Journal of Computer Mediated Communication, 6*. Available from http://www.ascusc.org/jcmc/vol6/issue1/eastin.html

Flanagin, A. J., & Metzger, M. J. (2001). Internet use in the contemporary media environment. *Human Communication Research, 27*, 153–181.

Jason, L. A., & Fries, M. (2004). Helping parents reduce children's television viewing. *Research on Social Work Practice, 14*, 121–131.

Katz, E., Gurevitch, M., & Haas, H. (1973). On the use of the mass media for important things. *American Sociological Review, 38*, 164–181.

Korgaonkar, P., & Wolin, L. (1999). A multivariate analysis of Web usage. *Journal of Advertising Research, 39*, 53–68.

LaRose, R. (2008). Habituation. In W. Donsbach (Ed.), *The international encyclopedia of communication* (Vol. 5, pp. 2045–2047). Malden, MA: Wiley-Blackwell.

LaRose, R. (2010, forthcoming). Media habits. *Communication Theory*.

LaRose, R., & Eastin, M. S. (2004). A social cognitive theory of Internet uses and gratifications: Toward a new model of media attendance. *Journal of Broadcasting and Electronic Media, 48*, 358–377.

LaRose, R., Kim, J. H., & Peng, W. (2010, forthcoming). Social networking: Addictive, compulsive, problematic, or just another media habit? In Z. Pappacharissi (Ed.), *The networked self*. New York: Routledge.

LaRose, R., Lin, C. A., & Eastin, M. S. (2003). Unregulated Internet usage: Addiction, habit, or deficient self-regulation? *Media Psychology, 5,* 225–253.

LaRose, R., Mastro, D., & Eastin, M. S. (2001). Understanding Internet usage—A social-cognitive approach to uses and gratifications. *Social Science Computer Review, 19,* 395–413.

Leung, L. (2004). Net-generation attributes and seductive properties of the Internet as predictors of online activities and Internet addiction. *CyberPsychology & Behavior, 7,* 333–344.

Limayem, M., Hirt, S. G., & Cheung, C. M. K. (2007). How habit limits the predictive power of intention: The case of information systems continuance. *MIS Quarterly, 31,* 705–738.

Lin, C. A. (1999). Online-service adoption likelihood. *Journal of Advertising Research, 39,* 79–89.

Marlatt, G. A., Baer, J. S., Donovan, D. M., & Kivlahan, D. R. (1988). Addictive behaviors: Etiology and treatment. *Annual Review of Psychology, 39,* 223–252.

McIlwraith, R., Jacobvitz, R., Kubey, R., & Alexander, A. (1991). Television addiction—Theories and data behind the ubiquitous metaphor. *American Behavioral Scientist, 35,* 104–121.

Meerkerk, G. J., van den Eijnden, R. J. J. M., Vermulst, A. A., & Garretsen, H. F. L. (2009). The Compulsive Internet Use Scale (CIUS): Some psychometric properties. *Cyberpsychology and Behavior, 12,* 2009.

Newell, J. (2003). The role of habit in the selection of electronic media (Doctoral dissertation, Michigan State University).

Palmgreen, P., Wenner, L., & Rosengren, K. (1985). Uses and gratifications research: The past ten years. In K. Rosengren, L. Wenner, & P. Palmgreen (Eds.), *Media gratifications research* (pp. 11–37). Beverly Hills, CA: Sage.

Papacharissi, Z., & Rubin, A. M. (2000). Predictors of Internet usage. *Journal of Broadcasting and Electronic Media, 44,* 175–196.

Robinson, T. N., & Borzekowski, D. L. G. (2006). Effects of the SMART classroom curriculum to reduce child and family screen time. *Journal of Communication, 56,* 1–26.

Rubin, A. M. (1983). Television uses and gratifications: The interactions of viewing patterns and motivations. *Journal of Broadcasting, 27,* 37–51.

Rubin, A. M. (1984). Ritualized and instrumental television viewing. *Journal of Communication, 34,* 67–77.

Ruggerio, T. E. (2000). Uses and gratifications theory in the 21st century. *Mass Communication and Society, 3,* 3–37.

Saling, L. L., & Phillips, J. G. (2007). Automatic behaviour: Efficient not mindless. *Brain Research Bulletin, 73,* 1–20.

Song, I., LaRose, R., Lin, C., & Eastin, M. S. (2004). Internet gratifications and Internet addiction: On the uses and abuses of new media. *CyberPsychology & Behavior, 7,* 384–394.

Stafford, T. F., & Stafford, M. R. (2001). Identifying motivations for the use of com-
mercial web sites. *Information Resources Management Journal, 14,* 22–30.

Stone, G., & Stone, D. (1990). Lurking in the literature: Another look at media use
habits. *Mass Communications Review, 17,* 25–33.

Verplanken, B., & Orbell, S. (2003). Reflections on past behavior: A self-report index
of habit strength. *Journal of Applied Social Psychology, 33,* 1313–1330.

Verplanken, B., & Wood, W. (2006). Interventions to break and create consumer habits.
Journal of Public Policy & Marketing, 25, 90–103.

第5章
線上角色扮演遊戲的成癮

Lukas Blinka 和 David Smahel

　　大型多人線上角色扮演遊戲（massive multiplayer online role-playing games, MMORPGs）是逐漸廣受歡迎的網路應用程式的其中一個例子。在線上的遊戲世界裡，各玩家創造了一個虛擬角色，也就是所謂的「化身」（avatar）。根據資料，當今最受歡迎的大型多人線上角色扮演遊戲「魔獸世界」（World of Warcraft）擁有超過1,150萬的正式註冊玩家，其風行的程度可見一斑。從美國娛樂軟體協會（Entertainment Software Association, 2007）公布的數字來看，在2006年到2007年之間，線上遊戲的玩家人數增加了一倍。大型多人線上角色扮演遊戲是「大型多人線上遊戲」〔massively multiplayer online (MMO) game〕的一種，舉例來說，有名的遊戲「第二人生」（Second Life）就是其中之一。大型多人線上遊戲並不總是如同字面上的意思，僅僅是「遊戲」而已，對於很多「第二人生」

作者們感謝馬薩里克大學社會研究院提供的協助。

的玩家而言，「第二人生不是遊戲，而是他們另一個人生」。截至 2008 年 4 月的統計數字顯示，共有 4,800 萬人在玩大型多人線上遊戲（Voig, Inc., 2008）。

大型多人線上角色扮演遊戲的前身是所謂的「多人地下城堡」（multiuser dungeons, MUDs），這種線上遊戲啟發了許多書籍和研究學者有關虛擬世界方面的靈感（Kendall, 2002; Suler, 2008; Turkle, 1997, 2005）。兩者最主要的差異在於「多人地下城堡」乃純文字模式，而當今的大型多人線上角色扮演遊戲是高解析度影像組成的介面。雖然目前還不清楚這般文字與圖像的差異會對玩家造成何種衝擊，但我們能夠確定的是，大型多人線上角色扮演遊戲的玩家數目比之前「多人地下城堡」的人數還要多。

我們將在本章討論大型多人線上角色扮演遊戲，它是今日某些青少年與成年人相當重要的休閒活動（如 Ng & Wiemer-Hastings, 2005; Smahel, Blinka, & Ledabyl, 2008）。與此同時，大型多人線上角色扮演遊戲卻也有潛在成癮的風險（Rau, Peng, & Yang, 2006; Wan & Chiou, 2006a, 2006b），因此吸引了科學界、普羅大眾、乃至於媒體的目光焦點。

本章的其他部分裡面，將提供我們在 2009 年 5 月期間，與大型多人線上角色扮演遊戲玩家進行的十六次會談作為例子。這些半結構式會談以十二名男性（年齡介於 15 至 28 歲）與四名女性（年齡介於 15 至 19 歲）為對象，有七個採取面對面晤談，其他九位透過網路電話（Skype）或網路即時訊息傳呼軟體（ICQ）聯繫，並以紮根理論分析會談內容。在討論中引用部分會談內容以作為補充的樣本。

在本章當中，我們首先將描繪大型多人線上角色扮演遊戲虛擬世界的樣貌，以使讀者能夠更了解這些世界究竟長什麼樣子。接著將介紹這類型的玩家以及他們玩遊戲的動機。然後討論大型多人線上角色扮演遊戲成癮的概念，以及玩家本身和遊戲方面分別有什麼樣的因素促成上癮。依據和玩家的面談，我們也呈現一份簡短問卷，能協助線上遊戲成癮基本的診斷和後續評估。最後的段落討論玩家對於成癮的自我感受（亦即玩家對於潛在成癮風險的認知）。

什麼是大型多人線上角色扮演遊戲？

大型多人線上角色扮演遊戲通常是網路上虛擬的角色扮演遊戲，有來自世界各地的數千名玩家同時在線上。一名玩家能夠控制他或她自己的化身人物，完成各種任務、增進化身的能力，並且跟其他玩家的化身互動。每個人能從事的活動廣泛，從塑造化身的個性，到正面地與其他玩家對話，或跟他人負面的衝突皆有。玩遊戲的動機（稍後詳述）和方式也相當多樣化（Yee, 2006b）。玩家所能探索的遊戲世界是廣大而且恆定的，即使玩家下線，它依然存在。而且由於無論玩家是否存在它都不停止發展的特性，某種程度上給予玩家們需要與虛擬世界保持聯繫的壓力，否則玩家們若是離開一段時間，就會與虛擬世界脫節，同時也失去他們在此的影響力，與其他更常參與遊戲並且進展更快的玩家相比，他們會喪失更多權力。一名18歲男性玩家說：「我愈想進步，就需要投注愈多時間在遊戲裡。很不幸的這就是遊戲運作的方式，而我無時無刻不在想著，我可以、而且也應該要花更多時間上線，並把我本來應該明

天才會做的事情在今天做完。」成功往往和長期且每天都出現在遊戲中有密切的關聯。

　正是這樣無邊無際的虛擬世界、沒有終點的遊戲、強調和其他人合作和溝通的特點，使得大型多人線上角色扮演遊戲迴異於傳統電腦遊戲，而被視為全新的環境和個體。它和傳統遊戲最大的不同點是使用的時間，或說是密集度。大型多人線上角色扮演遊戲的使用者平均每週玩二十五個小時，而其他電腦或電視遊樂器只有 6%的玩家每週玩超過二十小時，84%的人每週玩少於六小時（Ng & Wiemer-Hastings, 2005）。這樣高度密集的玩法導致玩線上遊戲被視為問題而且有成癮的隱憂。然而，仍然廣為討論的問題是：究竟是什麼原因讓玩家長時間沉浸遊戲中？上癮是長期玩線上遊戲的結果，還是有別的解釋？現在讓我們進一步探討，什麼樣的人會玩大型多人線上角色扮演遊戲，以及他們在虛擬世界當中花費多少時間。

是誰在玩？玩多久？

　一般人心目中典型的玩家是年輕男性。但是有些研究的結果推翻了這種刻板印象（如 Griffiths, Davies, & Chappell, 2003; Smahel, Blinka, & Ledabyl, 2008; Yee, 2006b）。大型多人線上角色扮演遊戲的玩家平均年齡是 25 歲，而且成年人比青少年多。玩家以男性為主，比例超過 90%，尤其是年輕的族群。女性的比例隨著年齡上升，約占成年玩家的 20%（Griffiths, Davies, & Chappell, 2003）。一個值得注意的事實是，女性玩家的平均年齡（大約 32 歲）明顯高於

男性，看起來女性是透過她們的伴侶接觸遊戲（Yee, 2006a）。少女的玩家相當罕見，女性玩家的人數隨著進入成年而遞增，似乎顯示她們的社會環境（通常是男性伴侶）讓她們認識遊戲。

這些統計遊戲密集度的數字乍看之下相當有趣。如同前面所述，玩家平均每週玩二十五個小時（Griffiths, Davies, & Chappell, 2004; Smahel, Blinka, & Ledabyl, 2008）；但 11%的玩家每週用超過四十個小時玩遊戲，相當於做一份全職工作或者就讀高中（Ng & Wiemer-Hastings, 2005）；80%的玩家至少偶爾會單次就超過八小時（Ng & Wiemer-Hastings, 2005）；60%曾經單次超過十小時（Yee, 2006a）。有一個玩家在跟我們會談時提到，他曾經一次連續玩了三十小時。因此至少在時間的層面上看來，大型多人線上角色扮演遊戲在玩家的生命中占了重要的一大部分，他們可以從事其他活動的時間也變少了。而且這樣的情形顯然不是他們生命中短暫的插曲而已。Griffiths、Davies 和 Chappell（2004）發現 20 歲以下的青少年大約平均玩兩年，而更為年長的玩家大概是二十七個月。至於密集度方面，青少年玩家比成人玩得更久（20 歲以下每週二十六個小時，相較於 26 歲以上的族群每週二十二個小時）。然而，20 歲到 22 歲之間的這群玩家花最多時間玩線上遊戲，幾乎每週達到三十小時。根據 Cole 和 Griffiths（2007）的研究，女性玩的時間顯著地少於男性，每週比男性少十個小時。

和其他線上遊戲比起來，大型多人線上角色扮演遊戲玩家中的少數女性顯得特別。根據美國娛樂軟體協會（Entertainment Software Association, 2008）的資料，女性在所有的線上玩家當中占了 44%（幾乎一半），然而她們偏好解謎與撲克牌遊戲，這兩種類型占線

上遊戲的半數。這些數據反映出諸如「魔獸世界」之類的線上角色扮演遊戲擁有 11%的玩家，然而這群玩家玩得非常密集，因此群體雖小卻很重要。比較低密集度的遊戲通常被視為一種休閒方式，而大型多人線上角色扮演遊戲一般有著更為複雜的玩樂動機，現在讓我們更仔細地檢視它們。

大型多人線上角色扮演遊戲的玩樂動機

大型多人線上角色扮演遊戲是相對複雜的虛擬世界，提供了廣泛而變化多端的娛樂機會。Yee（2006b）將遊戲的重要玩樂成分歸納為三個主要類別：成就感、社交層面，與沉浸感（immersion），以及可能涵蓋的面向。第一種成分，成就感，包括掌握遊戲機制。大型多人線上角色扮演遊戲相對地複雜，玩家通常需要經過一段時間才能熟悉遊戲機制。如何善用這些機制往往是玩家花費許多時間在網路論壇討論的主題。成就感來自於進步的概念——玩家「化身」的升級，包括得到經驗值（增加新技能）還有更好的裝備道具。凡此種種都給玩家帶來更多的權力以及遊戲世界裡更高的地位。成就感最後的一部分是競爭——與其他玩家競爭的過程。

第二個大型多人線上角色扮演遊戲的成分涵蓋了虛擬世界的社交層面。線上遊戲原則上是社交性的；單人遊戲雖然可行，卻不被鼓勵：「大型多人線上角色扮演遊戲主要跟人有關——當我開始玩遊戲，真是無與倫比的夢幻世界。」玩家聚集成更大的團體，通常稱為「公會」（guilds），但在某些線上遊戲有不同稱呼。與其他玩

家一起參與遊戲會導致某種社會承諾。Seay 等人（2003）的研究顯示公會玩家比起未加入公會的玩家平均每星期多玩四小時。遊戲本身也有閒談功能，透過文字訊息和語音聊天，玩家討論的內容不只是遊戲，還有其他各式各樣的主題。網路也支持玩家自我揭露。Yee（2006b）注意到 23% 的男性玩家與 32% 的女性玩家某些時候在遊戲裡透露個人的隱私資訊。然而這種開放性會隨著年齡變化，年紀較大的人多半謹慎，而逾半青少年在遊戲裡談論自己真實生活的經驗。女性（大約 16%）比男性（5%）常發生在真實生活中與玩家夥伴見面的情形。年紀大的玩家有更高的傾向在真實生活相遇。另一件值得注意的事情是，密集的遊戲對於下線後的社交生活有負面的影響，尤其是青少年——年輕玩家更容易將自己封閉在遊戲世界裡面。

第三個引發動機的成分是沉浸感。所有大型多人線上角色扮演遊戲共有的元素是一個複雜而廣大的世界；很大一部分的玩家因而著重於探索這個世界（大部分基於幻想的性質）。當玩家認同遊戲中的化身時，也會產生沉浸感——改變他或她的外表、擴充他或她的裝備、扮演的角色等等。

所有這些成分以某種方式呈現於每個大型多人線上角色扮演遊戲中，而不同的玩家不同程度地偏好當中每樣成分。舉例而言，Griffiths 等人（2004）聲稱青少年玩家偏愛遊戲中的暴力元素，隨著年齡增加，對暴力、攻擊以及遊戲中競爭的偏愛遞減，女性也較不喜好這些成分。遊戲中的社交部分較受成人玩家喜愛。一些潛在有著高度成癮行為傾向的玩家可能把遊戲視為他們的「第二生命」，引述一名每星期花七十小時玩遊戲的 18 歲玩家的話：「遊戲

本身就包含各種有趣的事物，宛如第二種生活。你可以在那裡做任何你所能想像得到的事情，可能除了性之外的每件事情。我甚至能在那裡釣魚。」對於這類型的玩家，所有上述的動機都結合在一起。一種發生頻率較低但是更有趣的動機是針對性地破壞其他玩家的化身，如同一個每星期玩六十五小時遊戲的 19 歲玩家所描述的：「我通常是為了造成傷害而玩遊戲＝我喜歡在遊戲裡謀殺、偷竊，還有做任何不道德的事情（這讓我在一天結束的時候感到放鬆）。」這名玩家不和他人溝通，但這遊戲提供他一種放鬆的管道，而且正如他所說：「我無法想像在現實生活中變得惡劣，我想在這方面，遊戲可說是允許我嘗試未經探索的可能性。」在這個脈絡下，我們可以思索玩大型多人線上角色扮演遊戲的內在心理動機，包括對於一個人的化身的心理認同，還有玩家的虛擬代表。對於使用大型多人線上角色扮演遊戲作為紓解壓力的玩家，其深層的心理動機對於臨床會談來說更可能是個有待解決的議題。

「化身」本身是遊戲中重要的元素，而玩家有各種使用化身的途徑。青少年傾向於不區別自己與化身（Blinka, 2008），因此他們較少注意自己和遊戲化身的相異處，並且認為遊戲中的勝利（例如遭遇到其他遊戲化身的時候）就是自身的勝利。這明顯的跟自我效能和自尊心的產生有關，兩者在青少年階段都是最重要的。遊戲化身的補償功能在較低的年齡層也更加顯著──根據 Blinka 的說法，意思是玩家認為化身是他們自我理想化且更優越的形式。較低自尊的個體會覺得大型多人線上角色扮演遊戲非常吸引人──它們提供一種使令人不舒服的低自尊狀態獲得快速紓解的方式。許多研究已經證實潛在成癮與玩家對化身的認同兩者之間的關聯性（Smahel et al., 2008），在低自尊、低自我效能以及過度遊戲之間也存在著連結（Bessière, Seay, & Kiesler, 2007; Wan & Chiou, 2006b）。

 ## 網路與大型多人線上角色扮演遊戲之成癮

由於大型多人線上角色扮演遊戲的時間長度與密集度，很容易讓人把這些玩家視為成癮。有些因子會促進成癮發生，Ko、Yen、Yen、Lin 和 Yang（2007）找出了會增加潛在網路成癮的風險之因子：家庭失能、自尊低、每星期花超過二十小時上網，以及玩線上遊戲，因而這些作者聲稱大型多人線上角色扮演遊戲加速引發成癮與過度使用（作者們訂定了每星期二十小時的上限），而且如果玩家同時受到其他危險因子的影響（即處在失能的家庭中，或是自尊心低），發生上癮的機會就更為顯著。根據Mitchell、Becker-Blease 和 Finkelhor（2005）的研究，在全部因為強迫性使用網路而尋求專業心理協助的人們之中，大約五分之一（精確的說，是 21%）是線上玩家。在尋求專業協助的網路相關問題裡面，與線上遊戲有關的問題占了大約 15%（其他的問題包括過度使用網路、使用色情資訊，以及虛擬網路外遇）。青少年（55%）稍微比成人普遍，而男性（74%）比女性更為常見。

Mark Griffiths 根據美國精神醫學會制定之 *DSM-IV* 一般成癮疾患的診斷標準創造網路成癮的構成要件（Griffiths, 2000a, 2000c; Widyanto & Griffiths, 2007）。如果網路使用者滿足以下所有的診斷條件或層面，或得分甚高，則可認定其為成癮。這些層面通常用來

發展辨認網路成癮的問卷，但同時對於大型多人線上角色扮演遊戲的成癮也具有效度（如 Smahel et al., 2008）。這些列舉出來的層面同時是網路成癮的症狀，而且能夠用以推斷大型多人線上角色扮演遊戲對於玩家的具體影響。

以下列舉對於遊戲或是網路成癮的構成要件：

- **突顯性**——某項活動成為個體生活中最重要的事情。分為認知層面（個體常常想到該項活動）與行為層面（個體忽略基本需求，諸如睡眠、食物或是衛生，來從事該項活動）。

- **情緒改變**——所從事的活動影響到主觀的經驗。

- **耐受性**——持續對活動量有愈來愈高的需求，以求獲得起初的感受。對於玩家來說，則是對於玩遊戲的需求逐漸增加。

- **戒斷症狀**——伴隨著中止該項活動或是無法從事該項活動時，所產生的負面感受與情緒。

- **衝突**——該項活動造成人際之間（通常發生於個人的周遭環境、家庭、伴侶）或個人內在的衝突。通常也伴隨著學業或工作表現惡化、放棄之前的嗜好等等。

- **復發**——即使在獲得相對控制的時期之後，仍然傾向於重拾成癮行為。

儘管在使用這些指標上已有共識，但目前尚不清楚當中需要多少（全部或是部分要件，以及以何種比例）足以診斷成癮。舉例而言，Grüsser、Thalemann 和 Griffiths（2007）發現，具有三個以上成癮徵兆的大型多人線上角色扮演遊戲玩家之成癮率為 12%。Charlton 和 Danforth（2004, 2007）經由因素分析的方法辨識出其中兩群因子。第一群為實際成癮（或說是成癮的主要因子）；這包括遊戲

容易復發的特性、戒斷症狀，與周遭環境的衝突，以及行為層面的突顯性。第二群因子，或許可稱之為「遊戲的強大魅力」（或稱成癮的周邊因子）並非與病態性的玩樂相關；這包含耐受性、情緒改變，與認知層面的突顯性。成癮主要被理解成強迫性地降低心智張力，然而「遊戲的強大魅力」代表的是娛樂性，當中的核心部分看似互相衝突。舉例而言，Beard 和 Wolf（2001）定義網路成癮為「失去控制而破壞性地使用這項科技」，而且視衝突為診斷成癮行為基本且必要的條件，然而這在青少年族群的情形卻變得微妙。許多研究（如 Mesch, 2006a, 2006b）顯示，家庭中如果有一台電腦和一條網路線，便會在世代之間形成緊繃的張力。因為孩子常常更了解新科技，使得父母失去對子女的部分控制力，同時父母也擔心子女會將時間花費在網路上做父母期望之外的事情。這樣的情形時常導致衝突，然而在某種程度上卻是由父母所引起，而非青少年真正過度使用了網路。去決定何時衝突真正反映出強迫性或有問題的遊戲行為變得很重要。在青少年身上，這類型的衝突需要和世代之間常見的衝突做區分。

 ## 遊戲當中的成癮因子

　　是否任何網路應用程式都能被視為造成問題行為的根源，像是這裡提到的成癮行為，仍然是需要探討的問題。以大型多人線上角色扮演遊戲的玩家人數以及遊戲密集度來看，不得不令人懷疑這樣的可能性。已經有好幾個研究指出，心流現象（flow phenomenon）正是能夠解釋這樣的遊戲密集程度，以及隨後導致成癮的主要因素

（Chou & Ting, 2003; Rau, Peng, & Yang, 2006; Wan & Chiou, 2006a）。
「心流」通常被描述為一項需要某些程度的技巧和努力的困難活動，通常牽涉到某種形式上與他人的競爭。這種主觀經驗的生成，與大型多人線上角色扮演遊戲的典型特徵相關——線上社交溝通與一個有任務、獎勵與回饋的恆定系統（角色扮演因子）。遊戲中從事的活動會融入一個人的意識當中——玩家的心思都聚集在遊戲上，而不去注意任何其他的事情，如此遊戲變得很「順暢」（smooth）。在心流當中，其他感官都被抑制或是完全忽略了，包括疼痛、疲累、飢餓、口渴和排泄分泌（玩家通常持續玩超過八小時）。典型的指標就是對於時間的知覺改變了，一個感覺如數分鐘之久的活動，在現實裡可能已經過了好幾個小時了。如果在這樣的狀態當中玩遊戲被打斷，會令人相當不舒服，也往往引發玩家和他們周遭人物的衝突。專注在遊戲裡面，加上改變的時間感和好奇心，就導致過度沉溺於遊戲（Chou & Ting, 2003）。時間並不是上癮的因素之一，然而在花費於遊戲的時間以及成癮行為兩者之間有中度的相關性（Smahel et al., 2008）。因此用於遊戲的時間長度就與潛在上癮有關聯；但使用過度的時間玩樂並不表示玩家就是上癮了。

舉例來說，Rau、Peng 和 Yang（2006）聲稱經驗豐富的玩家和新手玩家都因為心流的影響以及改變了的時間感官，而難以脫離遊戲——他們沉浸在遊戲中，渾然不覺自己玩了多久。這項報告的結果也指出，沒有經驗的玩家較快進入心流的狀態（在開始的第一個小時就已經達到），而資深玩家需要更多時間。與此相似的另一個成癮因素是增加的耐受性，意即玩家要達到他們所追求的感受的時

間愈來愈久。如同 Wan 和 Chiou（2006a）所說，心流現象和線上遊戲成癮的關係也許不是直接而絕對的，甚至有時候可以相反。作者表示有成癮症狀的玩家們比較少經驗到心流。心流現象在一個人剛開始玩遊戲時最強烈也最為頻繁，而愈是常玩和玩得愈久，心流發生的頻率愈低。或許可以假設，真正成癮的玩家有時候並未從遊戲當中得到正向的感受，正如我們的研究當中，一名 25 歲的男性所說的話：「你因為太無聊了，無聊到什麼事都不想做，但是你還是繼續玩。當你大量地玩魔獸世界，它就變成你的第二生命。因此無論你決定要在遊戲外面或是遊戲裡面無聊，基本上沒什麼兩樣。」這樣看來，一個玩家可能覺得遊戲比現實生活來的不那麼無聊。雖然遊戲本身很空洞，但是現實生活更加空虛，我們可以推測這些感受可能與憂鬱相關。心流現象或許是玩家開始接觸遊戲的重要因素，而不是成癮的因子。玩家方面具備適當的條件，才能形成病態的遊戲行為。

我們也可以說大型多人線上角色扮演遊戲風行的程度，部分是由這些遊戲的社會面向所造成，也就是打破了上癮的玩家都是孤獨的、與社會隔絕的人或怪咖的這種刻板印象（如 Kendall, 2002）。相反地，研究顯示潛在的成癮性與線上遊戲具備的社交層面有關。根據 Cole 和 Griffiths（2007），將近 80% 的玩家與他們真實生活中的朋友玩樂，大約 75% 在網路遊戲裡找到好友，還有 43% 已經與他們見過面。這被一名 18 歲的男性玩家的說法印證：「玩家社群很重要，它允許我們逐漸建立身為玩家的名聲，並且提醒我們過去這些年裡面達到了哪些成就。」

我們的研究已經顯示成癮與對於大型多人線上角色扮演遊戲的

社交群體喜愛程度兩者呈中度關聯性（$r = 0.44$）——愈是說自己感覺「在虛擬社群當中比較重要與受到尊敬」的玩家，就表現出愈多上癮的因子（Smahel, 2008）。整體來看，全部玩家的 31%同意，他們覺得自己在大型多人線上角色扮演遊戲社群當中，比在現實生活的社交圈裡更顯得重要。相對於年輕成人（20 歲到 26 歲之間）的 35%，和成年人（27 歲以上）的 16%，年齡 12 到 19 歲之間的青少年人數更多，共 50%的人同意這樣的觀點。因此青少年有偏愛虛擬社群的傾向，而這關係到他們有較高成癮的傾向。

大型多人線上角色扮演遊戲看似相當社會性的活動。一方面的好處是這遊戲並未導致玩家與世隔絕（事實上正好相反），但另一方面這種社交網絡使得玩家玩得更久。社會連結的解離也扮演了某種角色（Smahel et al., 2008）——隨著人們把虛擬世界當中的友誼，和來自真實世界的切割開，成癮的趨勢跟著增加。因此可以說，玩家愈是把虛擬生活和現實生活分離，愈有可能上癮。青少年年齡層承受的風險最高，也最高度傾向把現實和虛擬世界分離。然而，我們所見到的是否僅是了解真實的不同方法，而在目前我們以病理的角度詮釋，仍是有待探討的問題。當某人在真實生活中有正常的生活功能，把這個人對於虛擬世界的偏好看做病態，亦即將這兩件事視為互斥，是否為正確的做法呢？

大型多人線上角色扮演遊戲的無限性也扮演了某種角色——基本上要結束這些遊戲是不可能的事，因為它們持續地被發展。由於遊戲把玩家的人物性格都具體呈現在遊戲機制裡，因此它會持續地變化、進展。以遊戲世界裡的虛擬自由市場經濟為例——許多物件和服務的價格隨著複雜的規則波動，而且受到許多遊戲和現實世界

的因素影響（當天是否為假日、一天當中的時刻等等）。研發遊戲的軟體公司也不斷地提供許多更新，通常是新的特色、物件、場地、挑戰等等。玩家實際上因而被迫持續蒐集新的物品（比舊物品好）並且探索新場地，以保持自己在遊戲中的社會地位。這使得玩家除非是升級，否則他們的配備便逐漸過時而遭到淘汰。舉例而言，一年前的裝備幾乎毫無用處，因為在新的場地能輕易找到更好的物品。這無止盡而持續的發展迫使遊戲玩家保持活躍，他們經常投資大把時間和精力（有時候還有金錢），而停止遊戲意味著放棄一切，包括社交接觸（其他玩家對於上癮的玩家來說，至少是最佳的虛擬友人）、聲望和地位，這些經常是真實世界裡玩家所缺乏的。一位每週玩八十小時的玩家說：「我的同學和同儕愛泡夜店，我則是以熱中遊戲替代，在那裡我可以做任何我愛做的事情——這在本質上是一樣的。」

 ## 玩家方面的成癮因子

關於大型多人線上角色扮演遊戲成癮的另一個研究方向，不把重點放在遊戲或是虛擬世界本身，而強調玩家這一方。研究主要指向兩項心理因素——較低的自尊心和自我效能。我們同時也可以說，青少年時期的發展目標之一，便是獲得正面的自尊與自我效能感。這可能跟年輕玩家比年長的玩家更重視遊戲社群有關（Smahel, 2008）。

低自尊心這項因子似乎對於產生成癮行為不可或缺。許多研究有這樣的報告，儘管都是間接證實的結果。例如 Bessière、Seay 和

Kiesler（2007）比較玩家們知覺到當前的自己、理想的自我以及遊戲角色之間的差異，結果顯示他們所感知到的當前的自我比起遊戲角色差，而遊戲角色又比理想的自我更差。這當中的差距，隨著憂鬱以及自尊心的程度而增加。高自尊的受試者對於自己和遊戲人物的觀感明顯地差距較小，而低自尊的受試者的差距較大。與理想的自我之差距，兩組大致相同。這可能表示更憂鬱以及更低自尊的玩家將他們的遊戲化身理想化，而且傾向透過遊戲解決他們感受到自我的脆弱，繼而變得容易沉溺於遊戲當中。Wan 和 Chiou（2006b）認為自我效能感也是非常重要的因子，特別是對於青少年族群。

　　線上遊戲的虛擬環境允許玩家減少自我控制，允許潛意識更加自我表達——除了匿名性之外，前面所說的心流狀態也有助於此。角色扮演遊戲的玩家，經常做著關於遊戲內容、他們的角色以及各種情境的白日夢。這些幻想被玩家當做遊戲所帶給他們最美妙以及感受最強烈的時刻之一，也是他們繼續玩下去的理由。玩家聲稱他們自己被遊戲中的樂趣和實驗等等所驅使，然而潛意識中，具有上癮症狀的玩家的動機，是為了展現一個完整而有能力的自我，有時這是他們現實生活中缺乏的（Wan & Chiou, 2006b）。這些作者藉由本質接近精神分析過程中所獲得的喜悅，來解釋在遊戲中上癮的感覺。Allison 等人（2006）在一個住院的 18 歲玩家的案例提到類似的機制，顯示出這名玩家每天超過十八小時的過度玩樂，是對於他的自尊心和社會退縮問題的一種解法。他的遊戲人物，一名「有能力使死者復活以及召喚閃電的僧侶」，代表對於自己缺陷的一種心理補償，允許玩家在遊戲裡創造一個成熟的自我。儘管他有社交恐懼症，卻成功地在遊戲中社會化。不幸的是，玩家無法把這樣一

個完整的自我，以及所獲得的自我效能轉移到現實生活裡。

作者們沿用 Sherry Turkle（1997）的觀點，將玩家與遊戲角色的關係比擬為深度心理學所定義之**轉移**（transfer）。轉移是某種存在於個體內在世界與外在現實之間的空間，意即轉移不屬於這兩者的範圍內。遊戲中的人物角色一方面被玩家所操縱，但另一方面它並非玩家的一部分，這可以解釋為何一些玩家沒有能力完全掌控他們的遊戲行為。然而，玩家與他們的遊戲人物之間的關係可以是各種形式，而且發展方面在此亦扮演某種角色（Blinka, 2008）。尤其是年輕的玩家以他們的遊戲人物作為在遊戲世界裡獲取名望的工具，也因而變得更容易在遊戲中無法脫身。從某個角度觀之，玩家與他們的角色之間的關係甚至能具有治療潛能。玩家在遊戲裡不知不覺地彌補他們所欠缺的方面；如果治療能夠辨識這些方面、反映它們，然後將之轉移至現實生活中，遊戲就能夠用以處理玩家生活中的問題，進而弔詭地使得玩家花費較少時間在遊戲裡。Turkle 在大型多人線上角色扮演遊戲的前身「多人地下城堡」遊戲中，展現了利用這類治療潛能的方法（Turkle, 1997）。

Wolvendale（2006）直接討論了玩家對遊戲角色的依附關係。這種關係非常類似於我們對於不存在的人物所抱持的——他們在現實裡並不存在，但藉著把他們保存在心中，他們最終會變成真的。遊戲中的人物也像這般並不存在或是可能不真實，但人們對它的感受卻是真的。遊戲角色是自己創造的客體，因此可以被當成不存在的，然而大型多人線上角色扮演遊戲，乃奠基於代表玩家身分認同的遊戲角色之間的互動。以圖像顯示的方式也更強烈地創造了一種他們實際上存在的感覺。例如玩家傾向在遊戲化身之間保留一些個

人空間，即使在遊戲中這樣的行為沒有實際上的好處。

線上遊戲成癮問卷

為了簡單地識別一名玩家上癮的程度，我們根據前面提到的，根據 *DSM-IV* 的成癮組成成分（Griffiths, 2000a, 2000b）以及我們研究的經驗（Smahel, 2008; Smahel, Blinka, & Ledabyl, 2008; Smahel, Sevcikova, Blinka, & Vesela, 2009）製作了下列問卷。六個診斷標準全部包含在內，而有兩處小的變化：戒斷症狀屬於情緒變化的一部分（第三個問句），以及復發被歸類為時間限制的部分（第九個問句）。我們驗證了問卷所使用的項目具有足夠的可信度（alpha > 0.90）（Smahel et al., 2009）。表 5.1 顯示的十個問句涵蓋線上遊戲成癮的五個層面。可能的回答有：(1)從來不曾；(2)極少；(3)時常；以及(4)非常頻繁。如果玩家回答某個層面的問題至少一個答案是「時常」或「非常頻繁」，則該層面即符合。玩家如果五個層面都有，就被視為具有全部成癮的症狀。若有三個層面加上衝突的存在，則玩家被視為「被成癮行為所危及」。這份問卷可以很容易地當作一個線上遊戲成癮行為之症狀的簡單測驗，但它無法取代臨床會談。也有玩家因為潛意識地（因為社會的壓力，有時候也是有意識地）低估他們的結果，而在問卷得到低分。

對成癮的自我感知

對大型多人線上角色扮演遊戲上癮並不只是一個學理上抽象的

表 5.1 遊戲成癮行為問卷

因子	問題
突顯性	你曾經因為線上遊戲而忽略你的需求（像是進食或睡眠）嗎？ 你曾經在沒有玩遊戲時，想像自己在遊戲中嗎？
情緒變化	當你無法在遊戲裡，是否感到不安或是容易生氣？ 當你終於能夠接觸到遊戲的時候，是不是感覺較快樂且更愉悅了？
耐受性	你是否感覺自己花了愈來愈多的時間在線上遊戲之中？ 你曾經發覺自己在玩遊戲的時候，其實並不真的感到有趣嗎？
衝突	你曾經因為花費在遊戲裡的時間，而與親密的人（家人、朋友、伴侶）爭執嗎？ 你的親人、朋友、工作和／或嗜好因為你耗費於遊戲的時間而受苦嗎？
時間限制	你是否曾經嘗試限制玩遊戲的時間卻不成功？ 你是否曾花超過原定的時間停留在遊戲裡？

想法。與大型多人線上角色扮演遊戲有關的成癮觀念已經得到了大眾的注意。例如，在 2009 年 5 月底，以「上癮魔獸世界」（addiction WoW）搜尋，在 Google 找到 450 萬筆結果。YouTube 上也有上百部影片與這個詞相關。Yee（2006b）表示有一半的玩家認為自己上癮。年紀較大的玩家如此認為的傾向較低：67%的少女玩家、47%的少男玩家和 40%的成年人玩家給自己貼上對遊戲上癮的標籤。從與過度遊戲者的質性面談中（Blinka, 2007），這樣的傾向也相當明顯；可是這點尚未透過量化的方式證實。基本上，比較年輕的玩家較常將自己歸類為成癮，但他們並不認為這個很重要，並拒絕這類成癮可能帶來的負面衝擊。較年長的玩家較常警覺到成癮可能的負面影響，但較常否認自己真的對遊戲上癮。對玩家而言，成癮這個詞通常由三個因素組成：第一個是與參考組的玩家相比而言過度的

玩樂，因為玩家的參考群體有時候也能一天玩超過十小時，因此這很微妙。就像我們會談當中的一名玩家說的：「我晚上上床而其他玩家隔天早晨上床睡覺。」另一個因素是一個人與周遭環境的衝突，第三個是認知方面的突顯性，意即一個玩家時時刻刻朝思暮想著這個遊戲。用其中一個玩家的話來說：「當我上癮的時候，我不想任何其他的事，只要是能玩的時間我都在玩。」

一個人也可以問，當某人把自己歸類為成癮到何種程度，才真的算與成癮行為有關。在我們的定量研究裡（Smahel, Blinka, & Ledabyl, 2007），我們發現大約 21%玩家在自我定義為上癮與真正的成癮行為之間彼此一致；這也是同時有成癮症狀並且認為自己上癮的玩家比率。大約四分之一的玩家聲稱上癮，但並未顯露出成癮之症狀──可能是上癮這個字廣泛地過度使用的結果。很多玩家僅憑花費於遊戲的時間量來判斷自己有無上癮。從治療的立足點來看，6%的玩家不認為他們上癮，但顯現成癮的症狀。此一族群不承認他們成癮的行為，基於治療的原因這個事實需要詳加說明。剩餘49%的玩家並不認為自己成癮，也未呈現症狀。我們的研究中，一共 27%的大型多人線上角色扮演遊戲玩家擁有所有五個上癮的因素──如果考慮到，舉例而言，魔獸世界有超過 1,100 萬名玩家這樣的事實，這樣的比例是相當高的。

 # 結論：治療師能夠做什麼？

在這一章當中我們在成癮的脈絡下著眼於大型多人線上角色扮演遊戲。現在讓我們來看看，對於可能接觸到沉溺大型多人線上角

色扮演遊戲玩家的治療師以及臨床和社會工作者，這可能蘊涵的用途。對於大型多人線上角色扮演遊戲的治療工作，依據觀察經驗而得到的資料依然稀少，所以我們主要將從我們對於大型多人線上角色扮演遊戲與其脈絡的經驗和知識提取。

我們已經顯示大型多人線上角色扮演遊戲主要的玩家是處於青少年初期的男性，而且耗費於遊戲的時間可高達每週三十小時以上。玩大型多人線上角色扮演遊戲的動機各式各樣，包含競相創造出強大的角色、探索網路世界，及爭取玩家虛擬社群（通常稱之為公會）的認同。玩家的虛擬人物，或稱化身，成為玩家的一部分，而玩家在遊戲裡透過它溝通。這種虛擬的人物某個程度上融合了玩家的真實人格，根植於玩家此時發展階段與自我認同的狀態。玩家因而對於其化身有各種情感。既然玩家在遊戲上花了許多時間，他們經常把自己歸類於成癮。大約一半的玩家認為他們對遊戲上癮了（Yee, 2006a）。通常這只是對於上癮這個詞流行而過度的用法，因為這些玩家裡很大一部分並未顯現對遊戲上癮的症狀。然而，上癮的症狀大概在四分之一大型多人線上角色扮演遊戲的玩家身上出現（Smahel, 2008; Smahel et al., 2008）。

我們也呈現了一份簡單的問卷來確定症狀，能夠依此確立基本的方向。然而要決定某人是否真的為成癮所苦，最好的選擇是參與臨床面談。很多玩家會低估或是高估問卷中的答案，因此必須要考量遊戲在玩家整體生命脈絡裡的意義。治療師應該詢問遊戲在玩家生活中的功用，以及潛藏的遊戲動機。對於許多大型多人線上角色扮演遊戲上癮的玩家來說，這類成癮似乎僅僅隱藏了玩家真實生活中的其他問題。這樣的假設雖然來自與治療師深入的會談，不過仍

未經過驗證。舉例而言，一名治療師說他的一位成人客戶諮詢有關他憂鬱的問題，而直到半年的治療之後，才發覺這位客戶每天從早到晚玩大型多人線上角色扮演遊戲。他對此感到非常羞愧而不想談論此事。玩大型多人線上角色扮演遊戲並非這名客戶唯一的主要困擾，但這也是一種藏在其他問題（例如憂鬱、焦慮）背後的症狀。玩線上遊戲實際上是相對安全的症狀，儘管有時候生理的需求會被忽略，卻不會直接造成身體傷害——如同過度使用藥物或酒精那樣。

治療師也有一個新的選項，著力於玩家和遊戲化身的關係，和遊戲裡的社會連結。顯而易見的，去了解玩家的虛擬社交空間的功能十分重要：那是一種對於真實世界當中關係的補償嗎？或者那是一種支持玩家自尊與自我效能的方法？治療師應該問他們自己，網路世界給玩家帶來什麼，而玩家如何將之運用於現實生活之中。潛在成癮經常對玩家具有某種功用，以某種方式契合他們的真實生活——類似其他成癮或心理問題。因為玩家虛擬地存在一個社區中，也因為和線上角色的關係，大型多人線上角色扮演遊戲的成癮具有其特異性，但是治療的原則和程序並無特別之處。如同 Turkle 在線上文字世界裡展示的（Turkle, 1997），與客戶在虛擬世界裡會面可以使我們更了解玩家的問題，並且有某種治療的潛能。

隨著線上遊戲的成癮持續進展，未來仍然有一個大問號。倘若我們回首過去，十年前大型多人線上角色扮演遊戲仍未出現，因而在複雜的網路世界裡面玩樂是相對罕見的，而大多是在前述的「多人地下城堡」的範疇以內。我們可以接著問：在接下來的五年到二十年或更久之後，會發生什麼事情？科技與網路世界的發展是如此

迅速，難以臆測未來會帶來什麼。可以確定的是，網路成癮近年內已經逐漸興起。我們預期以虛擬世界作為一種逃遁現實的方式將會變得愈來愈普遍，而大型多人線上角色扮演遊戲也不例外。如果真實與虛擬世界的界線繼續變得模糊，無論是藉著改良的遊戲畫質、螢幕品質，或同時研發新穎的科技工具像是具有螢幕的眼鏡、感應手套或是其他例子，我們能期待這些現象將更進一步發展加深。玩家將發現要區分真實和虛擬世界更加困難，而他們更加沉浸遊戲當中。探討大型多人線上角色扮演遊戲的成癮將更形重要。因此這一章能提醒接觸到大型多人線上角色扮演遊戲現象的人們，無論是在臨床實務或在研究當中，不低估虛擬世界，也不將它們妖魔化。無論好壞，虛擬世界最終不過是另一個人們能夠找到滿足的地方。

作者們感謝捷克教育、青年及運動部（Czech Ministry of Education, Youth and Sports）的支持協助（MSM0021622406）。

Allison, S. E., Walde, L. V., Shockley, T., & O'Gabard, G. (2006). The development of self in the era of the Internet and role-playing games. *American Journal of Psychiatry, 163*, 381–385.

Beard, K. W., & Wolf, E. M. (2001). Modification in the proposed diagnostic criteria for Internet addiction. *CyberPsychology & Behavior, 4*(3), 377–383.

Bessière, K., Seay, F. A., & Kiesler, S. (2007). The ideal elf: Identity exploration in World of Warcraft. *CyberPsychology & Behavior, 10*(4), 530–535.

Blinka, L. (2007). I'm not an addicted nerd! Or am I? A narrative study on self-perceiving addiction of MMORPGs players. Paper presented at the Cyberspace 2007. Retrieved from http://ivdmr.fss.muni.cz/info/storage/blinka-mmorpg.ppt

Blinka, L. (2008). The relationship of players to their avatars in MMORPGs: Differences between adolescents, emerging adults and adults [Electronic Version]. *CyberPsychology: Journal of Psychosocial Research on Cyberspace, 2*. Retrieved from http://cyberpsychology.eu/view.php?cisloclanku=2008060901&article=5

Charlton, J. P., & Danforth, I. D. W. (2004). Differentiating computer-related addictions and high engagement. In J. Morgan, C. A. Brebbia, J. Sanchez, & A. Voiskounsky (Eds.), *Human perspectives in the Internet society: Culture, psychology, gender* (pp. 59–68). Southampton, UK: WIT Press.

Charlton, J. P., & Danforth, I. D. W. (2007). Distinguishing addiction and high engagement in the context of online game playing. *Computers in Human Behavior, 23*(3), 1531–1548.

Chou, T., & Ting, C. (2003). The role of flow experience in cyber-game addiction. *CyberPsychology & Behavior, 6*(6), 663–675.

Cole, H., & Griffiths, M. D. (2007). Social interactions in massively multiplayer online role-playing gamers. *CyberPsychology & Behavior, 10*(4), 575–583.

Entertainment Software Association. (2007). Essential facts about the computer and video game industry [Electronic version]. Retrieved from http://www.theesa. com/facts/pdfs/ESA_EF_2007.pdf

Entertainment Software Association. (2008). Essential facts about the computer and video game industry [Electronic version]. Retrieved from http://www.theesa. com/facts/pdfs/ESA_EF_2008.pdf

Griffiths, M. (2000a). Does Internet and computer "addiction" exist? Some case study evidence. *CyberPsychology & Behavior, 3*(2), 211–218.

Griffiths, M. (2000b). Excessive Internet use: Implications for sexual behavior. *CyberPsychology & Behavior, 3*(4), 537–552.

Griffiths, M. (2000c). Internet addiction—Time to be taken seriously? *Addiction Research, 8*(5), 413–418.

Griffiths, M., Davies, M. N. O., & Chappell, D. (2003). Breaking the stereotype: The case of online gaming. *CyberPsychology and Behavior, 6*(1), 81–91.

Griffiths, M., Davies, M. N. O., & Chappell, D. (2004). Online computer gaming: A comparison of adolescent and adult gamers. *Journal of Adolescence, 27*(1), 87–96.

Grüsser, S. M., Thalemann, R., & Griffiths, M. D. (2007). Excessive computer game playing: Evidence for addiction and aggression? *CyberPsychology & Behavior, 10*(2), 290–292.

Kendall, L. (2002). *Hanging out in the virtual pub: Masculinities and relationships online.* Berkeley: University of California Press.

Ko, C.-H., Yen, J.-Y., Yen, C.-F., Lin, H.-C., & Yang, M.-J. (2007). Factors predictive for incidence and remission of Internet addiction in young adolescents: A prospective study. *CyberPsychology & Behavior, 10*(4), 545–551.

Mesch, G. S. (2006a). Family characteristics and intergenerational conflicts over the Internet. *Information, Communication & Society, 9*(4), 473–495.

Mesch, G. S. (2006b). Family relations and the Internet: Exploring a family boundaries approach. *Journal of Family Communication, 6*(2), 119–138.

Mitchell, K. J., Becker-Blease, K. A., & Finkelhor, D. (2005). Inventory of problematic Internet experiences encountered in clinical practice. *Professional Psychology: Research and Practice, 35*(5), 498–509.

Ng, B. D., & Wiemer-Hastings, P. (2005). Addiction to the Internet and online gaming. *CyberPsychology & Behavior, 8*(2), 110–113.

Rau, P.-L. P., Peng, S.-Y., & Yang, C.-C. (2006). Time distortion for expert and novice online game players. *CyberPsychology & Behavior, 9*(4), 396–403.

Seay, F. A., Jerome, W. J., Lee, K. S., & Kraut, R. (2003). Project Massive 1.0: Organizational commitment, sociability and extraversion in massively multiplayer online games [Electronic version]. Retrieved from http://www.cs.cmu.edu/~afseay/files/44.pdf.

Smahel, D. (2008). Adolescents and young players of MMORPG games: Virtual communities as a form of social group. Paper presented at the XIth EARA conference. Retrieved May 5, 2009, from http://www.terapie.cz/smahelen

Smahel, D., Blinka, L., & Ledabyl, O. (2007). MMORPG playing of youths and adolescents: Addiction and its factors. Paper presented at the Association of Internet Researchers, Vancouver 2007: Internet research 8.0: let's play. Retrieved from http://ivdmr.fss.muni.cz/info/storage/smahel2007-vancouver.pdf

Smahel, D., Blinka, L., & Ledabyl, O. (2008). Playing MMORPGs: Connections between addiction and identifying with a character. *CyberPsychology & Behavior, 2008*(11), 480–490.

Smahel, D., Sevcikova, A., Blinka, L., & Vesela, M. (2009). Abhängigkeit und Internet-Applikationen: Spiele, Kommunikation und Sex-Webseiten [Addiction and Internet applications: Games, communication and sex web sites]. In B. U. Stetina & I. Kryspin-Exner (Eds.), *Gesundheitspsychologie und neue Medien.* Berlin: Springer.

Suler, J. (2008). *The psychology of cyberspace.* Retrieved August 20, 2008, from http://www-usr.rider.edu/suler/psycyber/psycyber.html

Turkle, S. (1997). *Life on the screen: Identity in the age of the Internet.* New York: Touchstone.

Turkle, S. (2005). *The second self: Computers and the human spirit* (20th anniversary ed.). Cambridge, MA: MIT Press.

Voig, Inc. (2008). MMOGData: Charts [Electronic version]. Retrieved October 16, 2008, from http://mmogdata.voig.com/

Wan, C.-S., & Chiou, W.-B. (2006a). Psychological motives and online games addiction: A test of flow theory and humanistic needs theory for Taiwanese adolescents. *CyberPsychology & Behavior, 9*(3), 317–324.

Wan, C.-S., & Chiou, W.-B. (2006b). Why are adolescents addicted to online gaming? An interview study in Taiwan. *CyberPsychology & Behavior, 9*(6), 762–766.

Widyanto, L., & Griffiths, M. (2007). Internet addiction: Does it really exist? (Revisited). In J. Gackenbach (Ed.), *Psychology and the Internet: Intrapersonal, interpersonal, and transpersonal implications* (2nd ed.). (pp. 141–163). San Diego, CA: Academic Press.

Wolvendale, J. (2006). My avatar, my self: Virtual harm and attachment. Paper presented at the Cyberspace 2005, Brno, Moravia.

Yee, N. (2006a). The demographics, motivations and derived experiences of users of massively-multiuser online graphical environments. *Presence: Teleoperators and Virtual Environments, 15,* 309–329.

Yee, N. (2006b). The psychology of massively multi-user online role-playing games: Motivations, emotional investment, relationships and problematic usage. In R. Schroeder & A. Axelsson (Eds.), *Avatars at work and play: Collaboration and interaction in shared virtual environments*. Dordrecht, Netherlands: Springer.

第6章
線上賭博成癮

Mark Griffiths

　　賭博在許多文化當中都是受歡迎的活動。全國性賭博調查的結論傾向認定賭博者比非賭博者為多，但是大多數參與者的賭博頻率並不高（如 Wardle, Sproston, Orford, Erens, Griffiths, Constantine, & Pigott, 2007）。根據世界各國調查資料的估計指出，大多數人在他們生命中的某些時候曾經賭博過（Meyer, Hayer, & Griffiths, 2009; Orford, Sproston, Erens, & Mitchell, 2003）。遠端賭博的出現（例如網路賭博、手機賭博、互動式電視賭博）大幅增加全世界可能的賭博管道。包括美國、英國、澳洲和紐西蘭在內的數個國家，政府委託進行的研究結論都顯示，一般而言，增加的賭博可近性已經導致更多有問題性（病態性）賭博〔problem (pathological) gambling〕，儘管這關係是複雜而非線性的（Abbott, 2007）。

　　對於病態賭博者之人口估計不一：舉例而言，英國為 0.6%，美國是 1.1%至 1.9%，而澳洲則是 2.3%（Wardle et al., 2007）。這些調查也指出男性的病態性賭博行為是女性的兩倍，非白人的發生率比白人高，且教育程度低者更可能成為病態性賭博者（Abbott et al.,

2004; Griffiths, 2007）。在 1980 年，病態性賭博在《精神疾病診斷與統計手冊》第三版（*DSM-III*）的「衝動控制疾患」一節，與其他疾病像是竊盜癖與縱火狂一樣，被視為一種精神疾病（American Psychiatric Association, 1980）。從那時開始，病態性賭博的診斷標準已經過兩次修訂〔*DSM-III-R*（American Psychiatric Association, 1987）和 *DSM-IV*（American Psychiatric Association, 1994）〕，而現在採用更廣泛的成癮標準為其架構。

 ## 網路賭博

有人聲稱遠距式賭博在過去十年內，為文化中的賭博行為帶來最巨大的變動（Griffiths, Parke, Wood, & Parke, 2006），而網路賭博的興起有可能導致問題性賭博行為規模更為擴大（Griffiths, 2003; Griffiths & Parke, 2002）。到目前為止，對於網路媒介如何影響賭博行為的知識與了解仍然貧乏。以全球的角度來看，上網的增加仍是目前的趨勢，而它對賭博行為的效應還需要一些時間才會浮上檯面。然而這裡有一個穩固的基礎來思考網路賭博的潛在危害。賭博技術已經造成廣泛的衝擊，科技的革新（例如離開賭博場所以外的賭博、賭博成為更私人的活動、各地撤銷對賭博的管制，以及更多的賭博機會）也導致許多世界的潮流（Griffiths, 2006）。在寫作這本書的同時，世界上大約有 3,000 個賭博場所，當中大多數位於少數特殊的國家，例如安提瓜和哥斯大黎加，當地有大約 1,000 個場所（Griffiths, Wardle, Orford, Sproston, & Erens, 2009）。

許多國家出現一個緩慢的趨勢：賭博行為離開賭博的場所，進

入家庭與工作地點。從歷史的觀點，我們正在見證從度假勝地（例
如拉斯維加斯和大西洋城）轉移到各大城市個別的遊樂場所（例如
投注站、賭場、遊藝場、賓果遊戲廳）。近來單一地點的賭博機會
（像是非賭場的店鋪內的吃角子老虎機、零售經銷商賣的彩券），
還有家裡或公司的賭博行為（例如網路賭博）大幅增長。更加新穎
的賭博形式，像是網路賭博，就是幾乎都在非賭博環境下從事的活
動。

▶▶ 網路賭博的實證研究

迄今為止，網路賭博的相關研究為數甚少，尤其缺乏對於問題
性賭博以及網路賭博成癮的檢驗。然而一些不同的研究探討了網路
賭博的不同層面。這些包括了成人網路賭博的全國性研究（如 Gam-
bling Commission, 2008; Griffiths, 2001; Griffiths, Wardle, et al., 2009）；
青少年網路賭博的全國性研究（如 Griffiths & Wood, 2007）；網路
賭博之區域性研究（如 Ialomiteanu & Adlaf, 2001; Wood & Williams,
2007）；對於自己選擇樣本的網路賭博者的研究（如 Griffiths &
Barnes, 2008; International Gaming Research Unit, 2007; Matthews,
Farnsworth, & Griffiths, 2009; Wood, Griffiths, & Parke, 2007a）；探
討線上賭博網站對於網路賭博者的行為追蹤資料之研究（如 Broda
et al., 2008; LaBrie, Kaplan, LaPlante, Nelson, & Shaffer, 2008; LaBrie,
LaPlante, Nelson, Schumann, & Shaffer, 2007）；網路賭博的案例研
究（Griffiths & Parke, 2007）；針對極為特異形式的賭博（像是線上
紙牌遊戲）的研究（Griffiths, Parke, Wood, & Rigbye, 2009; Wood et
al., 2007a; Wood & Griffiths, 2008）；和探討網路賭博與社會責任特

徵 的 研 究 （Griffiths, Wood, & Parke, 2009; Smeaton & Griffiths, 2004）。

　　第一個全國普及率調查發表於 2001 年，那時網路賭博幾乎尚不存在。在該研究裡，Griffiths（2001）報告僅有 1%的英國網路使用者是網路賭博者，而且全部都只是偶爾賭博（意即少於每週一次）。更近期的一個由英國博弈委員會（Gambling Commission）所做的研究報告（2008），在 8,000 位被調查的英國成年人當中有8.8%說他們在最近一個月內，曾經參與過至少一種形式的遠距賭博（透過電腦、手機或互動式／數位電視），並且參加率與前一年的研究相較並無改變。這些參與遠端賭博的人男性比女性多，且較多為 18 至 34 歲之間的年紀。

　　最大型的研究是由國際遊戲研究小組（International Gaming Research Unit, 2007）所執行。一共 10,865 位網路賭博者完成一項網路調查（58%男性與 42%女性），大多數參與者在 18 到 65 歲之間。來自九十六個國家的受試者參與這項研究，具有各式各樣的職業。報告顯示，典型的網路賭場玩家比較可能是女性（54.8%），年齡介於 46 至 55 歲間（29.5%），每週玩二或三次（37%），已經玩了二至三年（22.4%），每次玩一到兩個小時（26.5%），每次的賭注在 30 到 60 美元間（18.1%）。報告也指出，典型的網路撲克玩家較可能是男性（73.8%），年齡為 26 至 35 歲（26.9%），每週玩二或三次（26.8%），已經有二至三年的經驗（23.6%），每次玩一到兩個小時（33.3%）。然而，網路賭博成癮並未被評估。儘管研究具有如此的規模，應該要注意的是樣本不具有代表性，因為含有自我選擇樣本。

　　關於問題性賭博，Ladd 和 Petry（2002）領導一項美國調查，研究 389 名來自大學健康與牙科診所之自我選擇個人之賭博行為。這項研究發現 90%的樣本曾經在過去一年內賭博，而 70%在研究進行的最近兩個月內賭博過。報告也提到三十一名受試者（8%）在生命中某一時刻曾經在網路上賭博，其中十四個人（3.6%）每週都從事賭博。依據南奧克斯賭博問卷（South Oaks Gambling Screen, SOGS）的平均得分顯示網路賭博者比非網路賭博者得分明顯較高（7.8 比 1.8）。作者們結論網路賭博者比起非網路賭博者更可能成為問題性賭博者。然而這個研究也有許多限制，最主要的是使用了在牙科候診室的自我選擇樣本。由 Wood 和 Williams（2007）對北美一群自我選擇之網路賭博者（$n = 1,920$）所做的研究，突顯了網路賭博與問題性賭博之間的強烈關聯，而且 43%的樣本符合中度或重度問題性賭博的診斷條件。

　　Griffiths 和 Barnes（2008）檢驗了某些網路與非網路的賭博者之間的不同處。一群自我選擇之 473 名受試者的樣本（213 名男性和 260 位女性）年紀在 18 到 52 歲之間（平均年齡＝22 歲；標準差＝5 7 年）參與了網路調查。問題性賭博者（$n = 26$）曾經在網路上賭博的（77%）較不曾的（23%）為多。Griffiths 和 Barnes 認為網路賭博的結構與情境因素可能對網路賭博有負面的心理社會衝擊。更多的賭博機會、方便性、二十四小時的可近性與彈性、增加的事件頻率（event frequencies）、賭局之間隔時間縮小、立即的增強物，以及藉由立刻再次賭博來忘卻損失的能力，使得這格外令人注意。

　　Wood、Griffiths 和 Parke（2007a）利用線上調查，檢驗了線上

撲克學生玩家的自我選擇樣本（*n* = 422）。結果顯示三分之一的受試者至少每週兩次玩線上撲克遊戲。使用 *DSM-IV* 的診斷標準，幾乎有五分之一的樣本（18%）被定義為問題性賭博者。遊戲後的負面情緒、遊戲時的性別交換（進行線上賭博的時候，男性假裝是女性，或是女性假裝為男性），以及藉由玩來逃避問題的情形，最能預測這個族群的問題性賭博行為。他們也推測這些資料反映了一種新類型的問題性賭博者——贏多輸少的賭博者。在此，對於玩家生活的負面損害來自於時間的損失（例如每天玩十四個小時撲克遊戲的賭博者，沒有時間從事任何別的事情）。

Matthews、Farnsworth 和 Griffiths（2009）對於 127 位學生的網路賭博者進行了一項初探性研究。除了詢問基本的人口學資料，他們的問卷也包含正負向情感量表（Positive and Negative Affect Schedule, PANAS）和南奧克斯賭博問卷。結果發現使用南奧克斯賭博問卷可定義出大約五分之一的線上賭博者可能是病態性賭博者。結果也顯示，在這批樣本中，網路賭博後之負面情緒以及整體上的負面情緒狀態最能預測問題性賭博。

Griffiths、Wardle 等人（2009）前無僅有地分析了一個具有全國代表性的網路賭博者的樣本。使用來自 2007 年英國賭博普查（British Gambling Prevalence Survey）參與者的資料（*n* = 9,003 位 16 歲以上之成年人），所有的參加者當中，曾經有過線上賭博者、曾經在網路上下注者，和／或過去十二個月曾經從事博彩交易（betting exchange）者（*n* = 476），被拿來與其他不曾透過網路賭博的賭博者作比較。整體來看，結果顯示在網路賭博者與非網路賭博者之間存在許多顯著之社會人口學差異。與非網路賭博者相較之下，

網路賭博者較多為男性、相對年輕的成人、單身、受過良好教育，而且受僱於專業或管理方面的工作。更進一步分析 *DSM-IV* 的分數顯示網路賭博者的問題性賭博盛行率（5%）高於非網路賭博者（0.5%）。同時研究也發現網路賭博者在 *DSM-IV* 的某些項目得分較重，包括全神貫注於賭博以及藉由賭博來逃避。Griffiths、Wardle 等人的結果指出網路作為一種媒介，比起離線環境，更促成了問題性賭博。

　　另一個英國的全國盛行率調查檢驗了青少年的網路賭博。在一個對於 12 歲至 15 歲之間 8,017 名孩童的調查當中，Griffiths 和 Wood（2007）報告他們樣本（*n* = 621）中的 8% 玩過網路上的國家彩券遊戲。更多男孩比女孩會說他們玩過線上的國家彩券（分別是 10% 與 6%），而亞洲人或黑人也是。不令人意外的是，被歸類為問題性賭博者的年輕人（如 *DSM-IV* 之定義）比社交性賭博者，有更多人玩過網路上的國家彩券遊戲（37% 比 9%）。當問到在一系列的陳述當中哪一個敘述比較貼近他們在網路上玩國家彩券的經驗，幾乎十個在網路上玩的人裡面有三個說他們玩免費遊戲（29%）、六分之一的人報告系統讓他們註冊（18%）、稍微少的人與他們的父母一起玩（16%），而十分之一的人用他們雙親在線上國家彩券的帳戶，無論是經過父母允許（10%）或是未經允許的（7%）。然而值得注意的是三分之一的線上玩家說他們「記不得」（35%）。大致上這些結果指出對於所有的年輕人（不僅是玩家），2% 與他們的父母一起玩過線上國家彩券遊戲，或是經過父母允許。而 2% 獨立地玩或是不跟他們的父母一起。獨自玩的那些人最可能玩免費遊戲，而只有 0.3% 獨自玩國家彩券的年輕人是為了金錢。

▶▶ 影響線上賭博成癮的因素

前面的章節顯示問題性線上賭博之存在。根據 Griffiths（2003），有一些因素使得像線上賭博這樣的網路活動可能產生誘惑力和吸引力。這些因素包括匿名性、便利性、逃避、解離／沉浸、可近性、事件頻率、互動性、去抑制、模擬，以及離群性。接著概述的是某些或許可以解釋一些網路行為如何產生和持續的主要變因（改編自 Griffiths, 2003; Griffiths, Parke, Wood, & Parke, 2006）。另外虛擬環境似乎也有能力提供短期安慰、興奮或娛樂。

❖ **可近性** 使用網路的管道目前是相當普遍的，可以輕易在家中或工作場所辦到。可近性上升也會帶來問題。賭博活動的可近性增加，允許個體藉由去除從前帶來限制的障礙（例如源自於職業或社會責任的時間約束），而合理化從事賭博的行為。隨著做出選擇、下賭注和蒐集贏得的錢所需的時間減少，社會和職業之託付不必然需要妥協，習慣性的賭博行為就變得更為可行了（Griffiths et al., 2006）。

❖ **可負擔性** 既然網路已經隨處可得，使用線上服務現在變得愈來愈廉價。Griffiths 等人（2006）注意到賭博的整體花費透過科技的發展而明顯地下降。舉例來說，網路賭博產業飽和導致競爭更激烈，消費者從隨之而來的賭博消費之促銷活動和折扣之中獲利。就互動的下注方式而論，同儕（peer-to-peer）賭博透過博彩交易的引進而興起，提供了顧客免抽佣金的運動賭博投注，這意味著顧客冒較少的金錢風險，就有可能贏得收入。最後，在家裡面賭博免除了面對面賭博的附加開銷，像是停車、小費以及購買

提神的茶點，因而使賭博的整體開支減少，使它變得更能令人負擔得起。

❖ **匿名性** 網路的匿名性允許使用者隱密地從事賭博活動而不需擔心污名。這樣的匿名性也給予使用者更多操控網路經驗之內容、氣氛與性質的感受。匿名性也增加了舒適感，因為不需費勁尋找和偵測典型面對面互動時的虛偽、非難或評價之臉部表情。對於賭博這類的活動，這也許有一種好處，尤其是輸了的時候，沒有人會真正看到輸家的臉。Griffiths 等人（2006）相信匿名性有如更高程度的可近性一樣，能減少從事賭博的社會性阻礙，特別是需要技巧的賭博（例如撲克遊戲），其相對地複雜又需要微妙的社交禮儀。由於缺乏經驗導致可能在賭博場合做出違反規矩或社交禮儀所帶來的隱微不舒適感受，被化為最小的程度，因為個人的身分被隱藏了。

❖ **便利性** 互動式的網路應用程式為從事網路行為提供了方便的媒介。網路行為通常在家庭或工作場所中熟悉和舒適的情境下發生，因此減少了冒著風險的感受而允許更大膽的行為，無論其是否可能成癮。對於賭博者而言，能夠待在家裡或公司而不需移動是很大的好處。

❖ **逃避** 對某些人來說，從事線上賭博最主要的增強物是他們在網路上體驗到的滿足感。然而網路賭博的經驗中，透過一種主觀或客觀的快感，而成為行為本身的增強物。追求能改變心情之經驗是成癮行為的特徵。改變情緒的經驗能提供一種情感或心智之逃避，進一步強化這些行為。過度從事這種逃避的行為可能導致上癮。在一個根據五十名問題性賭博者之質性會談的研究，Wood 和

Griffiths（2007b）發現以賭博作為逃避乃是促使問題性賭博者持續過度賭博的主要動力。網路行為能夠提供逃離真實生活中的壓力和負擔的有效方法。

❖ **沉浸和解離** 網路媒介能夠提供解離和沉浸的感受，也可能促進逃避現實的感覺。解離和沉浸可以牽涉許多種不同的情感，包括忘卻時間、感覺成為他人、心思空白，以及變成類似靈魂出竅的狀態。最極端的形式可能還包含多重人格疾患。這種種的感受都會造成網路賭博時更長時間的玩樂，無論是因為「當你享樂時，時間總是飛逝」，或因為沉浸或解離的心理狀態增強這樣的行為。一項比較青少年問題性賭博和玩電動遊戲的研究發現，那些有著最嚴重的賭博問題的人最容易在玩電動和賭博時都經驗到解離的狀態（Wood, Gupta, Derevensky, & Griffiths, 2004）。另一項針對成年人電動遊戲玩家的研究（Wood, Griffiths, & Parke, 2007b）發現，玩電動時對時間流逝的感覺完全取決於遊戲的結構因素，而與性別、年齡或玩的頻率無關。因此，正如網路賭博運用了與電動遊戲同樣的科技和許多一樣的結構因素，網路賭博促進解離經驗的潛力可能遠大於傳統的賭博方式。

❖ **去抑制** 去抑制很明顯的是網路具有吸引力的關鍵之一，因為網路無庸置疑地使人們比較不那麼壓抑（Joinson, 1998）。網路使用者在網路上更快放得開，比在離線世界更快顯露自己的情緒。Walther（1996）將這樣的現象稱為**超人際溝通**（hyperpersonal communication）。Walther 論述這種現象的發生是由於四種網路傳播的特色：

1. 交流的人通常來自共同的社會階層，因此他們對彼此感到熟悉

（例如所有的線上撲克玩家）。

2. 傳遞訊息的人可以以正面的方式呈現自我，因此能夠具有自信。

3. 網路互動的形式（例如，沒有其他分心的事物、使用者有時間構思訊息、他們能夠混和社交性質與工作性質的訊息，而且不需要為了立刻回答浪費心力）。

4. 這種溝通媒介提供一個酬賞的循環，使最初的印象被建立後，能繼而受到強化。

　　對於賭博者，處在去抑制的狀態可能導致用更多金錢賭博，尤其當他們的動機是維持自己初始的形象（例如，一個技巧高超的線上撲克玩家）。

❖ **事件頻率**　任何賭博活動之事件頻率（亦即在一段特定時間內，賭博機會的次數）是一個由賭博營運者所設計、實行的結構特徵。是否某些人對某種特定的賭博會產生問題，或許每一次賭博事件之間的時間長度真的很重要。很明顯地，每幾秒鐘就揭曉結果的賭博活動（例如吃角子老虎）可能比沒那麼頻繁產生結果的賭博（例如兩週一次的樂透彩券）引起更大的問題。玩樂的頻率若是與其他兩個因子結合　　賭博的結果（贏或輸）和實際上獲得獎賞的時間——則產生某種學習的心理原則（Skinner, 1953）。這個過程（操作制約）藉著獎勵行為達成習慣的制約；亦即透過給予酬賞（例如金錢），就會使行為強化。迅速的事件頻率也意味著輸的時間很短暫，幾乎沒有時間來做經濟方面的考量；而更重要的是，贏到的錢幾乎能立刻再下注。線上賭博能提供類似吃角子老虎和視頻樂透賭博機（問題最多的兩種賭博形式）的視覺

刺激效果。

再者,事件頻率可以發生得非常快速,特別是當賭博者訂閱或造訪了多個網站。Griffiths 等人(2006)認為在需要技巧的遊戲,像是線上撲克遊戲,高事件頻率增加參與賭博的動力。線上撲克,相對來說讓一個人有很大的機會能夠操縱賭盤的結果。然而個人的利潤仍然受到隨機機率原則限制在某種程度以內。線上撲克賭博者可能會合理地認為從事的頻率增多,離期望值機率的偏差(亦即壞運氣)就會化為最小,並且長期增加技巧會對於賭盤的結果有所影響。因為科技的發展,撲克玩家可以同時間加入好幾場遊戲,降低傳統撲克遊戲需要的決策時間限制,遊戲完成的速度也大幅加快。

❖ **互動性** 網路的互動性質在心理層面也是一種酬賞,與其他更為被動形式的娛樂不同(例如電視)。過去已報告個人涉入賭博當中愈多,愈能增加控制的錯覺(Langer, 1975),進而促成更多賭博。網路的互動本質因而提供了一種增加個人投入的便利方法。

❖ **模擬** 模擬是一種學習某樣事物,而比較不會承受可能的負面後果的理想方式。然而模擬網路賭博可能產生始料未及的影響。舉例而言,許多賭博網站具有練習模式,在那裡潛在的客戶可以下假想的賭注,練習在該網站賭博的過程。儘管這樣的行為因為不牽涉真正的金錢,並不被視為賭博,卻可以被未成年人所接觸,而有機會吸引未成年玩家進入賭博。此外,賭博網站上的練習模式可能建立自我效能而增加控制賭局結果的知覺,誘使加入網站裡真正使用現金的賭博(Griffiths et al., 2006)。

❖ **離群性** 科技和網路的後果之一是將賭博之社交本質降低為一種

實質上離群的活動。那些經歷問題的人比較多是獨自玩的（例如那些藉由玩樂來逃避的人）。回溯來看，大部分問題性賭博者表示他們在問題性賭博行為最嚴重的時候是獨自活動。在社交環境中賭博，對於某些過度揮霍的人可能是張安全網——一種賭博的形式，其主要目的只是為了社交、從中得到些許樂趣，以及贏一些錢的機會（例如賓果）。然而我們可以推測，那些一直以贏錢為動機而賭博的人可能遇到較多問題。科技帶來的主要影響之一是將賭博從社會性的轉變為非社會性的。然而對於某些人來說，也可以說網路（包括線上賭博）提供他們在他處無法獲得的社交管道。對自己出門會感覺不舒服的女性、失業人員和退休人員而言，這種觀點可能尤其真實。

因為遠距賭博乏善可陳的社交內容，Griffiths 等人（2006）強調在互動式賭博中，還有其他跟同好交流的方式，能維持對行為的強化。個體可以透過電腦媒介溝通在賭局裡溝通，甚至在賭局外透過對網路賭博社群的參與而達成。一股逐漸盛行的潮流是賭博網站提供顧客討論室來促進同儕互動，而增加遊戲的社交層面。一些商家甚至引進網路廣播設備，在顧客賭博時娛樂他們，同時將注意力引到網站內的大贏家上。這種遠距賭博的系統設計，有效地移除了對於維持負責任的賭博行為不可或缺的社會安全網，卻不減少傳統賭博環境當中社交性質的獎勵（Griffiths et al., 2006）。

此外有許多其他特定的革新看似能促進使用遠距賭博服務，包括精緻的遊戲軟體、整合的電子貨幣系統（包含多種貨幣）、多種語言的網站、更多的真實性（例如，透過網路攝影機的真實

賭博、玩家和交易員的化身）、現場遠端下注（獨自賭博和與他人賭博皆有），以及改善顧客服務系統。

 ## 網路成癮與網路賭博成癮

網路空間裡開始浮現社會病理的說法，幾乎已提出十五年了——亦即科技成癮（Griffiths, 1995, 1998）。科技成癮可以被視為行為成癮的一種亞型，而且具有所有成癮的核心成分〔例如：突顯性、影響情緒、耐受性、戒斷症狀、衝突和復發（Griffiths, 2005）〕。Young（1999）宣稱網路成癮是一個廣泛的詞彙，涵蓋許多種類的行為和衝動控制問題，而被分類為五種特異的亞型（網路性愛成癮、網路關係成癮、網路強迫症、資訊過量和電腦成癮）。Griffiths（2000b）論述這些過度使用者之中許多並非網路成癮者，而只是利用網路作為一種滿足其他癮的媒介。簡言之，賭博成癮者在網路上做他們選擇的行為並不是對網路上癮。網路只是一個他們從事該行為的場域。

然而與此相反的是個體對網路本身上癮的個案研究報告（Griffiths, 2000a）。這些人使用網路聊天室或者玩幻想式的角色扮演遊戲——他們並不會在網路以外的地方從事的活動。這些人們或多或少涉入文字虛擬世界，而將化身的社交角色與身分作為讓他們自我感覺良好的一種方式。在這些案例中，網路提供使用者另一種真實世界，允許他們以匿名方式沉浸當中，或許也產生意識狀態的變化。這情形本身就可能有高度心理性和／或生理性的酬賞。

對一個賭博成癮的人，網路可能會變成一種非常危險的媒介。

舉例而言，有人推測軟體本身的系統設計特色可能會促進上癮的傾向。結構特色促進互動，在某種程度上給予使用者替代的真實世界，允許他們在當中感到匿名——對這些人的心理來說，這樣的特色是相當有獎勵性的。這特別關乎於網路賭博的領域。儘管證據顯示賭博與網路兩者都會令人上癮，（至今為止）還沒有證據顯示網路賭博會加倍令人上癮，尤其是網路看起來只是從事特定行為的媒介而已。網路所做的就是促進使用網路的社交性賭博者（而不只是網路使用者本身）比他們在離線環境裡賭博得更加過度。

 ## 網路賭博：心理議題

　　線上賭博普及全球，而且任何時間都可以從事。網路賭博的科技創新在根本上提供了便利賭博（convenience gambling）。理論上，人們可以一年當中的每一天都整日賭博。這在網路賭博對社會層面的衝擊以及對問題性賭博者的影響有其意義。Griffiths 和 Parke（2002）先前概述了關於網路賭博帶來之社會衝擊的一些重要議題。下文將簡短敘述。

▶▶ 保護易受傷害的人

　　有許多容易受到傷害的族群（例如：青少年、問題性賭博者、賭博成癮者、藥物或酒精濫用者、學習障礙者等等）在離線賭博環境裡，會受到博弈產業中負責任的成員保護而遠離賭博。此外，Wood 和 Griffiths（2007b）也辨識出一些問題性賭博者，他們或因失業、退休或照顧孩童，在家中發展出網路賭博的問題。然而，許

多賭博網站缺乏保護性的守門員機制（Smeaton & Griffiths, 2004）。在網路空間裡，賭博營運者如何能夠確定青少年沒有網路賭博的權限，若他們用的是年長手足的信用卡？一個營運者如何確定一個人在酒精或其他毒害物質的影響之下，沒有權限使用網路賭博？一名被一家賭博網站拒絕進入的問題性賭博者，只要輕輕鬆鬆地點選另一家賭博網站的連結，營運者如何能夠防範？

▶▶ 工作場所的網路賭博

網路賭博是工作場所賭博中的一種新的機會。愈來愈多的機構開放給所有的員工無限制的上網，而許多員工在他們自己的辦公室有自己的電腦，使得這樣的活動不會引起懷疑。網路賭博或多或少是種獨自的活動，可以在公司管理者和同事都不知情的情況下發生。這對於工作效率和生產力可能有相當大的影響。這是個雇主必須認真看待的議題，需要在工作環境裡制定有效的賭博政策，請見 Griffiths（2002）關於工作場合網路賭博議題的回顧。

▶▶ 電子現金

對大多數賭博者來說，電子現金（e-cash）帶來的心理價值比不上真正的金錢（並且類似在其他賭博的場合使用籌碼或代幣）。使用電子現金賭博可能導致心理學家所謂延遲判斷（suspension of judgment）的現象。延遲判斷指涉的是會暫時干擾賭博者的經濟價值體系而刺激更多賭博行為的結構特色（Parke & Griffiths, 2007）。這在商業界（人們用信用卡和現金卡通常消費更多，因為用塑膠卡片花錢更為容易）和賭博業界廣為周知。這也是賭場使用籌碼以及

一些吃角子老虎使用代幣的原因。本質上籌碼和代幣掩飾了金錢的真正價值（亦即減少用來賭博之金錢的心理價值）。籌碼和代幣時常毫不猶豫地就被重新投入賭盤，因為其心理價值遠少於真正的價值。證據顯示人們使用電子貨幣會比使用真正的現金賭得更多。

▶▶ 在練習模式中增加贏錢機率

促使賭博者在線上賭博最常見的方式之一，就是令他們免費試玩或者玩練習模式。由 Sevigny、Cloutier、Pelletier 和 Ladouceur（2005）進行的研究顯示，試玩或免費的前幾盤很明顯容易贏得賭局。他們也報告賭博者常常在繼續玩試玩版時連續獲勝。顯然地，一旦賭博者開始為了錢而真的賭博，贏面就大幅減少。

▶▶ 不擇手段的營運者

許多人擔憂網路賭博的興起，以及某些賭博網站對賭博者肆無忌憚的手段。一個主要的考量便是網站本身的可靠程度。舉例而言，最基本的信賴程度是，一個線上賭博者如何能夠確定他們能夠從一個位在安提瓜或多明尼加共和國、沒有執業許可的網路賭場收到任何獎金？而且還有其他的議題需要考慮，包含不講道德的招數，像是置入性行銷、色情訊息和彈出式視窗、線上客戶追蹤，以及利用有信譽的非賭博品牌。這些在下文中做簡短概述。

❖ **置入性行銷** 一個顯而易見的手法是利用後設標籤（meta-tags），在賭博網站的首頁隱藏置入式訊息。後設標籤是隱藏在網頁裡的指令，以幫助搜尋引擎將網站分門別類（亦即將網站經營者希望網站如何索引的方式告訴搜尋引擎）。要讓網頁得到更

多的瀏覽，其中一個普遍的方法就是置入人們常在網路上搜尋的字詞（例如迪士尼）。一些賭博網站顯然在他們的網頁裡加入了**強迫性賭博**（compulsive gambling）這個詞。本質上，這種不擇手段的網站所傳達的是「將我的網站加入強迫性賭博的網站索引當中」，因此當人們尋找跟問題性賭博有關的資訊時，他們會點擊到這個網站。那些因為賭博問題尋求幫助的人，眼前將會出現這樣的網站。這種做法是不道德的，強烈影響問題性賭博者，但卻完全合法。

❖ **色情訊息和彈出式視窗**　另一個色情和賭博網站都用的缺德手法是所謂的「訊息視窗」（circle jerks）（譯註：意指一群人，通常為男性，圍成圈圈言不及義或手淫以娛樂其他成員的俚語說法，本文意指網路上自動彈出的色情廣告視窗）。如果某人接觸某一特定的網站而試著離開的時候，另一個提供類似服務的視窗會自動彈出。許多人發現除非他們將電腦關機，否則無法脫離永無止盡的網站循環。顯而易見的，這些網站利用彈出式視窗，讓該網站出現在螢幕上，希望一個人會受到引誘而使用他們提供的服務。瀏覽網路時持續跳出的視窗廣告也提供使用者網路賭場的免費賭注，吸引那些未曾想過線上賭博的人。這類的彈出式視窗對於正在康復中的問題性賭博者也是很大的誘惑。

❖ **線上顧客追蹤**　線上賭博最令人憂慮的可能是網站蒐集賭博者各種資料的方式。線上賭博者所提供的追蹤資料能編輯、描繪顧客的特徵。這些資料準確地告訴商家（例如賭博業）顧客如何使用他們的時間做經濟交易（亦即他們玩哪一種賭博、玩多久、用多少金錢）。這種資料協助他們留住客源，也能與已建立好的客戶

資料庫做連結，操作忠誠度方案（loyalty schemes）。擁有一個儲存所有顧客資料的中央資料庫的公司具備優勢。這也可以用不同的商業角度來衡量。許多顧客在不知不覺中傳遞了有關自己的訊息，因而隱私流失的問題也逐漸上升。客戶與服務提供者的交易方式會被建檔。相連的忠誠系統就可以利用公開建檔的日期資料來追蹤帳戶。

用來篩檢評估大量顧客資料的技術早已存在。使用非常精密的程式，遊戲公司可以依據所知的顧客興趣，量身打造他們的服務。至於賭博，在提供顧客想要的服務與推銷之間的界線非常細微。遊戲產業銷售產品的方式與其他行業大同小異。這些公司現在都致力於品牌行銷、直接銷售（直接郵寄廣告提供個人化、客製化的服務），和引進忠誠度方案（營造出顧客自覺、品牌辨識，和對品牌忠誠的錯覺）（Griffiths, 2007; Griffiths & Wood, 2008）。

在參加忠誠度方案時，顧客提供許多資訊，包含姓名、住址、電話號碼、出生日期和性別（Griffiths & Wood, 2008）。那些賭博網站的經營者也不例外。他們將得知賭博者最愛的遊戲以及他們賭注的金額，基本上操作者能夠追蹤任何賭博者的賭博模式，他們比賭博者自己更了解賭博者的行為，也能寄給賭博者優惠券、抵押券、贈品折價券之類的東西。業界聲稱這一切都是為了提升客戶的體驗。給顧客的好處和獎勵包括現金、食物、飲料、娛樂和零售品。然而更不道德的經營者將利用量身打造的免費贈品（例如以提供免費賭注作為誘因），誘騙他們（知道有問題的賭博者）回到賭桌上。

　　儘管有缺點，行為追蹤的確有可能提供好處，藉著線上賭博時認出賭博者以幫忙他們。博弈公司有兩種管道能識別有問題的網路賭博者並協助他們。第一是利用已經發展出來的社會責任工具，最有名的例子是 PlayScan（Svenska Spel；見 Griffiths, Wood, & Parke, 2009; Griffiths, Wood, Parke, & Parke, 2007）（譯註：PlayScan 是一種人工智慧引擎，能夠根據玩家的賭博行為模式，以及玩家自答的問卷，預測玩家產生病態性賭博行為的風險，並且提供建議）。第二是發展既定的認證系統像是 888.com 設計的 Observer 系統。相對於離線賭博，行為追蹤提供一個機會，讓賭博經營者和學者檢驗真實、即時的賭博者行為。此外，這樣的追蹤技術也可能應用在未來對問題性賭博的診斷標準，倘若它能顯示問題性賭博行為可以在網路上被可靠地辨識，無需使用現有的問題性賭博篩檢工具。

❖ **利用有信譽的非賭博品牌**　某些受到信任的非賭博性網站，現在為他們自己的賭博網站或是附屬的網站提供連結與背書。舉例來說，Wood 和 Griffiths（2007b）發現一個有問題的網路賭博者的案例，由於觀看一個受歡迎（而且受到信任）的白天電視節目，而被引進該節目所提倡的自有的賭博網站。

 ## 在線上幫助與治療網路賭博者

　　儘管關於問題性賭博者之治療方式的概論超過了本章的範疇，值得重視的是網路治療介入可能會是一種幫助線上賭博成癮者的有效媒介。Griffiths 和 Cooper（2003）回顧了這個領域的重要議題，

並且檢視線上治療的優點與缺點，以及對問題賭博者治療的意涵。
大致上有三種主要類型的網站對問題性賭博者提供心理協助——提
供資訊和忠告的網站、提供協助的傳統網路機構〔例如：匿名戒賭
者協會（Gamblers Anonymous）〕，以及個別治療師。儘管網路治
療的許多潛在不利之處（例如：建立客戶關係、轉介問題、隱私議
題），但仍有很多正面的優勢，包括方便性、當事人的成本效益、
克服人們開始尋求幫助時遇到的障礙，以及克服社會污名化。

　　Wood 和 Griffiths（2007a）報告了其中一個最早期的研究，評
估了 GamAid 提供線上協助與指引給問題性賭博者的服務效益。
GamAid 是一種線上的諮詢、輔導和指引服務，當事人可以瀏覽可
用的連結與資訊，或是與線上諮商顧問談話。如果問題性賭博者聯
繫了一名線上諮商師，諮商師的即時影像會出現在當事人螢幕上的
一個小型網路攝影機視窗。影像視窗旁邊有一個對話視窗，客戶可
以在此鍵入給諮商師的訊息，諮商師的回應也在此顯示。儘管當事
人能看到諮商師，諮商師卻看不到當事人。諮商師也可以提供其他
相關網路服務的連結，這些會出現在客戶螢幕的左手邊，直到客戶
結束與諮商師的連線。這些所給的連結是回應當事人對於特定或者
當地服務的要求（例如：當地的債務顧問服務或當地的匿名戒賭者
的聚會）。

　　在 Wood 和 Griffiths 的研究裡，一共八十個當事人完成一個深
度評估的網路問卷，以及蒐集曾與 GamAid 顧問接觸的 413 位不同
客戶之次級資料。他們的報告指出多數完成回饋調查的客戶滿意諮
詢服務。大多數參與者同意 GamAid 提供的當地服務資訊對他們有
所幫助、同意他們已經或將會參閱所給的連結、感覺到諮商師的支

持還有了解他們的需求、會考慮再次利用該服務,而且會向他人推薦該服務。可以看到諮商師讓當事人感到放心,同時,諮商師無法見到當事人的這種單向特色維持了匿名性。

一個有趣的題外話是 GamAid 滿足未被其他戒賭服務滿足的需求之程度。藉由觀察 GamAid 客戶的特質,與目前所提供最相似的服務,即英國 GamCare(賭博關懷協會)求助熱線做比較。評估期間 GamAid 顧問所記錄的資料發現 413 位不同的客戶與一名顧問接觸。他們從事的賭博類型與偏好的地點與兩個英國全國普及率調查至今的資料相似處極少(Sproston, Erens, & Orford, 2000; Wardle et al., 2007)。不意外的是(依研究的媒介而言),網路是最受當事人歡迎的賭博地點,31%的男性與 19%的女性表示他們以這種方式賭博。根據比較,GamCare 求助電話發現打電話來的人只有 12%男性與 7%女性在網路上賭博。因此或許可以說 GamAid 是網路賭博者尋求協助所偏好的模式。線上賭博者比較可能在使用、熟習與接觸網路設備方面有較大的整體能力,這可能不令人驚訝。因此問題性賭博者可能更傾向使用他們最自在的管道尋求幫助。

GamAid 諮商顧問分辨 304 個客戶的性別,其中 71%是男性而29%是女性。相較之下,GamCare 求助熱線區有 89%的來電者是男性而 11%是女性。因此看起來 GamAid 或許比其他類似的服務對女性更具吸引力。推測有幾個原因造成這種情形。舉例來說,線上賭博是中性的,或許因而比(整體來看)更傳統以男性為導向(賓果遊戲例外)的賭博類型更吸引女性(Wardle et al., 2007)。

網路賭博者比離線的賭博者更可能尋求線上的支持。女性或許比男性容易感到被污名化為問題性賭博者,而且/或者較少接觸其

他以男性為主的協助機構（例如匿名戒賭者協會）。若果真如此，GamAid 提供的高度匿名性可能是其較受喜愛的原因之一。大多數用過其他服務的人表示他們偏好 GamAid，因為他們尤其需要線上的協助。曾使用其他服務的人也說 GamAid 最獨特的益處是他們覺得在網路上交談比透過電話或是面對面談話更舒適。他們也表示（據他們的觀點）GamAid 更容易上手而且諮商者更有愛心。

網路治療並非針對所有的問題性賭博者，且參與的人至少應該對於透過寫下來的文字表達自我感到自在。在理想的世界裡，那些身處嚴重危機裡的人——其中有些可能是問題性賭博者（非言語的線索極為重要）——不必非得使用電腦媒介溝通的幫助。儘管如此，由於網路的立即性，若這類治療性協助是個人唯一可行的途徑，或者是他們使用上唯一感到舒適的事物，則那些面臨嚴重危機的人必然會使用它。

 ## 多媒體世界裡的網路賭博

網路成癮與線上賭博成癮的興起與挑戰彼此密不可分，尤其是當網路、手機和互動式電視（interactive television, i-TV）的多媒體整合日漸增加。或許人們比較願意在特定的媒體中消費。舉例來說，網路可以被描述為一個「向前傾的」（lean forward）媒體〔譯註：在此可能為雙關語，一方面指使用電腦時身體前傾，一方面指使用者的主動性。稍後提到的「往後靠的」（lean back），指看電視時身體向後靠，同時也引申為觀眾的被動性〕，亦即使用者（通常是單獨的）在決定他們要做的事情方面扮演了主動角色。電腦比

起電視更善於顯示文字，能透過滑鼠和鍵盤做很大範圍的細微操控。這使得它們更適合做複雜的工作，像是找保險估價單或是旅遊行程。相對地，電視是一種「往後靠的」媒體，觀眾（通常是一群人的部分）較為被動，對於正在進行的事情尋求較少控制。電視在呈現移動影像的表現優於電腦。這或許影響了在特定媒體上進行的賭博類型。

此外，i-TV 或許也對另一個重要的領域有助益——信任。人們顯得信任他們的電視，即使它與電腦一樣連到網路。然而，就像先前論述的，i-TV 是一種「往後靠的」服務。如果一個人放鬆地坐在沙發上，將使得電視成為創造線上商業活動（包括賭博）的大眾市場的關鍵。另外，一些 i-TV 服務可以被連結到真正的電視節目（比方說在賽馬身上下注）。透過 i-TV 瀏覽和購買仍在萌芽階段，但看似未來將蓬勃發展。

 ## 結論

科技總是在賭博活動的發展上扮演一角，未來也將持續下去。分析賭博活動中的技術成分指出情境因素對於獲取新技術的衝擊最大，而結構因素對於研發與維持的衝擊最鉅。此外，這些因子當中最重要的是活動的可近性以及事件頻率。當這兩樣因素結合時，遠距賭博可能產生最大的問題。或許我們可以主張，具有令人十分振奮的快速遊戲、頻繁的獲勝以及快速重玩的機會，與問題性賭博有關。

無庸置疑，賭博的頻率（亦即事件頻率）是一個產生賭博問題

的主要因子（Griffiths, 1999）。成癮基本上與酬賞和獎勵的速度有關。因此，潛在的酬賞愈多，活動的成癮性可能就愈高。人們在何種賭博的頻率開始上癮並沒有精確的標準，因為成癮綜合各種因素，而頻率只是整個公式裡的一個因子。另外，Parke 和 Griffiths（2004）指出控制網路賭博避免發展出有問題的賭博行為最有效的方式，是提供人們受到規範與檢視的網路賭博產業。全世界已經發現沒有能力來成功地禁止網路賭博，因而許多司法系統轉而致力於發展將傷害減到最小的規範。

Abbott, M. W. (2007). Situational factors that affect gambling behavior. In G. Smith, D. Hodgins, & R. Williams (Eds.), *Research and measurement issues in gambling studies* (pp. 251–278). New York: Elsevier.

Abbott, M. W., Volberg, R. A., Bellringer, M., & Reith, G. (2004). *A review of research aspects of problem gambling*. London: Responsibility in Gambling Trust.

American Psychiatric Association. (1980). *Diagnostic and statistical manual of mental disorders* (3rd ed.). Washington, DC: Author.

American Psychiatric Association. (1987). *Diagnostic and statistical manual of mental disorders* (3rd ed., rev.). Washington, DC: Author.

American Psychiatric Association. (1994). *Diagnostic and statistical manual of mental disorders* (4th ed.). Washington, DC: Author.

Broda, A., LaPlante, D. A., Nelson, S. E., LaBrie, R. A., Bosworth, L. B., & Shaffer, H. J. (2008). Virtual harm reduction efforts for Internet gambling: Effects of deposit limits on actual Internet sports gambling behaviour. *Harm Reduction Journal, 5*, 27.

Gambling Commission. (2008). *Survey data on remote gambling participation*. Birmingham, UK: Gambling Commission.

Griffiths, M. D. (1995). Technological addictions. *Clinical Psychology Forum, 76*, 14–19.

Griffiths, M. D. (1998). Internet addiction: Does it really exist? In J. Gackenbach (Ed.), *Psychology and the Internet: Intrapersonal, interpersonal and transpersonal applications* (pp. 61–75). New York: Academic Press.

Griffiths, M. D. (1999). Gambling technologies: Prospects for problem gambling. *Journal of Gambling Studies, 15*, 265–283.

Griffiths, M. D. (2000a). Does Internet and computer "addiction" exist? Some case study evidence. *CyberPsychology & Behavior, 3*, 211–218.

Griffiths, M. D. (2000b). Internet addiction—Time to be taken seriously? *Addiction Research, 8*, 413–418.

Griffiths, M. D. (2001). Internet gambling: Preliminary results of the first UK prevalence study. *Journal of Gambling Issues*, 5. Retrieved June 17, 2009 from http://www.camh.net/egambling/issue5/research/griffiths_article.html

Griffiths, M. D. (2002). Internet gambling in the workplace. In M. Anandarajan & C. Simmers (Eds.), *Managing Web usage in the workplace: A social, ethical and legal perspective* (pp. 148–167). Hershey, PA: Idea Publishing.

Griffiths, M. D. (2003). Internet gambling: Issues, concerns and recommendations. *CyberPsychology & Behavior, 6*, 557–568.

Griffiths, M. D. (2005). A "components" model of addiction within a biopsychosocial framework. *Journal of Substance Use, 10*, 191–197.

Griffiths, M. D. (2006). Internet trends, projections and effects: What can looking at the past tell us about the future? *Casino and Gaming International, 2*(4), 37–43.

Griffiths, M. D. (2007). Brand psychology: Social acceptability and familiarity that breeds trust and loyalty. *Casino and Gaming International, 3*(3), 69–72.

Griffiths, M. D., & Barnes, A. (2008). Internet gambling: An online empirical study among gamblers. *International Journal of Mental Health Addiction, 6*, 194–204.

Griffiths, M. D., & Cooper, G. (2003). Online therapy: Implications for problem gamblers and clinicians. *British Journal of Guidance and Counselling, 13*, 113–135.

Griffiths, M. D., & Parke, J. (2002). The social impact of Internet gambling. *Social Science Computer Review, 20*, 312–320.

Griffiths, M. D., & Parke, J. (2007). Betting on the couch: A thematic analysis of Internet gambling using case studies. *Social Psychological Review, 9*(2), 29–36.

Griffiths, M. D., Parke, A., Wood, R. T. A., & Parke, J. (2006). Internet gambling: An overview of psychosocial impacts. *Gaming Research and Review Journal, 27*(1), 27–39.

Griffiths, M. D., Parke, J., Wood, R. T. A., & Rigbye, J. (2009). Online poker gambling in university students: Further findings from an online survey. *International Journal of Mental Health and Addiction*, in press.

Griffiths, M. D., Wardle, J., Orford, J., Sproston, K., & Erens, B. (2009). Sociodemographic correlates of Internet gambling: Findings from the 2007 British Gambling Prevalence Survey. *CyberPsychology & Behavior, 12*, 199–202.

Griffiths, M. D., & Wood, R. T. A. (2007). Adolescent Internet gambling: Preliminary results of a national survey. *Education and Health, 25*, 23–27.

Griffiths, M. D., & Wood, R. T. A. (2008). Gambling loyalty schemes: Treading a fine line? *Casino and Gaming International, 4*(2), 105–108.

Griffiths, M. D., Wood, R. T. A., & Parke, J. (2009). Social responsibility tools in online gambling: A survey of attitudes and behaviour among Internet gamblers. *CyberPsychology & Behavior, 12*, 413–421.

Griffiths, M. D., Wood, R. T.A., Parke, J., & Parke, A. (2007). Gaming research and best practice: Gaming industry, social responsibility and academia. *Casino and Gaming International*, 3(3), 97–103.

Ialomiteanu, A., & Adlaf, E. (2001). Internet gambling among Ontario adults. *Electronic Journal of Gambling Issues*, 5. Retrieved June 17, 2009 from http://www. camh.net/egambling/issue5/research/ialomiteanu_adlaf_articale.html

International Gaming Research Unit (2007). The global online gambling report: An exploratory investigation into the attitudes and behaviours of Internet casino and poker players. Report for e-Commerce and Online Gaming Regulation and Assurance (eCOGRA).

Joinson, A. (1998). Causes and implications of disinhibited behavior on the Internet. In J. Gackenback (Ed.), *Psychology and the Internet: Intrapersonal, interpersonal, and transpersonal implications* (pp. 43–60). New York: Academic Press.

LaBrie, R. A., Kaplan, S., LaPlante, D. A., Nelson, S. E., & Shaffer, H. J. (2008). Inside the virtual casino: A prospective longitudinal study of Internet casino gambling. *European Journal of Public Health*. doi:10.1093/eurpub/ckn021

LaBrie, R. A., LaPlante, D. A., Nelson, S. E., Schumann, A., & Shaffer, H. J. (2007). Assessing the playing field: A prospective longitudinal study of Internet sports gambling behavior. *Journal of Gambling Studies*, 23, 347–363.

Ladd, G. T., & Petry, N. M. (2002). Disordered gambling among university-based medical and dental patients: A focus on Internet gambling. *Psychology of Addictive Behaviours*, 16, 76–79.

Langer, E. J. (1975). The illusion of control. *Journal of Personality and Social Psychology*, 32, 311–328.

Matthews, N., Farnsworth, W. F., & Griffiths, M. D. (2009). A pilot study of problem gambling among student online gamblers: Mood states as predictors of problematic behaviour. *CyberPsychology & Behavior*, in press.

Meyer, G., Hayer, T., & Griffiths, M. D. (2009). *Problem gaming in Europe: Challenges, prevention, and interventions*. New York: Springer.

Orford, J., Sproston, K., Erens, B., & Mitchell, L. (2003). *Gambling and problem gambling in Britain*. Hove, East Sussex, UK: Brunner-Routledge.

Parke, A., & Griffiths, M. D. (2004). Why Internet gambling prohibition will ultimately fail. *Gaming Law Review*, 8, 297–301.

Parke, J., & Griffiths, M. D. (2007). The role of structural characteristics in gambling. In G. Smith, D. Hodgins, & R. Williams (Eds.), *Research and measurement issues in gambling studies* (pp. 211–243). New York: Elsevier.

Sevigny, S., Cloutier, M., Pelletier, M., & Ladouceur, R. (2005). Internet gambling: Misleading payout rates during the "demo" period. *Computers in Human Behavior*, 21, 153–158.

Skinner, B. F. (1953). *Science and human behavior*. New York: Free Press.

Smeaton, M., & Griffiths, M. D. (2004). Internet gambling and social responsibility: An exploratory study. *CyberPsychology & Behavior*, 7, 49–57.

Sproston, K., Erens, B., & Orford, J. (2000). *Gambling behaviour in Britain: Results from the British Gambling Prevalence Survey*. London: National Centre for Social Research.

Walther, J. B. (1996). Computer-mediated communication: Impersonal, inter-personal, and hyperpersonal interaction. *Communication Research, 23*, 3–43.

Wardle, H., Sproston, K., Orford, J., Erens, B., Griffiths, M., Constantine, R., & Pigott, S. (2007). *British Gambling Prevalence Survey 2007*. London: National Centre for Social Research.

Wood, R. T. A., & Griffiths, M. D. (2007a). Online guidance, advice, and support for problem gamblers and concerned relatives and friends: An evaluation of the GamAid pilot service. *British Journal of Guidance and Counselling, 35*, 373–389.

Wood, R. T. A., & Griffiths, M. D. (2007b). A qualitative investigation of problem gambling as an escape-based coping strategy. *Psychology and Psychotherapy: Theory, Research and Practise, 80*, 107–125.

Wood, R. T. A., & Griffiths, M. D. (2008). Why Swedish people play online poker and factors that can increase or decrease trust in poker websites: A qualitative investigation. *Journal of Gambling Issues, 21*, 80–97.

Wood, R. T. A., Griffiths, M. D., & Parke, J. (2007a). The acquisition, development, and maintenance of online poker playing in a student sample. *CyberPsychology & Behavior, 10*, 354–361.

Wood, R. T. A., Griffiths, M. D., & Parke, A. (2007b). Experiences of time loss among videogame players: An empirical study. *CyberPsychology & Behavior, 10*, 45–56.

Wood, R. T. A., Gupta, R., Derevensky, J., & Griffiths, M. D. (2004). Video game playing and gambling in adolescents: Common risk factors. *Journal of Child & Adolescent Substance Abuse, 14*, 77–100.

Wood, R. T. A., & Williams, R. J. (2007). Problem gambling on the Internet: Implications for Internet gambling policy in North America. *New Media & Society, 9*, 520–542.

Young, K. (1999). Internet addiction: Evaluation and treatment. *Student British Medical Journal, 7*, 351–352.

第7章
網路性愛成癮和網路性愛強迫症

David L. Delmonico 和 Elizabeth J. Griffin

　　全世界的網路人口從 2008 年到 2009 年增加了 380%，據估計全北美洲將近 75% 的土地在其上可以輕鬆連結到網際網路。無論是從「性」或是「無性」的角度來看，網路可說是一個小宇宙，是真實世界的縮影。幾乎所有現實生活中和性相關的事物都以某種形式轉譯到網際網路中。考慮到性有如此多潛在的客戶，網路性愛活動的商業製作人看中了這領域的獲利潛力，尤其是這個領域不需要像從前的產業方式支出一些日常開銷。事實上，2006 年網際網路色情產業獲益將近 30 億美元，占了所有美國色情產業獲益的 23%（Family Safe Media, 2010）。隨著上網人數的增加以及網路上性相關的資訊愈來愈唾手可得，研究者和臨床醫師都發現為了網路性愛成癮或網路性愛強迫症來尋求協助的人大量增加。

　　網路性愛的問題是跨越任何人口統計學界線的。最近的幾個研究初估每三個造訪成人色情網站的人就有一個是女性，而在網際網路上搜索「adult sex」（成人性愛）這個字組的人有將近 60% 是女性（Family Safe Media, 2010）。其他的族群，像是年紀小於 18 歲

的人們，也同樣在網路上搜尋性愛相關的資料，他們在網際網路上最常搜尋的字組是「teen sex」（未成年性愛）和「cyber sex」（網路性愛）。網路色情產業的消費者平均年收入超過 75,000 美元。這些統計資料挑戰了我們的文化中對網路性愛活動及從事這些活動的人的認知。

很重要的是，要記住不是所有的網路性愛活動都會對消費者產生負面的影響。Cooper、Delmonico 和 Burg（2000）估計大約 80% 參與網路性愛活動的人士是所謂的「休閒使用者」，他們不會自我報告一些上網行為上的重大問題。無論是青少年或是成年人都會報告他們使用網際網路來研究一些性愛相關的主題，像是如何防止性病的傳播、檢討或購買避孕方法或探索健康的性知識等。然而，對那 20%掙扎於有害的網路性愛活動的人來說，其後果可以是長期且毀滅性的。有些人強迫性地在網路上蒐集或瀏覽色情影音，其他人則跨過法律界線，更有其他人每天花超過十小時的時間在網際網路上搜索隱私和羅曼史，而這 20%的人正是本章想討論的對象。本章的目的是綜觀目前對網際網路心理學的看法，同時提供一個幫助這些受困於有害網路性愛活動的人的評估與處置原則。

 ## 科技和網路上的性愛

本節強調認識當今的基礎科技，對提供完整正確評估的重要性。健康專業人員如果不能從個案使用科技的方式中獲得資訊，那麼臨床會談得到的結論將會是不完整且不正確的。如果評估沒有包含到科技相關的層面，處置和治療計畫將會忽略一些最基本的介入

方式。

　　第一個需要了解到的原則是每一種網路科技都可以發展出性愛的用途，就好比推特、第二人生、臉書和 eBay 等都可能有性愛的成分在其中，我們很簡單就可以列出一些。我們沒有辦法詳細分析每一種網路科技，在此，我們會介紹一些使網路性愛產生問題的常見管道和手法。

▶▶ 全球資訊網

　　要接觸網路上的性愛最平常的方法就是透過全球資訊網（World Wide Web）。網路瀏覽器（像是 Firefox、Internet Explorer、Chrome 等）能解讀並在螢幕上呈現全球資訊網所傳遞的文字、圖片或多媒體訊號，而以性愛為導向的網頁通常會展示一些色情影像，甚至是被用來進行性愛聊天、性愛影片串流（直播）或是轉介使用者到其他後面章節會提到的其他網路性愛領域。

▶▶ 新聞群組

　　人們可以透過新聞群組（newsgroup）來和其他網路性愛同好分享性愛文章、性愛照片、性愛影片以及性愛聲音，以達到自己性愛上的意圖。網路上有數以千計的新聞群組依著特定的主題被分類，而這當中許多都被用來交換性愛方面的資訊內容。

▶▶ 聊天室

　　有很多方法可以開啟線上性愛聊天室（chat areas）來進行性愛聊天。無論透過什麼方法來開啟性愛聊天室，它們的共同特徵就是

能讓許多人齊聚在「一個空間」內，可以即時聊天或是交流檔案，許多聊天室還提供視訊或音訊會議的功能。人們在聊天室中談論性愛相關的話題、收看性愛影片，或是彼此交流性愛相關的檔案，這種情形其實沒有那麼不頻繁。這類聊天室就像 Yahoo! Chat、Internet Relay Chat（IRC）和 Excite Chat。

另一類型的聊天室則是常見的即時通訊（messenger）軟體，像是 America Online Instant Messenger（AIM）或是 Yahoo! Messenger，這些即時通訊軟體讓人可以在好友名單中挑選出特定對象，進行一對一的聊天。

▶▶ 點對點檔案分享（peer-to-peer file sharing）

某些軟體像 Limewire 使得分享檔案成為一種大眾化的習慣，雖然在這樣的網絡裡，音樂是最常被分享的檔案類型，色情圖片、影片和軟體同樣被廣泛地分享著。

▶▶ 社群網站

社群網站（social networking sites）讓人們可以創立網路上的「親友團」，和他們交換訊息、聊天、傳送照片／影片，和分享音樂等等。社群網站有很多種類型，像是找尋老同學的網站、找交往對象的網站（約會網站），或是找尋有相同興趣的新朋友的網站。常見的社群網站有非常多，像是 MySpace.com、Facebook.com、Bebo、e-Harmony、Classmates.com、YouTube 和 Photobucket。社群網站也可以運用來媒合網路上的性愛活動，或者用來配合真實世界的性愛目的。這些社群網站在青少年以及年輕的成年人當中快速興

起，但這些網站的統計資料顯示，所有年齡層的人現在都會定期使用這些社群網站。

另一種流行的社群網站是微網誌，這當中最流行的是推特。這類微網誌讓人們登入然後追蹤其他人的線上日記，這些日記的字數不能超過 140 個字元。大公司、電影明星、搖滾樂團等透過推特發送訊息（tweet，推）給粉絲，同樣地，性愛女王、情色公司等也利用同樣的方式來達到他們性愛相關的目的。

▶▶ 網路遊戲

網路遊戲（online gaming），無論是透過電腦或是可攜式的遊戲主機（Xbox 360、PlayStation Portable、iPod 等），通常都有在遊戲同時傳送文字訊息或是語音聊天的功能。這樣的科技可以包括性愛相關的討論和評論，或是安排一些真實生活中的性愛活動。使用這個管道溝通的年齡層很廣，讓它成為最常有成人對年幼者散播情色言語的管道。

▶▶ 行動上網（**mobile Internet access**）

過去電腦是上網的唯一工具，現在，行動電話、智慧型手機、掌上型電腦〔personal data assistants（PDAs），例如 Palm Pilot〕或是 iPod 則讓人們可以隨時隨地上網。前面提到的各式各樣情色相關的網路應用，都能透過這些工具來遂行，所以我們可以說網路性愛是「隨手可得」。這些新工具內建的功能，以數位相機為例，可以捕捉真實世界當中的性愛經驗，然後即時分享給全世界成千上萬的人。

網際網路心理學

第一本描述網際網路心理學的專門著作是由 Wallace（1999）所寫。這本書概述了網際網路如何改變人們在線上世界的想法和行動。或許當今在這個領域最重要的學者就是 John Suler。Suler（2004）廣泛陳述了網路世界和真實世界是如何地不同。這些陳述客觀而不批判對錯，它們只是陳述網際網路是如何改變環境和個人。

Suler（2004）創造了*網路去抑制效應*（online disinhibition effect）一詞，來敘述人們在網路上所說或所做與真實世界不同的現象。他列出了六個網路去抑制發生時所呈現的特色來作為網路去抑制操作性定義。這些去抑制的現象就成為人們為什麼不計風險想參與網路性愛活動的核心考量。我們接著來談談這個現象。

❖ **你不認識我／你看不到我**　這兩個特色和社會心理學所提到的匿名性和它在人類行為中所扮演的角色有關。網路上的匿名性讓人們可以探索和實驗超越真實世界所能感受的性愛。當人們得以將行動與身分完全區隔開來，他們會感到較少被抑制，或者說更敢於做這些行為。

❖ **待會兒見**　這個特色和網路世界上事情的後果可以被簡單地透過關掉軟體或電腦而迴避有關。當人們感覺到逃避後果是那麼簡單，他們將勇於承擔比現實世界更多的風險。對那些探索網路性愛的人來說，這樣的現象意味著他們會有更高風險的網路性愛活動。

❖ **這全都是我腦子裡發生的事／這只是個遊戲** 這兩個特色合起來
助長了網路上的幻想世界。網際網路的使用者很難在真實世界與
幻想世界中間畫下清楚的界線，而當這牽涉了性愛的時候，這條
界線就變得更加模糊了。所有的網路性愛活動都是源自於幻想這
樣的信念，會讓使用者在看待他們自己的網路性愛活動時有更多
認知上的不和諧。

❖ **我們都是一樣的** 在真實世界，階級觀念的存在清楚定義了人和
人的界線，也幫助人們了解人際關係中的規則和所應扮演的角
色。然而，網際網路常否定這樣的階級觀念，讓人們搞不清網路
互動該有的規則。每個人，無論其狀態、財富、種族、性別或年
齡，在網際網路上都是從公平的基準上出發。

　　除了網路去抑制，另一個敘述人們上網後的心理變化的詞是去
個人化（deindividuation）。從 1970 年代早期（Zimbardo, 1970）起
這個詞就開始在社會心理學文獻中出現。去個人化指的是當人們在
環境中感到被匿名時，他們會做出與平常行為模式相反的行為。
Johnson 和 Downing（1979）總結，匿名性造成個人多關注外在世界
的線索和外在環境，而較少關注自己的自覺和內在指引。網際網路
心理學則將這些法則運用到電子世界中。McKenna 和 Green
（2002）報告「當透過電子郵件進行溝通或是參與其他電子討論像
是新聞群組，人們傾向於表現得比平常面對面做類似事情時要遲鈍
些」（p. 61）。去個人化和網路去抑制效應在網路世界創造出一種
強大的力量，讓人們在其中無論是寫、說或行為都和真實世界中的
互動相差很多。

　　其他人也提出類似的心理學模型來理解問題性網路性愛活動。

Young 等人（2000）提出 ACE 模型來解讀這種現象。ACE 是 anonymity（匿名性）、convenience（便利性）和 escape（逃避）的縮寫。Cooper（1998）則倡議用三 A 引擎（Triple A Engine）來解釋問題性網路行為是如何有這麼大的吸引力迫使人們身陷其中。三 A 引擎指的是accessibility（可近性）、anonymity（匿名性）和affordability（可負擔性）。這些心理學模型的共通特色圍繞著四個主要主題：可以匿名的能力、獲得資訊的方便性、連結幻想的能力、逃避可能結果的便利性。

 # 評估網路性愛

接下來的段落所討論的議題，在面對所有可能經驗到網際網路相關困擾的人時，都應該設想到。雖然第一部分並不是專門討論網際網路相關的議題，但借鏡非網際網路的一般評估可以幫助我們了解問題性網路行為所潛藏的議題。全面性網際網路評估這個部分，將會指引臨床工作者如何為問題性網路性愛行為抽絲剝繭出需要被處置並治療的特殊網際網路相關議題。

▶▶ 非網際網路的一般評估

據估計，70%至 100%困擾於性倒錯或是性愛衝動行為的人也被報告合併有第一軸的診斷，最常合併的是焦慮疾患（96%）和廣泛性情緒疾患（71%）（Raymond, Coleman, & Miner, 2003）。Carnes（1991）報告 1,000 個自我認定有性成癮的人當中，65%至 80%的人患有第一軸的精神科診斷。因此，評估常見而相關的疾患會是我

們的評估過程中一個很重要的部分。文獻中指出常見的共病包括憂鬱症、焦慮疾患、躁鬱症、強迫症、成癮疾患和注意力方面的問題〔注意力不足症（attention deficit disorder, ADD）或注意力不足過動症（attention-deficit/hyperactivity disorder, ADHD）〕（Kafka & Hennen, 2003; Raymond, Coleman, & Miner, 2003）。另外，篩檢潛藏的人格疾患對於選定治療途徑也是很重要的。要偵測這些疾患，仰賴的是詳盡的臨床會談和整套標準的心理衡鑑。我們希望相關從業人員讀了本章後，能勝任獨自施行這套完整評估，或是轉介個案給適合的單位接受更正式的評估。

▶▶ 全面性網際網路評估

在執行臨床評估時，我們往往忽略去評估個案以性愛目的使用網際網路的行為模式。所有的個案，不只是已呈現出這方面問題的，都應該接受網路相關健康議題的篩檢。現今使用網路的人非常多，於是愈來愈多人在某些網際網路的使用行為上發生問題，而這些使用行為可以是性愛的又或是其他方面的；全面性網際網路評估於是聚焦於分辨個案網路性愛行為的種類、頻率，以及這些行為對生活的影響。

就像一開始所提到的，我們一定要記得並不是所有的網路性愛行為都是不健康的、有問題的（見 Cooper, Delmonico, & Burg, 2000）。最根本的問題在於個案是否從健康使用的層次進展到較有問題的某些網路性愛行為。Schneider（1994）提出了三個基本的準則來分辨這些所謂問題性網路性愛行為，包括：(1)個人失去了選擇繼續或停止性愛活動的自由；(2)即使有不良的後果，還是繼續從事網路性愛

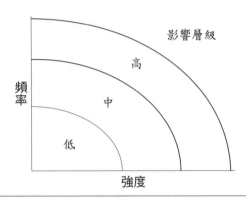

影響層級

頻率

高

中

低

強度

圖 7.1 網路性愛活動的影響層級

活動；(3)強迫性地不斷想到性愛行為相關的事物。除了這些準則，另外的考量是從事網路性愛行為的強度和其頻率的交互作用。圖 7.1 圖示了這兩個變項如何用來評估網路性愛活動的影響層級。

這個圖幫助專業人員了解低頻率高強度的網路性愛活動和高頻率低強度者，對於個體有相同的影響力。換句話說，頻繁暴露於網路性愛活動，即使強度很低，仍然可能和不頻繁但強度高的行為（例如強迫性地想到或計畫這類型的活動、為幻想而從事活動等）具有相同的影響力。一個可以有效評估網路性愛行為對人的影響程度而不只是評估頻率的工具，是網際網路性愛篩檢測驗（Internet Sex Screening Test, ISST）。

▶▶ 網際網路性愛篩檢測驗

網際網路性愛篩檢測驗是一個自填的測驗工具，被發展來幫助個案評估自己的網路性愛行為（Delmonico & Miller, 2003）。它的長度不長，能提供專業人員一些基本資料，讓他們判斷是否需要更

進一步地評估問題性網路性愛行為。

網際網路性愛篩檢測驗包含二十五個核心項目和九個離線性愛強迫性的評估項目。Delmonico 和 Miller（2003）透過分析將施測結果分成八個分項，這些分項擁有低度至中等程度的內在一致性（0.51 至 0.86）。這八個分項分別是：

1. 網路性愛的強迫性。這個分項評估 Schneider 的三個準則：(1) 失去選擇的自由；(2)即使有嚴重的後果仍然持續；(3)強迫性思考。

2. 網路性愛行為：社交。這個分項測量網際網路社交人際互動中的網路性愛行為，例如聊天室、電子郵件等。

3. 網路性愛行為：獨自。這個分項測量網際網路中和人際互動較少關聯性的網路性愛行為，例如瀏覽網站、下載色情圖片等。

4. 網路性愛花費。這個分項檢視個案為了支持他們的網路性愛活動而花用金錢的程度，以及如此花用金錢所帶來的後果。

5. 對網路性愛活動的興趣。這個分項檢視個案對網路性愛活動的興趣程度。

6. 在住家以外的地方使用電腦。這個分項檢視個案在住家以外為了網路性愛的目的而使用電腦的程度，例如工作中、朋友家或是在網咖。

7. 在電腦上的非法性愛運用。這個分項檢視被認為是違法或違法邊緣的網路性愛活動，包括下載含有兒童內容的色情圖片或是在網路上剝削兒童。

8. 一般性的性愛強迫性。最後一個分項簡短篩檢個案在真實世界中的性愛強迫性。

Delmonico 和 Miller（2003）報告到真實世界的性愛活動和網路上的性愛活動具有密切的關係，針對這個分項的問題是改編自性愛成癮篩檢測驗（Sexual Addiction Screening Test, SAST）（Carnes, 1989）。網際網路性愛篩檢測驗收錄在圖 7.2，它是公版著作可以使用和複製；想多了解每個分項或是其可信度，可以參閱 Delmonico 和 Miller（2003）；電子版的網際網路性愛篩檢測驗則可以在 http://www.internetbehavior.com 找到。

採用個案自己的報告是大部分篩檢工具的主要侷限，我們必須要將這樣的侷限列入考量；專業人員必須依循自己的臨床判斷，考慮諸如誠信、否認效應或自覺等變項，來解讀測驗的結果。

▶▶ 網際網路評估快速篩檢

像網際網路性愛篩檢測驗這樣的測驗形式，提供個案網路性愛行為和真實世界性愛強迫性的客觀資料，但這只是臨床工作者所需資料的一部分。另一種客觀性較低但具高度意義的評估方式是對個案進行半結構性會談。為了協助臨床工作者進行聚焦於網路性愛主題的半結構性會談，網際網路評估（Internet Assessment）這樣的工具被開發出來（Delmonico & Griffin, 2005）。這個工具之所以大有助益，是因為許多臨床工作者排拒對他們自己不了解的主題進行完全結構性的會談，而在這些主題當中，網路性愛和科技顯然是最不被了解的主題。

網際網路評估快速篩檢（Internet Assessment Quickscreen, IA-Q）（見圖 7.3）可以提供對網路性愛使用者的綜觀。整個會談被分成兩個部分。第一個部分量測個案對網際網路和網路性愛行為的了

網際網路性愛篩檢測驗

指引：請仔細閱讀每個陳述。如果這個陳述大部分是對的，請在題號旁邊
　　　的空格內做上記號；如果這個陳述大部分是錯的，則不要做上任何
　　　記號，繼續看下一個陳述。

_____　1. 我的網頁書籤中有一些是性愛網站。

_____　2. 我每個禮拜花超過五個小時的時間用電腦搜索性愛相關的資訊。

_____　3. 為了更方便獲得網路上的性愛資訊，我曾加入色情網站的會員。

_____　4. 我曾經在網路上買過情趣商品。

_____　5. 我曾經用網際網路搜尋工具搜索性愛相關的資訊。

_____　6. 我曾為了網路上的色情資訊花了超過自己預期金額的錢。

_____　7. 網路上的性愛有時會影響我現實生活中的某些層面。

_____　8. 我曾經參與性愛相關話題的線上聊天。

_____　9. 我在網路上有帶著性暗示的使用者名稱或暱稱。

_____10. 我曾經在使用網路的同時自慰。

_____11. 我曾經在自己家裡以外的電腦上瀏覽色情網站。

_____12. 沒有人知道我用我的電腦做些跟性愛相關的事。

_____13. 我曾嘗試隱藏我電腦裡或螢幕上的東西，讓別人看不到那些內容。

_____14. 我曾經為了瀏覽色情網站熬夜到半夜。

_____15. 我用網路來試驗性愛的不同層面（例如性虐待、同性性愛、肛交等）。

_____16. 我自己有包含一些性愛內容的網站。

_____17. 我曾經承諾自己不要再用網路來從事性愛相關的事情。

_____18. 我有時會用網路性愛來作為完成某些事情的報償（例如完成企劃案、
　　　　度過了壓力十足的一天等）。

_____19. 當我無法用網路來接觸性愛資訊時，我會感到焦慮、生氣或是失望。

_____20. 我已經增加了我在網路上所承擔的風險（例如在網路上公開自己的真
　　　　名或電話號碼、在真實世界和網友見面等）。

_____21. 我曾經為了自己用網路來滿足性愛目的而處罰自己（例如暫停使用電
　　　　腦、取消網路訂閱等）。

_____22. 我曾經親身為了感情的目的在真實世界與網友面見。

_____23. 我在網路上對話時會使用較為色情的幽默或諷刺。

_____24. 我曾在網路上接觸到有違法之虞的性愛資訊。

圖 7.2　網際網路性愛篩檢測驗（原版）

_____25. 我相信我是個網路性成癮者。

_____26. 我不斷試著停止某些性活動，但是不斷地失敗。

_____27. 我會持續著我目前的性愛活動，儘管這些活動已對我造成問題。

_____28. 在我從事性愛活動前，我會很渴望，但是事後卻會後悔。

_____29. 我得常常說謊來隱蔽我的性愛活動。

_____30. 我相信我是個性成癮者。

_____31. 我擔心人們知道我所從事的性愛活動。

_____32. 我曾努力去戒除某種性愛活動，但是卻失敗了。

_____33. 我對別人隱藏了我的某些性愛活動。

_____34. 當我經歷性愛後，我常感到沮喪。

網際網路性愛篩檢測驗計分指引

1. 統計第 1 題到第 25 題中做上記號的有幾題，以下列的題數分級來進行解讀。

   1-8 題：你在網路上的性愛活動可能有也可能沒有產生實質的問題。你是屬於風險比較低的一群，但如果網路還是對你的生活帶來問題，你得找個專家來幫你做進一步的評估。

   9-18 題：你正身處於網路性愛行為影響你生活中重要領域的風險。如果你很在意你在網路上的性愛活動，而且你也注意到它所帶來的後果，我們建議你找個專家來幫你做進一步的評估，並協助你處理你在意的部分。

   19 題以上：你讓網路性愛行為干涉了你生活的重要部分，甚至犧牲了生活（社交生活、職業生活、教育生活等）。我們建議你將你的網路性愛行為提出來與專家討論，讓他們進一步評估並協助你。

2. 第 26 題到第 34 題是簡短版的性愛成癮篩檢測驗（SAST）。這幾題應就整體的性愛成癮行為來解讀，而不是針對網路性愛。雖然這幾題並沒有明確的切截分數以供解讀，但如果第 1 題到第 25 題作記號的題數偏多且第 26 題到第 34 題亦是如此，那必須留意這意指有更高的機會在網路上發生性愛行動化（acting-out）的行為。請注意：第 26 題到第 34 題請不要計入前一部分的題數統計裡。

3. 沒有任何一個題目可以單獨評定是否有問題化的傾向。評估者所要尋找的是行為的整體，這包括其他的資訊來源，來證明個案對網路性愛感到掙扎。例如，網頁書籤裡有色情網站或是在網路上搜尋性愛相關的資料並不是很不尋常的事，但如果配合有其他特別的行為，這就可能造成問題。

圖 7.2 （續）

網際網路評估快速篩檢（Form Q）
一個評估問題性網路性愛行為的結構性會談

第一部分：**網際網路相關知識和行為**

 1. 在過去的六個月當中，你平均每個禮拜讓你的電腦連上網路多少小時？平均來說，這些時間當中，你花了多少小時坐在電腦前使用網際網路（並不限定是為了性愛的目的而使用電腦）？

 2. 在過去的六個月當中，你平均每個禮拜花幾個小時投入網路性愛活動，像是下載性愛圖片、參與性愛聊天等？

 3. 你曾經在網路上或透過網路發布或交易任何性愛相關的資訊或商品嗎？這包括自己的照片、別人的照片、性愛故事、性愛錄影、性愛聲、性愛網誌，或性愛傳略等。

 4. 你曾經在網路上瀏覽過兒童或未成年者為主的色情圖片嗎？

 5. 你曾經嘗試在上網時隱蔽自己或是造訪過的網站嗎（例如清除自己的上網紀錄、使用軟體來隱藏自己上網的軌跡、刪除或重新命名所下載的檔案、使用匿名服務等）？

 6. 你曾經在現實世界和網友（包含小孩、青少年、成人等各年齡層）有過真實接觸嗎（電話聯繫、收寄信件、見面）？

 7. 你曾經在任何你所用過的電腦上安裝過下列的軟體嗎：點對點軟體（例如Kazaa）、網際網路中繼交談軟體（例如 Mirc）、新聞閱讀器（例如 Free-Agent）、網路攝影機聊天軟體（PalTalk）？

第二部分：**社會、性愛和心理評估**

 8. 你在現實生活中的性愛活動曾經受到你在網路上的性愛活動的影響嗎？

 9. 你的自慰曾經和你的網路性愛行為有關係嗎？

10. 你曾否意識到自己因為從事網路性愛活動，而使得自己無論是網路或現實世界的性愛風險愈來愈高？

11. 你曾經因為從事網路性愛活動而經歷過某種後果，或是犧牲你生活中的重要層面（例如工作、家庭、朋友）嗎？

12. 你的伴侶曾經抱怨過你的網路性愛活動嗎？

13. 因為從事網路性愛活動，無論實質上或情感上，你對家人或朋友變得比較疏離嗎？

14. 你曾經意識到你的網路性愛活動會影響你的心情，無論是變好或變壞嗎？

15. 你曾經期許自己能戒除網路上的性愛活動，但是老是不能自我設限或成功戒除嗎？

圖 7.3 網際網路評估快速篩檢（IA-Q）

解程度,第二個部分則蒐集網路性愛行為不同面向的資訊,包含社交層面、性愛層面和心理層面。問題的設計是根據六個主題面向:

1. 性興奮(arousal)。這個分項提出個案在網路性愛活動中所追尋的興奮題材。

2. 科技理解力。評估個案的科技理解能力可以幫助我們了解個案使用網路的能耐,並且讓我們對個案的自我陳述可能不誠實保持警覺。

3. 風險。有很多理由讓人陷入網路性愛之中,這包括追尋「網路世界比正常世界風險更高」的快感,這個主題主要就是探索這個部分。

4. 違法程度。這裡的問題幫助我們區分哪些個案已經跨越界線開始從事一些違法的行為,而這是擬訂治療計畫的一個重要考量。

5. 保密。保密的需求常伴隨著強迫性的行為,當行為的頻率和強度都上升時,保密的需求也會增加。這裡的問題會試著評估個案隱蔽網路行為的程度。

6. 強迫性。這裡的問題幫助我們區分哪些人的行為達到強迫的程度,變得被需求所驅動,甚至儀式化。嚴重的強迫現象常代表個案較難治療。

使用結構性的會談表最多就是跟面談的效果一樣。由於網際網路評估是一種自我報告的評估工具,因此有經驗且技巧熟練的臨床工作者可以利用網際網路評估充分發掘個案身上每個相關的議題。

網際網路性愛篩檢測驗(ISST)和網際網路評估快速篩檢(IA-Q)都有更完整詳細的版本,這些同屬於「網路性愛臨床工作者萬

用包」（Cybersex Clinician Resource Kit）；完整詳細的版本可以為治療者提供更仔細和實用的資訊。想多了解萬用包，可以查詢 http://www.internetbehavior.com。

▶▶ 網路上的性愛違犯行為

少部分從事網路性愛行為的人會進行違法的網路性愛行為。違法的網路性愛行為典型是指瀏覽、製作或是散布有兒童內容的色情圖片，或是透過網路聯繫在真實世界與未成年人發生性愛互動。如果個案提到了任何上述的情形，沒有例外的，應該安排具備專門資格的臨床工作人員來進行詳盡的性違犯評估。因為並不是每個這樣的個案都是起因於針對兒童的性癖好，評估者可以自行判定個案是否對兒童有性興趣或性癖好，或是有與真實世界性違犯行為相關聯的顧慮，又或是有親身進行性違犯的風險。如果評估的結果發現個案的情況超過評估者的專業能力所能協助的範圍，那麼轉介幾乎是必需的。如果想多了解網路上的性違犯行為，可以參考 Delmonico 和 Griffin 的著作（2008c）。

 # 處理問題性網路性愛行為

治療潛藏在問題性網路性愛行為之下的成因，例如親密感、哀慟和失去、靈性、憂鬱、焦慮，超出了本章所要討論的範圍。本節強調處理問題性網路性愛行為本身。「處理」是處理問題性網路性愛行為的第一步，必須在有效治療潛藏原因的長期療程之前就執行。

▶▶ 電腦和環境的處理

　　一些簡單的策略可以有效處理和預防問題性網路性愛行為。雖然不是每個個案都需要運用到所有我們所建議的策略，但我們可以和個案一起檢視這些策略，一起選定哪些策略最為有效。我們也邀請個案參與制定策略的過程，一起討論對他們個人處境有益的處理模式。一般來說，這些電腦和環境的處理對那些有高度動機、能看到網路性愛行為對自己的負面影響，並且沒有強迫性網路性愛行為的個案最為有效。以下是一些策略的例子：

- 將電腦放在人來人往的地方。
- 限制使用電腦的日子或是確切時間（例如晚上十一點後不用電腦或是週末不用電腦）。
- 只有在一旁有人時才使用電腦（例如在家一個人時不用電腦）。
- 限定哪些場所可以使用網際網路而哪些不行（例如在旅館時不行）。
- 確定其他人（例如同事）是可以看到螢幕的。
- 安裝含有自己重要人物（例如家人、伴侶）影像的螢幕保護程式或桌面布景。

　　要個案完全停止使用網際網路是不切實際的；因此，像上面所列的一些小改變在初步處理這些網路性愛行為時是非常有幫助的。

▶▶ 電子化處理

　　現在已有一些電子化的方式來幫助個案處理他們的網路性愛行

為，包括阻擋或過濾特定網路內容的軟體，和一些設計來監視個案使用網路的行為並回報給第三方的軟體。

❖ **過濾和阻擋** 現在有很多軟體可用來過濾特定的網路內容。這些軟體大部分原本都是設計來保護兒童避免接觸到不適切的網路內容，然而，當個案想要限制自己的網路活動時，這些軟體也可以發揮很大的效用。雖然大部分的程式可以輕易地被克服，但它們依然可以扮演第一線保護的角色，讓個案在行動前三思。以下的連結詳細列出一些網際網路過濾軟體：http://internet-filter-review. toptenreviews.com/。

　　除了過濾軟體，某些網際網路服務提供者（Internet service providers, ISPs）可以在資訊傳到個人電腦前就過濾掉某些內容。這個做法較難被克服，會讓個案失去調整所過濾的網路內容或活動的彈性。要尋找這方面的資源，可以在 Google 上直接查找關鍵字「filtered ISP」。

❖ **電腦監控** 監控軟體能追蹤個案使用電腦的情形，並產生可以讓第三方了解情形的報告。封阻軟體可以和監控軟體結合使用，在過濾網際網路資料的同時，同時監控網路活動的細節。負責操作這些軟體的人可以是朋友、治療團體中的成員、治療贊助者等，但不建議由夫妻或伴侶來擔任，這麼做常會帶來負向的互動關係。以下的連結列出最好的監控軟體和每個軟體的評比：http:// www.monitoringadvisor.com/。

　　就如先前所提到的，現在有許多方法連結上網際網路，所以當我們在考慮過濾或監控上網時，一定要記得那些可以上網的行動設備（行動電話、黑莓機、智慧型手機、Xbox 360 等）。在以前要管

理這些行動設備的上網狀況是很困難的，但現在已經有行動電話
（見http://www.mobicip.com）或其他行動設備專用的過濾軟體。對
這些軟體有簡單的了解並且和個案討論如何適當地使用這些軟體是
治療的重要層面。

▶▶ 可接受的使用政策

當人們嘗試管理員工在工作場所的網際網路使用情形時，大部
分的人都會先想到可接受的使用政策（acceptable use policies,
AUPs）。然而，可接受的使用政策在臨床治療網路性愛行為時其實
也是非常有用的工具。告訴人們不要去使用網路已經不合時宜，所
以治療者該做的是幫助個案建立清楚的界線，而可接受的使用政策
就是用來建立適切的上網行為的界線。可接受的使用政策必須是由
我們和個案一起制定，內容必須包括幾個層面，像是每天的什麼時
機、上網的時數、off-limit technologies，以及如何使用過濾或監控
軟體。Delmonico 和 Griffin（2008b）針對臨床工作者如何協助家
人，制定適用於兒童、青少年和成人可接受的使用政策，撰寫了詳
盡的指引；這些原則對於困擾於網路成癮行為的個案亦是一樣有
用，想和個案一起制定可接受的使用政策的臨床工作者一定要參考
看看。

 ## 整合「評估」和「處理」

本章至此已經呈現了評估和處理身陷網路性愛問題個案的方
法。就像大部分有經驗的治療師所明瞭的，評估和處理這兩個層面

並不是彼此互斥的，評估的結果要能夠用來指引治療計畫，也就是處理的過程。

在完成詳盡的評估後，治療師要能夠得到：

- 個案網路性愛行為的頻率和強度交互作用的相關資訊。
- 網際網路性愛篩檢測驗的總分，並且透過對切截點（cut off）的了解來判斷網路性愛是否已成為個案面臨的嚴重問題。
- 網際網路性愛篩檢測驗各分項的分數，這可以幫助我們了解個案是否有真實世界的性愛強迫問題。
- 半結構性會談的結果，可以幫助我們評估問題性網路性愛行為的一些相關主題：性興奮的類型、科技理解力、線上風險行為、非法行為、保密的程度，以及上網強迫性。

除了這些科技相關的評估，治療師亦必須參考完整評估當中，心理社會性愛會談中所得到的資訊。奠基於評估過程中所得到的資訊，治療者必須能做出個案適用於哪種處理等級的臨床判斷。舉例來說，比起在網際網路性愛篩檢測驗只有中度得分且對於控制網路性愛行為之頻率與強度只有些許困難的個案，一位在各個面向（頻率、強度、網際網路性愛篩檢測驗、網際網路評估等）都呈現出強烈強迫性的個案會較適合較高層級的電腦和環境的處理、長期且更密集的治療，以及藥物治療需要性的完整評估。而前者嚴重度較輕微的個案，將會獲益於一些前面已提過的電腦和環境的處理，合併個人或團體的短期心理治療。上面所說是兩個簡化的例子，實際上臨床的個案通常更加複雜，常合併有其他的狀況，將使得治療計畫也變得更加複雜。

其他合併的狀況就像焦慮、憂鬱、注意力不足，或是其他第一

軸或第二軸的診斷，常會使得治療網路性愛強迫行為變得更加複雜。因此，向熟知成癮和性愛相關主題的精神科醫師尋求合併症的建議，對治療來說是非常重要的，因為如果沒有治療合併症，網路性愛強迫行為對治療和處理的反應是不佳的。

在處理和治療評估所揭露的精神科合併症時，藥物扮演了至關重要的角色。如果大腦中仍然有和網路性愛行為相關的化學傳導物質不平衡，那麼即使最好的處理和治療也無法真的奏效。

目前針對用藥物治療性愛強迫行為的研究告訴我們，藥物可以有效治療那些伴隨問題性性愛行為所發生的合併症，像是憂鬱、焦慮、強迫症等（Kafka, 2000）。雖然已有少數的研究證實藥物可以有效治療網路性愛的強迫行為，臨床工作者也根據經驗報告了類似的結果：選擇性血清素回收抑制劑（selective serotonin reuptake inhibitors, SSRIs）（Kafka, 2000）、血清素正腎上腺素回收抑制劑（serotonin norepinephrine reuptake inhibitors, SNRIs）（Karim, 2009），和鴉片製劑阻斷劑（naltrexone）（Raymond, Grant, Kim, & Coleman, 2002）等藥物可幫助網路性愛強迫行為。雖然藥物可能對所有困擾於網路性愛的個案都有效，但對有著嚴重網路性愛強迫行為的個案應該更為有效。能跟一位熟知這個主題的精神科醫師進行諮商，對處理來說是非常重要的。

 # 網路上的青少年

本章著重於探討如何評估與處理困擾於他們自己的網路性愛行為的成年人。雖然整章的篇幅有限，但如果因此沒有提到同樣會身

受問題性網路性愛行為所困擾的青少年，那會是一個很大的疏忽。

在媒體傳播的訊息中，亟欲索求網路性愛的網路性愛掠奪者常被認為是青少年上網的重大風險。然而，其實青少年真正最大的風險是缺乏成年人的知識及疏於監督線上行為，合併發展上的議題（例如偏好從事風險活動、性好奇、決策形式、問題解決的能力等）。Wolak、Finkelhor、Mitchell 和 Ybarra（2008）發現青少年某些上網行為會使他們置身於性剝削的高度風險中。

- 和陌生人互動。
- 把陌生人加入好友名單。
- 用網際網路來發表粗魯或齷齪的言論。
- 把個人訊息發送給網路上遇到的陌生人。
- 透過檔案分享網站下載圖片。
- 故意瀏覽限制級的網站。
- 用網際網路去騷擾或是糗別人。
- 和網路上的陌生人談論性。

雖然研究指出這些行為和青少年被性剝削有關，但這些行為也同樣讓青少年身處養成網路性愛強迫行為的風險。雖然網際網路的防範和安全軟體愈來愈多，他們還是主要針對「掠奪者」而不是針對青少年那些會讓自己捲入性愛麻煩（網路色情資訊、傳送自己的性感圖片、網路上的性騷擾等）的上網行為。Delmonico 和 Griffin（in press）曾討論這種網際網路防範和安全軟體的限制性，並且提出針對青少年更有效的應對方式。

青少年每天花平均七個小時在各式各樣的科技產物上（手機、網際網路、電子遊戲等）（Rideout, Foehr, & Roberts, 2010）。由於

青少年接觸網路世界的頻率是如此之高，治療師就更應正視媒體對青少年可能的影響力。無論青少年所呈現出來的問題為何，我們都需要為他們正視網際網路（以及其他種類的媒體）的議題，而我們也常發現那些青少年的問題，常被其使用媒體的行為所惡化。一些心理計量工具像是網際網路性愛篩檢測驗——青少年版（Internet Sex Screening Test — Adolescents, ISST-A）（Delmonico & Griffin, 2008a），可以在我們和青少年會談評估他們的網路行為時極有助益。

本章所呈現的處理策略對成人和青少年都一樣適用。青少年通常對科技的掌握度較高，會需要更多監督；在監督這件事上，成年人要更清楚知道自己該做什麼，並且少用威脅的手段。若能愈早開始針對這些行為採行前述的處理技巧，那結果會更有成效。因此，對學齡前或稍長的兒童就開始這類型的溝通，將會是促成未來能和他們開放地溝通並監督其上網行為的最有力方法。

 ## 結論

本章是為對評估和處理身陷網路性愛問題個案知之甚少的臨床工作者所做的初步指引。它提供了針對這個複雜且演進中的議題一個簡短的概觀和介紹。最新的科技包括了可以連接在電腦上的特殊性愛設備，讓伴侶可以透過網路進行性愛的交流。現實生活中的伴侶可以透過網路聊天室控制按摩棒、虛擬的陰道和其他情趣用品，或者精心設計使情趣用品可以透過網路控制，配合影帶的畫面提供刺激。目前尚不知道這些科技會如何影響未來性愛的發展和性關

係；然而，無庸置疑的是人們將持續產生網路性愛相關的問題。相同地，我們也不能知曉提早暴露於網路上的性愛資料及活動會如何影響今日的兒童和青少年。臨床工作者應當要投注於學習更多相關的領域，並且了解這個領域是如何影響個體和個體間的關係。作為一個初步指引，本章提供了重要原則的概觀，涵蓋了如何了解、評估和處理這些身陷問題性網路行為的個案。

Carnes, P. J. (1989). *Contrary to love*. Center City, MN: Hazelden Educational Publishing.

Carnes, P. J. (1991). *Don't call it love*. Center City, MN: Hazelden Educational Publishing.

Cooper, A. (1998). Sexuality and the Internet: Surfing into the new millennium. *CyberPsychology & Behavior*, 1(2), 181–187.

Cooper, A., Delmonico, D. L., & Burg, R. (2000). Cybersex users, abusers, and compulsives: New findings and implications. *Sexual Addiction & Compulsivity: The Journal of Treatment and Prevention*, 7(1–2), 5–30.

Delmonico, D. L., & Griffin, E. J. (2005). *Internet assessment: A structured interview for assessing online problematic sexual behavior*. Unpublished instrument, Internet Behavior Consulting.

Delmonico, D. L., & Griffin, E. J. (2008a). Cybersex and the e-teen: What marriage and family therapists should know. *Journal of Marital and Family Therapy*, 34(4), 431–444.

Delmonico, D. L., & Griffin, E. J. (2008b, Fall). Setting limits in the virtual world: Helping families develop acceptable use policies. *Paradigm Magazine for Addiction Professionals*, 12–13, 22.

Delmonico, D. L., & Griffin, E. J. (2008c). Sex offenders online. In D. R. Laws & W. O'Donohue (Eds.). *Sexual deviance* (2nd ed.). New York: Guilford Press.

Delmonico, D. L., & Griffin, E. J. (in press). Myths and assumptions of Internet safety programs for children and adolescents. In K. Kaufman (Ed.). *Preventing Sexual Violence: A Sourcebook*.

Delmonico, D. L., & Miller, J. A. (2003). The Internet sex screening test: A comparison of sexual compulsives versus non-sexual compulsives. *Sexual and Relationship Therapy*, 18(3), 261–276.

Family Safe Media. (2010). Pornography statistics. Retrieved January 25, 2010, from http://www.familysafemedia.com/pornography_statistics.html

Johnson, R. D., & Downing, L. L. (1979). Deindividuation and valence of cues: Effects on prosocial and antisocial behavior. *Journal of Personality and Social Psychology, 37,* 1532–1538.

Kafka, M. P. (2000). Psychopharmacological treatments for non-paraphilic compulsive sexual behavior: A review. *CNS Spectrums, 5,* 49–50, 53–59.

Kafka, M. P., & Hennen, J. (2003). Hypersexual desire in males: Are males with paraphilias different from males with paraphilia related disorders? *Sexual Abuse: A Journal of Research and Treatment, 15,* 307–321.

Karim, R. (2009). Cutting edge pharmacology for sex addiction: How do the meds work? A presentation for the Society for the Advancement of Sexual Health, San Diego, California.

McKenna, K. Y. A., & Green, A. S. (2002). Virtual group dynamics. *Group Dynamics: Theory, Research, and Practice, 16*(1), 116–127.

Raymond, N. C., Coleman, E., & Miner, M. H. (2003). Psychiatric comorbidity and compulsive/impulsive traits in compulsive sexual behavior. *Comprehensive Psychiatry, 44,* 370–380.

Raymond, N. C., Grant, J. E., Kim, S. W., & Coleman, E. (2002). Treating compulsive sexual behavior with naltrexone and serotonin reuptake inhibitors: Two case studies. *International Clinical Psychopharmacology, 17,* 201–205.

Rideout, V. J., Foehr, U. G., & Roberts, D. F. (2010). Generation M^2: Media in the lives of 8- to 18-year-olds. Retrieved January 26, 2010, from http://www.kff.org/entmedia/mh012010pkg.cfm

Schneider, J. P. (1994). Sex addiction: Controversy within mainstream addiction medicine, diagnosis based on the *DSM-III-R* and physician case histories. *Sexual Addiction and Compulsivity: Journal of Treatment and Prevention, 1*(1), 19–44.

Suler, J. (2004). The online disinhibition effect. *CyberPsychology & Behavior, 7,* 321–326.

Wallace, P. (1999). *The psychology of the Internet.* New York: Cambridge University Press.

Wolak, J., Finkelhor, D., Mitchell, K. J., & Ybarra, M. L. (2008). Online "predators" and their victims: Myths, realities, and implications for prevention and treatment. *American Psychologist, 63*(2), 111–128.

Young, K. S., Griffin-Shelley, E., Cooper, A., O'Mara, J., & Buchanan, J. (2000). Online fidelity: A new dimension in couple relationships with implications for evaluation and treatment. *Sexual Addiction & Compulsivity: The Journal of Treatment and Prevention, 7*(1–2), 59–74.

Zimbardo, P. (1970). The human choice: Individuation, reason, and order versus deindividuation, impulse, and chaos. In W. J. Arnold & D. Levine (Eds.), *Nebraska symposium on motivation* (Vol. 17, pp. 237–307). Lincoln: University of Nebraska Press.

Part

2

心理治療、治療與
預防

David Greenfield

　　已有許多研究證實強迫性上網及網路成癮的存在（如 Aboujao-
ude, Koran, Gamel, Large, & Serpe, 2006; Chou, Condron, & Belland,
2005; Greenfield, 1999a; Shaw & Black, 2008; Young, 2007）。Young
（1998a）首先發現因非學術或非專業目的過度使用網路將會導致對
學術或專業表現的傷害。Greenfield（1999b）發現約6%使用網路的
人似有強迫性使用網路的情形，且時常達到產生嚴重負面影響的程
度。目前對網路濫用之結果仍存有許多疾病分類相關的疑問。雖然
目前在媒體上最流行的說法是網路成癮，其他像是網路成癮障礙、
病態性上網、網路濫用、網路賦予之行為、強迫性上網、數位媒體
強迫症及虛擬成癮也曾被使用過（Greenfield, 1999c）。上述的名稱
無疑讓人眼花撩亂，但這也反映現今對此臨床現象命名的複雜性。

　　或許目前最正確的命名屬網路賦予之強迫行為（Internet-enabled
compulsive behavior）或是數位媒體強迫症（digital media compul-
sion），因為之前專屬於使用網路的許多行為現在亦可出現在新興
數位產品上，像是個人數位助理（personal digital assistant, PDA）、

iPhone、黑莓機（BlackBerries）、MP3 播放器、掌上型遊戲機、智慧型手機、桌上型電腦、筆記型電腦和小筆電。造成網路具成癮性之基本心理因素適用於這些相關科技產品。因為網路及數位媒體科技日新月異，讀者必須注意，當提到「網路」，網路相關的數位科技都算在其中。針對許多依賴網路或與之相關的數位娛樂科技，上網和濫用的定義變得模糊，因其亦擁有本章將討論的許多成癮元素。

為了簡化，接下來本章將使用網路成癮來涵蓋所有數位電子產品。關於網路成癮，我們仍在為適當的命名掙扎。為反映網路成癮症狀之心理生理現象，及更正確地呈現網路及其他數位科技濫用之行為和生理層面的表現，進一步的澄清是必需的。

 ## 上網的成癮特質

網路並非是全新的東西。原因是它並非我們所遇到第一個容易取得、負擔得起、會引起時間扭曲、互動式、匿名且使人愉悅的活動。然而，與過去不同的是，網路賦能之科技產品利用了上述密集度、可近性及可用性的特質。最終，帶來愉悅的活動（行為）和物質大多會重複出現。一個行為經正向回饋後的結果是該行為有機會被重複實踐。正向加強是指某些強化因子的存在增加了先前反應再出現的可能性（Schwartz, 1984）。此型態遵循操作制約的基本原則（Ferster & Skinner, 1957）。因為網路有令人愉悅的本質和正向回饋的結構，讓人們自然地增加其使用（以致濫用）。此正向回饋結構將在本章進一步討論。

　　與愉悅經驗最息息相關的神經傳導物質為多巴胺，經多年的研究顯示，毒品、酒精、賭博、性、飲食甚至運動都能造成多巴胺濃度改變（Hartwell, Tolliver, & Brady, 2009）。根本而論，人們真正上癮的是腦中因物質使用或某些行為引起的間歇性且不可預期的多巴胺釋放。這就是網路在其中的角色。

　　對物質及酒精的濫用或成癮，還有其他因素須考慮，像是生理中毒反應、耐受性及戒斷。我們也知道藥物或酒精濫用會造成身體傷害。網路同時擁有上述一些表現和幾項專屬於它的特質。我們可以在網路成癮患者身上看到當其嘗試移除或改變上網習慣時出現的耐受性和戒斷並伴隨身體不適（通常以類焦慮症狀表現或是變得易怒）。許多患者抱怨當停止或減少網路及其他數位電子科技的使用時，出現上述的戒斷症狀，患者身邊親近的家人、朋友常常可為這種情形作證。

　　在更深入討論網路成癮之前，先來回顧一下成癮的基本概念。成癮這個詞並非精神、心理或成癮科學之典型專有名詞。其實，更廣被接受的用詞是濫用及依賴。「依賴」是指出現耐受性、戒斷症狀及生理反應的習慣化。若要達到物質成癮的診斷條件，將須具備以下幾項：(1)從事可能造成中毒或帶來愉悅的活動（其目的是改變心情或意識狀態）；(2)過度的使用；(3)對生活主要層面帶來負面有害的影響；及(4)同時出現耐受性及戒斷症狀。此外還有其他診斷條件，但若對照強迫性賭博及其他衝動控制疾患，上述幾項最為重要（Young, 1998b）。

　　姑且不論我們如何稱呼這個問題，看起來有幾項特徵足以代表此一症候群。網路成癮或強迫型態的特色除涉及耐受性的存在（需

花更多時間上網,或接觸更多及更多樣化的內容,或更頻繁地使用),亦涉及戒斷情形的存在。網路成癮的戒斷表現為在不能使用網路時,心理及生理出現較警醒且不舒服的症狀。這情形不僅客觀可以觀察到,也有不少病患主觀報告上述的不舒服感受。

有關診斷網路成癮的一項重要條件是為了改變心情或意識狀態而從事會造成中毒(intoxicative)或影響心理的上網。網路有兩種會造成中毒的元素。第一,使用者體內多巴胺上升造成實質衝擊,第二,上網引發使用者逃避生活或生活失衡。這些影響會表現在生活的一個或多個層面上(如人際關係、工作、學業表現、健康、經濟或法律問題)。如果上網沒有影響生活主層面,那麼它可能尚稱不上成癮;然而,許多人雖不會濫用這些科技到產生嚴重衝擊的程度,但確實會感覺到生活失衡。非常重要的是,因為網路成癮並非造成身體組織直接傷害的成癮,而是藉由花費過多時間在其中造成生活失衡來產生負面後果。

▶▶ 想要停止,無法停止,嘗試停止,和先前使用習慣復發

一個簡單計算符合成癮條件的口訣就是「DIAR」(Greenfield, 2009),這分別代表著想要(desire)停止、無法(inability)停止、嘗試(attempts)停止,及先前使用習慣復發(relapse)。這是我們在大多數成癮患者身上常見的情形。除了耐受性及戒斷症狀之外,DIAR 是網路成癮重要的指標。

耐受性與戒斷

　　Block（2007, 2008）提議將網路成癮納入強迫性—衝動性障礙一類，並主張它應被包含在美國精神醫學會下一版 *DSM* 中。他的主張一部分是因為在任何成癮（依賴）中最重要的因子是耐受性及戒斷。文獻中清楚記錄許多物質成癮會涉及對先前使用劑量某些程度的生理和心理耐受性；伴隨耐受性，某些心理上或生理上的戒斷症狀也通常會被發現（Young, 1998b）。最後結果是，網路成癮將會被納入 *DSM-5* 的附錄中，等待進一步研究。

　　對物質成癮來說，耐受性終將導致當減少物質使用或停止使用後的生理上和心理上的戒斷症狀。患者常會同時產生一些生理不適（有時出現威脅生命的症狀）及嚴重的心理不適，像是焦慮、易怒、情緒不穩及情緒行為改變。網路成癮在耐受性和戒斷的經驗上有其獨特的變異性。耐受性方面，網路及其他數位媒體科技的使用有幾點和一般物質成癮類似。物質使人上癮的潛力可因其被快速吸收進入血中而增強；網路可被迅速取得及在點擊之後可迅速接收到圖片、影音或其他內容，增強了網路使人上癮的潛力。若能愈快速地接收到想要的圖片或其他內容就更能增強網路的成癮性——也同時增加了戒斷症狀的嚴重度。

　　戒斷症狀因人而異，但網路戒斷症狀幾乎都會包括當該科技被移除時某些程度的口頭抗議，尤其是被家長或是親愛的人移除時。典型的嚴重抗議會包含強烈情緒表現、挫折感、失落感、分離感、容易覺得不舒服及失去某些東西的感覺。有時肢體表現憤怒及操弄

行為、恐嚇或敲詐都可能發生。這些排山倒海的症狀似乎都因焦慮而生（Young, 1998b）。有時極端的違抗行為也會出現，尤其最常見於當父母將小孩或青少年手中的科技產品拿走時。確實已有許多報導指出當孩童或青少年被禁止使用網路時，出現言語暴力或肢體暴力。

其他戒斷症狀有焦慮度提高、憤怒、憂鬱、易怒和社交孤僻。網路和其他數位媒體科技戒斷的困難是幾乎不可能達到完全戒除程度。現代生活在根本上排除了不使用網路的狀況。一般藥酒癮治療，我們會把理想治療結果定為完全戒除，但這對網路成癮是不切實際的。反而比較希望達到的目標是創造一個適度使用模式。這種適度使用模式又被稱為有自我覺察的電腦使用（conscious computing）（Greenfield, 2008）。有自我覺察的電腦使用是指發展並整合健康的網路和多媒體科技使用經驗。這個概念最初是由數個德國提倡健康電腦使用的非營利組織提出。緩和的使用模式提供較佳的自我監控和均衡使用，而就是此有自覺的使用習慣提供了更好的自我監控和均衡使用。

因此，治療目標成為透過教育和預防措施協助重新建立（在合理範圍內）較中庸的使用模式。有自覺的使用及有自知之明是讓此改變發生的關鍵步驟。此行為改變並不容易，在接下來的有關治療策略的章節裡會進一步討論。

 ## 神經化學物質

目前有許多研究（Hollander, 2006）在討論成癮過程中多巴胺及

其他神經傳導物質濃度升高的影響；愈來愈多特定的腦科學研究透過功能性磁振造影（functional magnetic resonance imaging, fMRI）證明網路成癮的神經生理改變。新的研究發現網路成癮中信號誘發出對線上遊戲的衝動和渴望和信號誘發產生之對物質濫用的渴望有類似的神經基質（Chih-Hung et al., 2009）。目前看來，成癮現象實際上可能是腦中多巴胺的濃度升高，而非單純是物質或行為本身。重度網路使用者也習慣體內多巴胺濃度提高的狀態（Arias-Carrión & Pöppel, 2007）。本質上來說，人們因使用網路或其他數位媒體科技燃起一把醉人的火，協助點燃了我們所謂的網路成癮。許多令人愉悅的行為都使人上癮，因為網路和其他數位媒體科技帶來極大的愉悅感，這些東西的使用便具有使人上癮的潛力。

若我們注意到使用或濫用網路及其他數位科技媒體時情緒和意識狀態的改變，診斷網路成癮這件事就變得簡單許多。若情緒變得愉悅，未來繼續使用及濫用的機率會增加。產生成癮的連結在於產生愉悅感的動作使人中毒／陶醉（多巴胺上升）。多巴胺上升又帶來成癮行為模式，接連導致生活負面影響（包含愧疚感和罪惡感）；此負面影響使人為了自我麻痺或自救而增強想要改變心情或意識狀態的慾望，反而加速了使用或濫用物質的機會。

 ## 數位媒體的吸引力

以下列出使網路和其他數位科技媒體具有成癮潛力的幾項特色（Greenfield, 1999b）。這五項是數位媒體具吸引力的主要因素：

1. 內容因素。

2. 過程及可近性／可用性因素。

3. 增強／回饋因素。

4. 社會因素。

5. Gen-D（數位世代）因素。

▶▶ 內容因素

有非常多高度刺激性（成癮性）的內容可從網路取得。大多數此類內容並非網路獨有。以臨床上需要治療的病人比例來說，今日最具成癮性的網路內容是性和電腦遊戲。這兩種領域的濫用情形並非全新的，也非專屬於網路；然而透過網路接觸這兩類內容，將會產生加乘效果，使得此兩主題的成癮性大幅增加。當這些內容經由網路和其他數位媒體科技被消費使用，它將成為網路成癮中影響精神狀態的原料。我們知道網路媒介本身就有增強成癮的作用，透過網路接觸的內容基本上也是有趣且吸引人的。網路上最常被使用的內容是音樂、資訊、體育、購物、金融活動和新聞、賭博、性等等。大多數此類內容都是令人愉悅的；遊戲、賭博、購物和性或許是當中之冠，也是最常出現被過度使用、濫用或成癮的幾項（Young, 1998a）。

網路科技誕生，接觸這些內容變得容易且頻繁，顯著增加了這些內容的成癮性。如果這些內容是原料，那麼網路媒體便是試管，協助將這些原料帶入我們的神經系統供給使用。目前高速連線及可攜式網路裝置，像是智慧型手機、PDA、iPhone、黑莓機和其他許多可攜式裝置蓬勃發展，使得可近性又更上層樓。

現在連 iPod 和其他 MP3 播放器都可以和網路連線。到處都可

以容易地使用網路讓使用者也變成網際網路的一份子。人類簡直變成這浩瀚網路系統中的某個節點，而這系統現在是可移動且可攜帶的。目前網路的機動性是根據我們對方便性的渴望及想要擁有自由和更多選擇而生；就是這份渴望助長了一種愈多的使用和機會等於較好／較快樂的生活的錯覺——愈多就愈好。但這是自相矛盾的理論。我們若有較多的選擇，我們會變得更不健康。我們若有較多的選擇，我們會面臨較大的壓力（Weissberg, 1983）。在食物選擇愈趨多元時也可見類似現象。更多不代表更好。

可藉由網路取得各式各樣之前無法取得的、違法的或很難找到的內容大大增加了網路的吸引力。能找到你想要的東西，尤其如果它很難找的到，實在是非常醉人的經驗。此外，因找到這很難得的東西過程中沒有拖延，使網路讓人更無法抗拒。「盒內之神」（God in a box）（Greenfield, 2007）就是討論上網常用的代號。能藉由簡單一個按鍵將想法、好奇或是慾望轉眼間變成真實，是近乎神跡顯靈般的體驗。這也反映了人們對網路及其他數位科技讚頌崇拜的程度。要進入網路世界的門檻非常窄也容易跨越，在門檻的另一頭是世界上最刺激的內容，這就是網路的魅力和潛力所在。

▶▶ 過程及可近性／可用性因素

能夠探索幻想世界中的個人能力（透過網路延伸放大）或實際扮演一個虛擬人格（persona）是非常吸引人的。藉由網路提供相對簡單、去抑制且匿名的環境讓人可以實現性幻想，也十分有影響力（Cooper, Delmonico, & Burg, 2000; Greenfield & Orzack, 2002）。利用網路提供社交及遊戲互動的多人線上遊戲，因透過網路平台，導

致成癮性更高。大多數的網路遊戲增添了許多吸引人的元素，像是社交互動、即時對戰、挑戰、戰績、社會等級排序和刺激的內容，同時還有非常複雜多變的獎勵機制。網路遊戲內容本身就能夠非常刺激且使人上癮，但當它與網路結合，兩者的加乘效果製造出更強大的成癮經驗。

網路具有高度不確定性和新奇感，也就是這個不確定性造就了網路吸引人的特質。

我們的上網型態大部分是潛意識動作，遠在我們覺察底下；也就是這些自動化使用行為造成上網時對時間感嚴重扭曲以及解離情形（意指失去了自我知覺）（Greenfield, 1999b; Suler, 2004; Toronto, 2009）。的確，統計顯示高達 80%的網路使用者在上網時失去時間感和空間感（Suler, 2004）。早期研究發現，80%網路成癮者（43%的非成癮者）表示上網時感到較不受拘束（Greenfield, 1999b），而最近的研究也發現 8.2%的人使用網路是為了逃避問題或緩解負面情緒（Aboujaoude et al., 2006）。網路使人擺脫拘束的效果進一步證明了它作為可改變人心智狀態的媒介；似乎不論內容為何，都有這種改變人意識及心情的效果。網路的吸引力似乎有部分與它所提供的內容無關。相較於透過其他媒介，不管是觀看色情內容、玩遊戲或購物都有可能因為透過網路而比平常更不受限制和衝動（Suler, 2004）。

Greenfield（1999b）發現三個主要元素能解釋大部分網路成癮的變異性（variance）。第一個元素可被納入可用性／可近性或過程這個大分類中。Cooper（1998）在他的三A引擎理論的標題下曾討論過此元素，其中還包含了可負擔性和匿名性兩項。

　　就可近性和可用性的基本架構而論，網路是隨時可取用的，而這是非常吸引人的特色。我們都知道大腦喜歡享受那不受時間或空間限制的自由自在無拘無束。此外，和網路所具有之互動本質相關的元素似乎增加了它的吸引力。我們的研究也證明了匿名性就是第二個元素（Greenfield, 2009）。線上溝通過程感受到的匿名性催化了去抑現象（Cooper, Boies, Maheu, & Greenfield, 2000）。尤其出現在性行為、賭博、購物和電玩等領域。去抑現象也發生在電子郵件、聊天室、即時訊息和文字溝通。比起口語溝通，使用文字溝通的時候較少出現規範和限制。

　　根據認知科學及神經心理學，我們知道去抑制現象會出現在大腦神經心理方面受到損害時──基本上就是意識狀態改變時。以上某個程度也可推論出進行線上溝通時所出現的情形。以本質而論，強迫性上網便是在改變的意識狀態下運作。此外，能夠實現一個人性格中或虛擬人格中隱藏的或是潛意識下的那些平時不易接觸的一面，也有相當強烈加速成癮的效果。透過網路媒介的幻想內容和角色扮演非常吸引人，尤其在電玩、性愛聊天（透過電腦）和社群網路上更為顯著。還有一個領域也隸屬可近性／可用性分類，就是僅需花較低成本便可取得網路內容（Cooper, 1998）。可近性被網路的較低成本給強化，因而降低了上網和濫用的門檻。較便宜的東西比較容易被濫用。

　　若沒提到方便性因素就不算完整討論可近性和可用性。網路幾乎是天天二十四小時無間斷且無限制可以使用。隨著攜帶式和行動寬頻連線逐漸普及，網路的可及性和使用容易度逐漸增加。行動電話、PDA、掌上型遊戲和MP3播放器，甚至筆記型電腦和它最新的

兄弟產品——平板電腦，都配備成為可攜式網路用品。

　　能夠以看起來匿名的方式瞬間得到所有一切和滿足任何知識的、溝通的或消費的衝動，讓網路對某些人來說幾乎無法抵抗。尤其對於與性相關的內容和經驗更是如此。跨越衝動（慾望）進入行動（網上觀看、下載、播放或購買）的門檻在上網時大幅降低。事實上根本沒有門檻需跨過，因為點擊和取得間所需間隔之短。因感覺到匿名性和隱私性（然而這是錯誤的感覺），責任感也大大減低。正常情況下我們對滿足幻想和慾望產生的抗拒在使用網路時會消失或大幅減弱，而這會造成曲解現實的後果。對網路成癮者而言，曲解現實通常是樂見的結果，如此便能透過網路虛擬介面讓幻想實現。一旦成癮，人們將傾向把虛擬視作比現實生活更真實的情況。這現象尤其出現在網路和電腦遊戲玩家。此曲解使網路成癮者全盤否認的態度得以維持，造成他們無法察覺生活中出現的負面衝擊。這就是中毒最真實的面貌。

　　心理惰性（psychological inertia）通常是令人愉悅的（因此是成癮循環中一員），因為它阻止我們注意那些可能帶來失敗經驗的事物。而網路改變了上述一切，因為它幾乎不需等待也沒有門檻，我們幾乎是零時差地享受它帶來的滿足。使用網路的時候，我們幾乎不用延遲或改變我們的慾望。換句話說，想法瞬間變成事實，而這是相當吸引人的。

　　可近性／可用性的最後一點是界線。網路世界沒有界線。其他的媒體都有清楚的開始和結束。不管是報紙、雜誌、電視節目、書籍或其他形式的媒體，幾乎都有時間標記或是存取內容限制。相較之下，網路上的任何東西永遠沒有結束。上網時看不到任何時間標

記，就像身處非常刺激、有著各種獎勵且沒有時間架構的賭場裡。總是可以找到下一個連結、網站或參考內容；總是有下一封 e-mail 要讀、圖片要看，或是歌曲要下載。總是還有更多。永不結束的內容可供取用代表大腦有做不完的事情，而這相當具有吸引力。大腦有把所有事情做完的傾向——將任務一體完成，也被稱做齊加尼克效應（Zeigarnik effect）（Zeigarnik, 1967）。這種潛意識裡特別關注未完成的或是不完整的資訊（正是網路充分具備的）是另一個網路吸引人之處。

▶▶ 增強／回饋因素

之前提過，網路科技依「變動比率增強機制」（variable ratio reinforcement schedule, VRRS）在運作。所有在網路上待查的和已查的資訊都在此變動比率增強環境下運作。網路運作有著高度不可預測性和新奇性，也是因為此不可預測性使網路的吸引力讓人更無法抵擋。

增強／回饋因素（reinforcement/reward factor）似乎是導致網路和其他數位媒體科技成癮最重要的元素。網路在不定期回饋機制下運作。不論是電玩、情色內容、電子郵件、購物和資訊瀏覽，都支持不定期回饋機制。欲瀏覽之線上內容的醒目性（saliency）和吸引力，以及取得該內容的時間與頻率，都影響了對此內容的成癮經驗。當變動比率增強機制和可加強情緒或刺激性的內容合併出現，將帶來加乘作用，進而鞏固成癮循環。

因具有改變精神狀態的能力，網路某種程度上是有致癮性的。所有增強機制作用系統內在皆俱備伴隨娛樂目的使用習慣出現的繼

發獲益（secondary gain），例如網路成癮和強迫性媒體使用。這些繼發獲益就是可以進一步強化成癮型態（多巴胺濃度提升）的間接得益。這些間接得益會以逃避一些可能引發焦慮的社交互動，或耗精力的學校或工作表現，或以家庭或親密關係之心理社會壓力出口之方式呈現。也會以在特定社交網路或線上遊戲社群中提升的社交地位來表現。

　　許多最吸引人的網路元素依變動比率增強機制在運作。Young（1998b）是第一個注意到賭博行為和重度上網之間具有相似性的人。這就可以解釋愉悅的上網經驗是在增強作用間歇出現的環境下運作。此環境下，愉悅感在無法預測的頻率和醒目性下被感受到。我們以各種方式經歷到這種愉悅感：點擊後就可以找到並收到想要的內容、精通具有挑戰性的電玩、尋找且尋獲想要的色情圖片，或意外收到期待的文字、即時訊息、聊天或電子郵件。同樣的情形也適用在搜尋臉書、MySpace、推特等時。所有這些點擊都是無法預測的、間歇的和具有各式吸引力（醒目性）的。就是這些無法預測的內容醒目性和多樣化回饋機制的結合使得網路變得極具成癮性（Greenfield, 2008）。

　　甚至最基本的網路功能，像是電子郵件，也在此非常有影響力的回饋機制下運作（譬如你永遠不知道該電郵是來自期待對象的好消息、垃圾郵件，還是待付清帳單）。我們從行為科學研究（Ferster & Skinner, 1957）知道不定期的回饋機制極難被消除，且因為網路經常提供多樣化的回饋，此極難被消除的特性就成了強化成癮循環的幫兇。每一次我們連上網路去瀏覽、玩電玩、檢查郵件、傳送即時訊息、聊天、在行動電話上傳訊或搜尋任何東西，我們便是在行

使這個強而有力的增強作用原理（Young, 2007）。

此「增強作用系統」（reinforcement system）結合電玩及色情圖片之高刺激性內容，將會導致更大的正向加強作用且更難被消除，故強化了成癮循環（Greenfield & Orzack, 2002; Young, 2007）。我們看到這些元素互動的加乘效果（Cooper, Boies, Maheu, & Greenfield, 2000），網路內容及上網過程的影響力因此倍升。Greenfield（1999b）提出兩種與性有關的網路成癮行為：原發型和次發型。原發型基本上包含了在透過網路達成性滿足之行為出現之前就已經有性方面的強迫行為。在這裡，網路只是扮演幫助達到更有效率且更快速的性興奮和性滿足的一種媒介。此因網路而生的行動方式往往加快了強迫性性行為的發展。這裡我們看到了加乘效應的作用過程：和性有關的刺激性內容被網路媒介本身之精神活化特質更加強化了。

次發型網路性成癮的表現是，先前並沒有強迫性性行為的紀錄，但在使用網路後幾乎同時間就發展出此強迫行為。這宛如自燃現象，而一切始於好奇心、性需求及可近性／可用性或匿名性。在次發型成癮中，這些人通常過去沒有性成癮或性強迫的紀錄；因此，網路就成了活化此去抑化過程及支持成癮循環的主力。在這些狀況下，網路似乎為某些特定的人降低了門檻，使他們發展出在缺乏網路時不會產生的問題。成也蕭何，敗也蕭何，網路可以讓慾望瞬間被滿足，但也會讓我們抑制慾望及人性原始驅動力的能力被影響。

多數的電腦及網路遊戲製造商以及性產業者熟知這些行為模式，而且也了解該如何將其應用在發展新遊戲或是其他刺激性的媒

體上面，像是色情圖片。網路成癮衍生的多數議題與不自覺的、強迫性的使用方式以致沒有注意到時間（解離／時間感扭曲）或是時間感扭曲帶來之負面後果有關（Suler, 2004）。從臨床分析可知，大量上網帶來對身心有害的影響多數來自對此科技解離性的使用方式，以及此使用方式造成的生活失衡。

▶▶ 社會因素

網路可聯繫社交網絡但同時又是社交孤立的（Greenfield, 1999a-c; Kimkiewicz, 2007; Kraut & Kiesler, 2003; van den Eijnden, Meerkerk, Vermulst, Spijkerman, & Engels, 2008; Young, 2004）。此說法說中了一項網路主要吸引力。網路在一個高度限制的社交網路環境裡提供了可調節的社交連結。某種程度上來說，使用者能自行調節社交互動程度，而讓自己感覺最舒服且能維持聯繫，同時又可以減少社交焦慮且限制必要的社交訊號。

對重度網路使用者來說（尤其高中生或是年輕族群），網路提供一個可容易參與、有嚴謹限制的社交環境的管道，且可避免太多實際的社交互動（Ferris, 2001; Leung, 2007）。網路窄化且簡化了達成更易控制管理的互動所需的社交——情緒智商。對大多數使用者來說，它減輕且削弱了在社交關係中所需的專注力、互動、情緒衝突以及親密關係。它也盡可能地減少了人際互動的關聯性。對於有學習障礙、注意力缺失障礙、廣泛性發展障礙、社交焦慮症及畏懼症的人來說，網路變成一個安全、可預測的且封閉的環境。網路抓住我們的目光，提供永無止盡的新刺激，減少實際的社交互動，且給予不受限制的增強作用及社交回饋。網路如此有趣又順應時勢，

也難怪要成癮患者改變使用習慣會如此困難。

　　這裡要注意一件重要的事，健康平衡地使用網路和數位媒體（包含網路社群、即時通訊、電子郵件等等）還是有機會的。芬蘭的 Peltoniemi（2009）使用網路、即時通訊和社群網路來幫助孩童和青少年學習如何調控他們的上網習慣；他的組織芬蘭媒體成癮預防及治療服務中心（ICT-Services for Media Addiction, Prevention and Treatment in Finland）利用網路科技來達到限制上網的效果； Peltoniemi 這麼做是因為網路是目前數位世代（Gen-D）主要的溝通工具（Greenfield, 2009）。這類數位溝通模式已變成多數年輕人的主流模式（Walsh, White, & Young, 2008），且如果使用得宜，它們會是較無害的且仍可在現代社交互動中保有一席之地。

　　過去從未有過任何科技可以同時聯繫我們卻又使我們疏離。這是史上第一次出現「只要能使用網路，任何人都擁有表達和宣傳自我的能力」。能夠宣傳自我（像在 YouTube 和部落格上的傳播速度和高瀏覽次數）非常吸引人，且這是第一次地球上每一個人都有宣傳自我的能力。「每人成名的十五分鐘」被無限延伸，而最主要使用這項科技的群眾就是數位世代。在網路上進行有效率的社交互動靠的是一些受歡迎的社交網站，像是臉書、 MySpace、推特、Friendster 和其他社交網路／客戶整合系統。以上網站造就網路社交互動的成效，它們也表現出網路能夠迅速有效地沖淡和加強社交互動這項能力。

　　然而這項能力也有明顯的缺點。首先，網路社交有高度成癮性且非常耗時，因此會造成生活失衡。

　　再者，透過虛擬環境進行社交互動和其他現實生活社交互動大

有不同；且它有可能無法提供現實社交互動之正向且有益健康的幫助。

　　其他社會因素還包含了文化中對網路科技的高度接受度和網路高普及度，以及隨處可見個人電腦、手提電腦、平板電腦、可攜式數位裝置和可上網手機。這些新科技已成為 30 歲以下的人生活中的一部分，他們對待這些裝置就像老一輩的人對待烤麵包機——以舒適自然熟悉的態度。可上網裝置，像是行動電話和 PDA 代表了網路科技流行文化的常態標準。如果你需要成為主流，那就必須連上網路。這種社會科技的同儕壓力是不容忽視的。許多我們的同儕、同事、師長和上司都期待我們永遠聯絡得上，且對年輕一代的人來說，擁有手機和使用網路已經是基本配備。

　　不久之前，能在家裡和工作場所使用電子郵件開始讓人廣為接受。而最近這種期待已擴展到電子郵件或是其他資料可透過可攜式裝置不間斷地被使用。現在，人們被要求能夠且應該隨時隨地透過雲端技術操作電子郵件。上述這些期待多少增加人們心理生理的壓力，而最壞的情況則是導致網路成癮的產生。

　　無線網路科技讓我們不受限於陸地上／有線電腦的上網習慣，使得更多雇主和社會壓力要求我們隨時都可以連線。早期的研究顯示社會因素是促成網路成癮疾患發展的因素之一（Kraut et al., 1999）。主因就是人性中想要與社會連結的慾望。身為社交生物，我們必定會被社會互動給吸引；與人連結和溝通的需要被牢牢地鑲嵌在我們的體內。不管是哪種型態的網路和數位媒體溝通方式，其實都是這種人性傾向的電子版延伸。

　　談到性和色情圖片，網路已經成為性表現和性需求的虛擬培養

皿（Cooper, Scherer, Boies, & Gordon, 1999; Greenfield, 2009）。然而，與直接即時的接觸相比，數位化的社交聯繫帶來的長遠影響，我們所知甚少。如果說所有數位和網路社交互動都是較差、較次等的，這樣太過簡單。而且大部分的人並沒有對這些科技上癮，頂多濫用而已。只是這些科技日益增加的可用性、可及性和普遍性提高了問題產生的機會。

　　能夠寄電子郵件或發簡訊給朋友或家人或是傳即時訊息給某人並不一定會造成問題。這些新型態的溝通模式某種程度上取代了前幾世代的講電話或是相約一起出去逛街，或是一起去冰淇淋飲料店。重要的問題應是怎樣才算太多，而我們如何定義太多。許多人，包含父母、師長和配偶都問：怎樣才算太多？答案永遠和最終對生活平衡和生活品質造成的衝擊有關。人們永遠是等到在生活主要層面已出現負面影響時才會來尋求治療。常常負面影響的起頭就是生活中一個或多個重要關係被嚴重破壞、工作或學業表現落後，或是負面的法律問題。

　　在德國，有個活躍的公共教育及預防行動，透過政府及非營利社會服務機構所提供，目的是提倡健康地使用電腦。德國政府已將網路及媒體成癮納入其藥物、酒精及成癮之教育和治療計畫之中。在西班牙，官方正在引入治療和預防網路成癮的計畫，以及籌劃專業的訓練研習會。美國尚未具有如上述幾國同等程度的公共認知或是有組織的預防計畫，部分原因是來自美國人上網習慣及網路濫用的程度；大部分美國人是在自己家裡而非公共場所使用網路，此點與許多其他國家不同。美國也有其特別的健康照護、預防哲學和價值觀。在許多亞洲國家，如中國大陸、韓國和新加坡，網路成癮行

為之普遍已快變成流行病的程度，這些國家也開始重視此問題對公共衛生造成之威脅。

►► 數位世代因素

有不少因素似乎促成網路成癮的經驗，而許多此類因素又是由我們的社會家庭環境造成的。從臨床角度來看，大多數接受治療的個案都有來自親密關係或家庭的負面影響。在家庭結構裡常可以見到世代階層被反轉。當談到網路及數位科技，現代的兒童和青少年基本上是伴隨著這些科技成長的。他們就是所謂數位世代（Generation-Digital），簡稱 Gen-D（Greenfield, 2009）。他們對電腦、網路和多數其他數位裝置高度熟悉，而且比起成年的父母來說，他們對這些科技更加熟稔、有自信。比較傳統的情形是父母傳授知識和經驗給年輕的下一代。但現在我們看到相反的狀況出現。

網路對網路世代的孩子們而言是自然無間斷地運作著，而且他們擁有網路和數位科技的知識也常比他們的父母親多。這是現代歷史中首次出現世代間知識及能力階層被反轉的情形。隨著熟悉度和勝任度增加，加上頻繁的使用，造成家庭系統裡權力不平衡，進一步影響家庭對待此科技的方式。經常可見因為家長對正在發生運作的事情所知有限，而沒有意識到使用的狀況或甚至濫用情形已出現。父母們常常不曉得怎樣才是正常的使用或怎樣才叫合理使用，而且也不想讓他們的孩子在數位學習曲線上落後別人。對於相關知識的缺乏以及無法掌控此科技，進一步促成對這些科技的濫用和成癮。

處理孩童、青少年及年輕成年人的案例時，臨床醫師的角色是

教育和賦能家長、照顧者、校方和雇主關於這些科技如何運作，以及教授有關網路／電腦遊戲、賭博、線上性愛、社交網路的知識；還有過度使用網路或濫用網路及其他數位媒體裝置的相關議題。沒有上述的這些知識，要矯正家庭系統裡的權力不平衡或掌控家庭裡的這些科技是十分困難的。

 結論

我們生活在變動的時代。世界變小了，而我們應該對周圍感覺更緊密連結，但那個使我們與周圍連結的數位媒體科技常常帶來疏離、孤立和使人上癮的效果。

這些數位溝通及娛樂科技（網路、電子郵件、行動電話、PDA、iPod、掌上電玩）是有趣的且可能對生活帶來幫助，但它們也具有導致成癮和濫用的特性，進而改變我們的心情及意識狀態，讓我們分心，以及提供逃避現實生活的出口。這些裝置具有麻痺我們及扭曲時間的能力，故可讓我們將注意力從現實轉移到其他東西上面。

這裡對滿載的資訊和交流擁有前所未見的可近性和永不終結的使用，沒有邊界，無處躲藏和為心靈充電。透過網路上的訊息或留言去追蹤或是被追蹤每個行動會耗費很多的時間、精力和注意力，且仍然只會留給我們被歸做二維式的社交互動。使用線上傳訊、留言或使用其他數位溝通方式代表著使用者並不身在現場，而且他的注意力和能量是被分散的。這帶來一種很怪異的效果，使人覺得使用者肉體上存在但其實並不在現場。

多工理論並不可行，因為我們發現多工其實會分散注意力。效率並沒有增加，只是讓我們在多工狀態花更多時間完成所有的任務。這種到處都只留一點注意力的情形有一點令人卻步，而且會讓與電子用品的互動經驗變得不那麼令人滿意。

為了要聯繫上某人需先中斷連線的想法看來十分荒唐，現實生活中社交互動與聯繫無法在不造成負面後果的情形下被數位化或是進行時間平移。若有節制，行動電話、PDA 和可攜式網路裝置就可有棲身之處。我們知道網路和數位媒體裝置可改變情緒和意識狀態，是相當有影響力的裝置，因此它們應該被重視和被限制。科技是有用的，但不可避免會對我們的健康福祉造成衝擊。

人並非被設計成可持續處於神經系統興奮的狀態下，且周邊所有可攜帶裝置都依循變動比率增強機制運作。我們感覺不太能將這些裝置關機，然後開始覺得沒有它們會活不下去。真正的問題來了：有了這些東西我們能過得好嗎？透過電玩在虛擬環境下生存，或身處如「第二人生」般的虛擬世界帶來許多疑問。連第一人生都沒在過了，怎還有第二人生？看起來我們在逃避某些東西，或許就是我們自己。我們試著麻痺自己或解決無聊，或是我們感覺與自我或個人生命脫節。所以我們連線，但同時也斷線，我們讓自己無止盡被轉向他處。一天到晚，自始至末，我們都在使用這些科技。我們懷疑為何自己還是覺得憂鬱虛脫而需要百憂解。我們無意識地生活著，有線或無線，而當我們感覺不好時，我們用這些科技來治療自己。

我們知道許多婚姻和親密關係都被網路及其他數位媒體裝置的使用或濫用給深深地影響。在法國，最近的報導指出約有五成的離

婚案件與網路或數位媒體議題有某些關聯,並規定文字簡訊可被當成訴請離婚的證據。這些科技經常讓我們分心,使我們不能專注於現實生活中對人際連結、親密感和溝通需做的事。擁有可攜性和可近性是非常實用、令人愉悅且好玩的,但也非常令人分心。

　　未來可預見網路和數位媒體成癮逐漸增加。隨著這些科技持續變得更快、更便宜且更行動化,濫用和成癮問題就可能持續滋長。我們目前只是在真正的可攜性和行動性來臨之初;行動電話或PDA縮小到可穿戴或植入到身上且可與所有經濟活動連線的日子已不遠矣。不用再刷卡,不用再將電話帶來帶去,只有一個小晶片與我們的感官器官相連。聽起來像科幻小說嗎?四十年前的科幻小說內容已在我們每天的生活中出現。唯一的限制是我們的慾望和想像力,但為了科技而科技,從好處想的話只是愚昧,從壞處想則是危險,歷史上滿滿皆是偉大的科技突破帶來新問題的例子。

　　一些對於這些科技的先見之明可協助預防問題產生。我們愈慢發現網路科技在我們生活中的影響力,我們愈對上網和濫用帶來的負面衝擊無法察覺。我們辨認潛在之正向和負向影響的能力可讓我們更正向且更覺察地使用這些科技。長遠下來,我們必須學習在生活中有覺察地使用電腦,以及將數位媒體科技健康平衡地整合進來。我們能主宰網路和數位媒體科技,才不會讓它主宰我們。

Aboujaoude, E., Koran, L. M., Gamel, N., Large, M. D., & Serpe, R. T. (2006). Potential markers for problematic Internet use: A telephone survey of 2,513 adults. *CNS Spectrums: The International Journal of Neuropsychiatric Medicine, 11*, 750–755.

Arias-Carrión, O., & Pöppel, E. (2007). Dopamine, learning and reward-seeking behavior. *Acta Neurobiologiae Experimentalis, 67*(4), 481–488.

Block, J. (2007). Prevalence underestimated in problematic Internet use study. *CNS Spectrums: The International Journal of Neuropsychiatric Medicine, 12*, 14–15.

Block, J. (2008). Issues for DSM-V: Internet addiction. *American Journal of Psychiatry, 165*, 306–307.

Chih-Hung, K., Gin-Chung, L., Hsiao, S., Ju-Ju, Y., Ming-Jen, Y., Wei-Chen, L., et al. (2009). Brain activities associated with gaming urge of online gaming addiction. *Journal of Psychiatric Research, 43*, 739–747.

Chou, C., Condron, L., & Belland, J. C. (2005). A review of the research on Internet addiction. *Educational Psychology Review, 17*(4), 363–388.

Cooper, A. (1998). Sexuality and the Internet: Into the next millennium. *CyberPsychology & Behavior, 1*, 181–187.

Cooper, A., Boies, S., Maheu, M., & Greenfield, D. (2000). Sexuality and the Internet: The next sexual revolution. In F. Muscarella & L. Szuchman (Eds.), *Psychological perspectives on human sexuality: A research based approach* (pp. 519–545). New York: John Wiley & Sons.

Cooper, A., Delmonico, D. L., & Burg, R. (2000). Cybersex users, abusers, and compulsives: New findings and implications. *Sexual Addiction & Compulsivity, 7*, 5–29.

Cooper, A., Scherer, C., Boies, S., & Gordon, B. (1999). Sexuality on the Internet: From sexual exploration to pathological expression. *Professional Psychology: Research and Practice, 30*(2), 154–164.

Ferris, J. (2001). Social ramifications of excessive Internet use among college-age males. *Journal of Technology and Culture, 20*(1), 44–53.

Ferster, C. B., & Skinner, B. F. (1957). *Schedules of reinforcement*. New York: Appleton-Century-Crofts.

Greenfield, D. N. (1999a). The nature of Internet addiction: Psychological factors in compulsive Internet use. Paper presentation at the 1999 American Psychological Association Convention, Boston, Massachusetts.

Greenfield, D. N. (1999b). Psychological characteristics of compulsive Internet use: A preliminary analysis. *CyberPsychology & Behavior, 8*(5), 403–412.

Greenfield, D. N. (1999c). *Virtual addiction: Help for Netheads, cyberfreaks, and those who love them*. Oakland, CA: New Harbinger Publications.

Greenfield, D. N. (2008). *Virtual addiction: Clinical implications of digital & Internet-enabled behavior*. Presentation at the International conference course about new technologies: Addiction to new technologies in adolescents and young people, Auditorium Clinic Hospital, Madrid, Spain.

Greenfield, D. N. (2009). *Living in a virtual world: Global implications of digital addiction*. Berliner Mediensuch-Konferenz—Beratung und Behandlung für mediengefährdete und geschädigte Menschen, Berlin, Germany, March 6–7, 2009.

Greenfield (2007, January 26). In Kimkiewicz, J. Internet junkies: hooked online, *Harford Courant*, pp. D1.

Greenfield, D. N., & Orzack, M. H. (2002). The electronic bedroom: Clinical assessment for online sexual problems and Internet-enabled sexual behavior. In A. Cooper (Ed.), *Sex and the Internet: A guidebook for clinicians* (pp. 129–145). New York: John Wiley & Sons.

Hartwell, K. J., Tolliver, B. K., & Brady, K. T. (2009). Biologic commonalities between mental illness and addiction. *Primary Psychiatry, 16*(8), 33–39.

Hollander, E. (2006). Behavior and substance addictions: A new proposed DSM-V category characterized by impulsive choice, reward sensitivity and fronto-striatal circuit impairment. *CNS Spectrums: The International Journal of Neuropsychiatric Medicine, 11*, 814.

Kimkiewicz, J. (2007, January 26). Internet junkies: Hooked online. *Hartford Courant*, D1.

Kraut, R., & Kiesler, S. (2003). The social impact of Internet use. *Psychological Science Agenda, 16*(3), 8–10.

Kraut, R., Patterson, M., Lundmark, V., Kiesler, S., Mukopadhyay, T., & Schewrlis, W. (1999). Internet paradox: A social technology that reduces social involvement and psychological well-being? *American Psychology, 53*, 1017–1031.

Leung, L. (2007) Stressful life events, motives for Internet use, and social support among digital kids. *CyberPsychology & Behavior, 10*(2), 204–214.

Peltoniemi, T. (2009). Berliner Mediensuch-Konferenz—Beratung und behandlung für mediengefährdete und geschädigte Menschen, Berlin, Germany, March 6–7, 2009.

Schwartz, B. (1984). *Psychology of learning and behavior* (2nd ed.). New York: W.W. Norton.

Shaw, M. Y., & Black, D. W. (2008). Internet addiction: Definition, assessment, epidemiology and clinical management. *CNS Drugs, 22*, 353–365.

Suler, J. (2004). The online disinhibition effect. *CyberPsychology & Behavior, 7*(3), 321–325.

Toronto, E. (2009). Time out of mind: Dissociation in the virtual world. *Psychoanalytic Psychology, 26*(2), 117–133.

van den Eijnden, R. J. J. M., Meerkerk, G.-J., Vermulst, A. A., Spijkerman, R., & Engels, R. C. M. (2008). Online communication, compulsive Internet use, and psychosocial well-being among adolescents: A longitudinal study. *Developmental Psychology, 44*(3), 655–665.

Walsh, S. P., White, K. M., & Young, R. M. (2008). Over-connected? A qualitative exploration of the relationship between Australian youth and their mobile phones. *Journal of Adolescence, 31*, 77–92.

Weissberg, M. (1983). *Dangerous secrets: Maladaptive responses to stress*. New York: W.W. Norton.

Young, K. S. (1998a). *Caught in the Net: How to recognize the signs of Internet addiction and a winning strategy for recovery*. New York: John Wiley & Sons.

Young, K. S. (1998b). Internet addiction: The emergence of a new clinical disorder. *CyberPsychology & Behavior, 1*, 237–244.

Young, K. S. (2004). Internet addiction: The consequences of a new clinical phenomenon. In K. Doyle (Ed.). *American behavioral scientist: Psychology and the new media* (Vol. 1., pp. 1–14). Thousand Oaks, CA: Sage.

Young, K. S. (2007). Cognitive-behavioral therapy with Internet addicts: Treatment outcomes and implications. *CyberPsychology & Behavior, 10*(5), 671–679.

Zeigarnik, B. V. (1967). On finished and unfinished tasks. In W. D. Ellis (Ed.), *A sourcebook of Gestalt psychology* (pp. 300–315). New York: Humanities Press.

第9章
網路成癮的心理治療

Cristiano Nabuco de Abreu 和
Dora Sampaio Góes

　　現今文獻中對網路成癮仍只提及少數的心理治療模式。因為這種形式的成癮尚未被正統的醫學、心理學界所公認，而且相關的研究和知識仍未普及。然而，這門很新的學問在臨床實務、校園和身心醫學門診中愈來愈重要。因此，本章探討的網路成癮心理治療取材於美國國家衛生研究院的國家醫學圖書館（Pubmed; U.S. National Library of Medicina, National Institutes of Health）、拉丁美洲及加勒比海健康科學資料庫（Lilacs; Latin American and Caribbean databases in Health Sciences）、線上科學電子圖書館（Scielo; Scientific Electronic Library Online）、谷歌學術資料庫（Google Academic databases）與一般文獻。在成癮中心的治療方式，例如那些文獻中未曾描述的，則不在此討論。我們的目標是讓讀者了解現有的研究以及治療面向的應用。進而介紹在我們的聖保羅大學精神部衝動控制疾患門診中，已行之三年的標準心理治療流程。

網路成癮的治療本質

　　網路成癮的心理治療只有一些初步的成果，而沒有最被推薦的心理治療模式（黃金標準）。支持性心理治療（提供病人當下的情緒支持）與諮商治療[1]（可合併家庭介入以修補情感關係）被認為是極有價值的。近來被頻繁使用的方式是認知行為治療[2]和動機式晤談[3]，雖然只有很少的研究報告（Beard, 2005; Wieland, 2005; Young, 1999）。

---

[1] 諮商治療是在一個高度隱密的情境下進行的。在每次的諮商會談中，患者可以告訴諮商師他們的困境、不滿、衝突以及疑問。諮商師先仔細聆聽、重視他們的觀點。藉由這個過程，諮商師用旁觀者清的角度幫助他們探索找出創造性的替代解決方案，並陪他們選擇和決定如何解決問題。

[2] 近來「認知行為治療」這種結構式、指導性的治療方式，因為具有明確定義的目標、著重在當下問題的特性，而被用來治療各種心理疾病。認知行為治療的主要目標是改變病人的想法與信念，並且轉變長期以來累積的情緒和行為；而不是短暫地減輕症狀。因此發展出各式各樣認知觀念以達成目標，創造出調整認知的工具，像是「失能信念紀錄」、「認知重建」的技巧、「辨別認知謬誤」的過程，及使用一些技巧來支持校正或取代失能信念形式，以達到更多功能性及邏輯性的分析。因此，不要使認知**扭曲**演變成適應不良是很重要的概念（Abreu, 2004）。

[3] 「動機式晤談」是一種指導性的方法，協助病患引起自己的內在動機，藉由探索及解決病患的矛盾心理而去改變行為。這種方式顯現病患與治療師一起合作、參與及自主的精神，而且能參與自身改變的過程，而非僅止於遵從指示。動機式晤談是一種特殊技巧，幫助人們思辨他們面臨或潛在的問題並採取行動。對不願意改變及對改變有著矛盾情緒的人特別有效。它的目標是幫助病患解決矛盾情緒及引導他們自然走向改變的道路。這是個直指人心、以病患為中心的輔導模式，幫助病患探索及解決困難，引發行為改變（Payá & Figlie, 2004）。

使用認知行為治療時，Davis（2001）建議先詳細了解個案改變的過程中所牽涉的認知架構（特定和一般的環境因素、人格的脆弱性、依賴模式以及介入的可能性）。

在他的建議裡，病態性上網有兩種基本可能性：(1)專一性病態性上網是指患者過度使用及濫用特定的網站，例如無限制地上聊天室、即時通訊、社交網站〔如：臉書、我酷（orkut）〕、色情網站與遊戲（如：大型多人線上角色扮演遊戲）、網路購物（如：eBay）；(2)廣泛性病態性上網是指花費大量時間在上網（也就是說，沒有特定專注的興趣及行動）。Davis（2001）描述這種對網路的依賴性是在病患感覺到缺乏社會及家庭支持時就已逐漸產生，因此形成對自身及外在世界適應不良的認知（也就是心智上的評估或解讀）。

在此要強調選擇認知行為模式作為臨床的介入是有其正當性的理由，因為認知行為治療對病態性賭博、強迫性購物（Caplan, 2002; Dell'Osso, Allen, Altamura, Buoli, & Hollander, 2008; Dell'Osso, Altamura, Allen, Marazziti, & Hollander, 2006; Hollander & Stein, 2005; Mueller & de Zwaan, 2008; Shaw & Black, 2008; Young, 2007）及暴食症等這類其他衝動控制疾患都有良好治療成效，這些疾病有相似的衝動性及強迫性特質，這種治療自然成為首選，雖然在網路成癮治療的臨床試驗還沒有設計控制組的實驗（Hay, Bacaltchuk, Stefano, & Kashyap, 2009; Munsch et al., 2007）。

研究網路成癮的先驅者 Young（1999）以她在網路成癮治療中心的豐富經驗，根據認知行為治療的假設提供一些治療的秘訣。其中一種是把重點放在調整和控制上網。根據她的治療方法，應該用

時間管理的技巧來幫病人重新認識、規劃和管理他們上網的時間，這也包括制定合理的目標和使用網路。除此之外，她的目標在於與病患以合作方式規劃出令人滿意的離線活動，同時讓病患規劃可以處理自身困難的技巧及適當的支持系統。

Young 所建議的一項技巧就是規劃個人化的清單。當網路成癮者開始忽視他們現實生活中的嗜好及其他興趣，而浪費時間在虛擬世界中尋找時，他們就應該被鼓勵去完成該執行及要忽視的詳細活動目錄表，這種方法幫助病患從比較觀點的經驗（過去相對於未來）來更深刻觀察他們做決定的這種過程，這種行為可能幫助病患更加明白他們的選擇，因此激發他們去追求以往喪失的活動。

作者也相信時間管理是一項治療網路成癮的重要工具，且治療者的角色應該是幫忙病患真知力行，建立一套新的日常工作事項。Young 從這種治療提出反向練習（practicing the opposite），也就是說使病患打破目前現階段上網的習慣，而發展出一套更新、更適切的行為模式，舉例來說，假若病患一下班回家就立刻上網，直到睡覺時間前都持續在上網，此時醫師會建議病患應先去吃晚餐、看新聞，然後才去上網，因此，這是個減少或停止使用電腦的有效方法。

另一項技巧是要找出一些刺激來離開網路〔「外在終止技術」（External Stoppers Technique）〕；有新的上網規範，例如醫師建議藉由定鬧鐘來提醒病患該關機了，並進行一些非線上的活動，如工作或上學，或當夜間太晚時就直接上床休息。

值得提醒的是成癮者由於對時間感知的改變、甚至會在不知不覺間便時光飛逝，因此在停止他們的上網習慣時可能會經歷許多困

難，在這僅提供一些例子。因此，為了使停止上網的過程更加容易，就要找出讓病患能專心且治療者能認同的共同目標來轉移病患注意力。此種設定目標的方式讓病患可以在短時間內轉移注意力，因此，藉由可達成的目標安排有效的時間管理。舉例來說，假如病患在假日仍整天持續上網，就要擬訂一份頻繁阻止上網的時間表，Young 的計畫中就非常鼓勵使用一份可達成的時間表。

然而，當這些計畫失敗時，禁止上網是另一種可能介入的方式。有些程式會使人持續不斷地上網，也就是說病患應該停止瀏覽最具吸引力的特定網頁或特殊的程式（如：MSN、臉書、線上遊戲），有時停止上網，或轉換另一種上網形式，如收發信件、搜尋新聞報導、學業或工作所需的書目資料等等。

使用提醒卡也是一種幫助病患專心致力於戒除或減少無法控制的重要工具，例如卡片列出網路成癮所導致的五個主要問題，同時也列出減少上網（或戒除一個特定的程式）後的五個主要優點。接下來，臨床醫師指示病患攜帶這張卡片，假如身處一個充滿誘惑的環境，他可以看看這張卡片，提醒戒除瀏覽網頁後所帶來的正面結果，同時也提醒不停止上網所帶來的負面結果。

如同認知行為治療一般，Young（2007）報告 114 位病患在十二次追蹤治療中，在第三、八、十次會談中（以及在追蹤的六個月）用網路成癮評量表（IAT）及個案預後問卷（Client Outcome Questionnaire）來評估：(1)減少網路濫用的動機；(2)控制上網的能力；(3)離線後參與活動；(4)人際關係改善；(5)離線後性生活的改善（當可實施時）。研究結果指出患者認為線上時間管理是最困難的（96%），其次是人際關係問題（85%），主要是因為大量時間花

在電腦上，與因為偏好色情網站而對現實生活的性伴侶興趣缺缺而造成的性生活問題（75%）。即便這份研究沒有對照組，研究人員認為認知行為治療對降低網路成癮症狀是有效的，且經過六個月後，病患仍能夠克服阻礙、持續恢復進步（Young, 2007）。

Chiou（2008）根據認知失調（cognitive dissonance）的理論提出另一種治療並分析自由選擇權及報酬程度的作用[4]。有線上遊戲經驗的 158 位青少年學生，以 Wan 和 Chiou（2006）所發展的青少年線上遊戲成癮量表（Online Games Addiction Scale for Adolescents）進行調查，受試者根據：(1)是否有自由選擇權；(2)報酬程度（高、中、低）作隨機分配。這項實驗隨機選取六位受試者在短時間內探討線上遊戲的成癮。受試者在治療後應邀分析他們的論點，同時也寫下他們贊成及反對線上遊戲的理由。在報酬的操控中，研究人員告知受試者在完成這項任務後會得到獎賞。研究結果指出自由選擇的情況下給予較低報酬，會使青少年行為改變更多，也就是說研究人員的結論是這種方式可引導青少年減少玩線上遊戲（Chiou, 2008; Stravogiannis & Abreu, 2009）。

---

[4] 認知失調是一種探討人類動機的理論，主要是描述矛盾認知所引起心理上的不舒服，這個理論認為因為失調引起的不舒服，迫使人們取代他們原本的認知、態度及行為。Leon Festinger 提出認知失調及認知協調的關聯性（觀點、信念、對環境的覺察、覺察自己的行為及感受），當二種觀點、信念或體認彼此不協調時，也就是他們是不相容的狀況下，Festinger 提到有三種方式來處理認知失調，此三種並非互不相容的方式分別是：(1)人們可以嘗試取代一種或多種失調的觀點、信念或行為；(2)人們可以嘗試獲取新的協調的資訊或信念，因此減少整體的失調；(3)人們可以試著忘記或減少維持失調關係的認知的重要性。

Rodrigues、Carmona 和 Marín（2004）描述一個以認知行為治療與動機式晤談為基礎的個案研究，首先個案因為她成癮的問題尋求幫助，然而，透過功能性分析[5]，像是她與丈夫、孩子的問題等促發因素及所產生適應不良的反應全都釐清。這種治療方式之目的是：(1)找出問題及為病患準備改變；(2)幫助病患做決定及處理手邊的問題；(3)透過刺激控制技巧進行心理治療，如打破與電腦相關的習慣、設定新目標、停止特定的程式或網站；(4)發展出改善人際關係問題的能力。此種治療的結果可以全面增加處理家庭困境的應變能力，同時擁有較高的自主性及增加日常活動。

Zhu、Jin 和 Zhong（2009）設計一個認知行為治療的對照研究，四十七位經診斷為網路成癮的病患進行下列兩種治療：(1)十次認知行為治療；(2)十次認知行為治療加上電針療法，並使用焦慮、憂鬱、網路成癮及整體健康量表評估。單獨使用認知行為治療或合併電針療法，都顯著減低網路成癮病患的焦慮及改善自我感覺的健康狀態，而且認知行為治療合併電針療法更為有效。

Liu 和 Kuo（2007）利用人際取向心理治療（interpersonal psychotherapy）[6]評估五個台灣學校機構內的 555 位個案，試圖找出網

---

[5] 功能性分析在行為科學中 Skinner 學派的心理學原則裡代表著一種自然現象的詮釋及調查模式。功能性分析意指檢視個人對客觀環境刺激的反應，在特殊情境下，對於目標放在預測及控制行為能力（repertoires）的研究是很重要的。

[6] 主要根據 Sullivan 的人際取向心理分析學派（interpersonal psychoanalysis）、Freud 的哀悼（grief）研究，Bowlby 的依附理論。起初，發展人際心理治療是用來治療重度憂鬱症，後來發現它對其他疾病也有很好的功效，人際心理治療企圖以有問題的領域當作治療的重心，在這些憂鬱症患者發現有四個問題領域，分別是：(1)悲傷（死亡引起的失落）；(2)

路成癮的預測因子。主要研究目標是緩解網路成癮症狀並改善人際關係。研究人員使用 Huang 所改編、設計的台灣版親子關係適應量表（parent-child adjustment scales）、人際關係量表，以及 Young（1998）的社交焦慮及網路成癮量表。結果顯示：(1)人際關係與親子互動顯著相關，甚至可直接代表親子互動；(2)這種人際關係對社交焦慮有顯著的影響；(3)親子關係、人際關係及社交焦慮三者都會造成網路成癮的形成及嚴重度。作者總結這種精神病理是較差的適應能力，而這個結論也與其他網路成癮調查者的觀點不謀而合。因此，它被當作危險地以迂迴方式通過此真實世界面臨的難關，這份調查觀察到那些網路使用者表現出較高的社會焦慮及情感麻木，這些意味著挫敗的人際關係。

根據 Young（1999）的 ACE（匿名性、便利性與逃避）網路性成癮模型來解釋網路空間如何造成這種網路性外遇、男女亂交的有利環境，Young 等人（2000）提出網路性成癮以及夫妻治療的技巧。根據 ACE 模型，三項因素可能會導致真實的出軌行為：匿名性（anonymity）、便利性（convenience）、逃避（escape）。

匿名性的特質使情色聊天室的使用者不必害怕被另一半發現，而大受歡迎。因此感到網路上聊天的內容及形式都在自己的掌控中。這種隱私的感覺就如同在自己家裡、辦公室或臥房一般。學者認為網路空間的隱密性使人們秘密地分享想法、慾望及感覺，這可

人與人之間的爭執（同伴、小孩、其他家族成員、朋友、同事）；(3)角色／任務變更（新工作、離家、完成課業、重新安置、離婚、經濟改變或其他與家人相關的改變）；(4)人際缺陷／人際匱乏（孤獨、社會隔離）。

能為調情開啟了一扇門,而常常造成虛擬外遇。

　　網路的便利性提供了一個便於認識其他人的方式,如聊天室、即時通訊等,從交換電子郵件或聊天室的邂逅,之後可能如同天雷勾動地火,進而熱線不斷或約出來見面。

　　表面上,滿足性需求是線上性行為的動機,但根據 Young 的說法,最主要的原因是網路提供了一個夢幻的國度來逃避每天的壓力和情緒重擔。例如一位婚姻破碎的婦女可能藉由聊天室逃避空虛感而重拾自己的重要性與被網友需要的感覺。

　　虛擬世界的邂逅和網路性愛經常是在網路影響夫妻生活之前就出現的徵候。夫妻溝通不良、性生活的不滿足、教養子女的困境及經濟狀況都是婚姻中很常見的問題,而這些困難成為去找尋虛擬世界感情的動力。

　　虛擬世界裡的感情有助於感情不佳的夫妻表達他們在現實關係裡所缺乏的性幻想、浪漫與激情。因此對他們來說,處理虛擬世界中的問題比面對婚姻的難題還要容易許多。虛擬世界的伴侶帶來了不可或缺的善解人意,也撫平了憤怒、悲傷或在現實關係裡那些說不出口的事。Young 等人(2000)為伴侶心理治療做了一個結論:臨床工作者應該促進夫妻間的溝通並且幫他們能創造一個開誠布公的對話管道,來消弭罪惡感和憤怒這類負面的情緒。一些建議如下:

- 設下特定的目標。為了評估每個人對使用電腦和重建現在人際關係的期待而設定目標。

- 使用第一人稱的陳述而不要責備對方。治療師應該強調使用不帶批評、責難的語言。臨床工作者應該用這種方式協助病人重

新表達自己的意見和感受，例如不要說「你總是在看電腦而不關心我」，可改成「當你把我們相處的時間花在電腦上時，我會有被拋棄的感覺」，當練習使用第一人稱的陳述時，治療師也要建議病患聚焦在當下，避免會造成不和諧氣氛的負面字眼。

- **同理心。**協助夫妻真誠地聆聽對方的聲音，當一方試著解釋他或她的行為時，此時很重要的一件事是要幫助另一方壓抑憤怒或喪失信賴的情緒，這樣才能夠使對方盡可能敞開心胸傾聽以改善溝通並且了解彼此。

❖ **考慮替代方案** 如果當面討論有困難，臨床工作者可以建議用寫信或電子郵件等其他溝通方式。書寫使思考更流暢而且在表達自己的感覺時不會被別人打斷。這也可以降低防衛心以及更開放式的閱讀。在協助病患規劃有效的調適策略來治療網路成癮的大前提下，可以使用個別心理治療的形式，以及支持性團體或治療團體的形式、自助計畫或以家人為導向的團體（Davis, 2001; Dell' Osso et al., 2006; Young, 1998; Young, 1999）。

根據上述觀點，我們可能認為這些幫忙仍舊是有限的；然而這些治療計畫是值得深思的。因此需要更進一步的追蹤研究，才知道哪種心理治療方式可在短期內見效而且能長期維持一貫的療效。由於各種心理治療模式的特色在於改變不同機制的過程，所以可能需要花時間來做一個更直接比較療效的研究。雖然已經有各種不同的模式被提出，但調整及控制上網仍是在治療上值得強調的重點。

結構式認知治療

我們在門診用結構式認知心理治療網路成癮已經超過三年了（Abreu & Góes, in press）。從認知治療的理論與實務層面而言，這種治療對青少年及成人需要十八週的時間。心理治療過程中，精神科醫師會追蹤病患並同時治療共病，此外，在治療青少年時，同時也需要家庭介入小組（Barossi, Meira, Góes, & Abreu, 2009）。根據一些學者的意見，網路成癮未來即將納入 *DSM-5*（衝動控制疾患類別）（Block, 2008），我們心理治療的目標主要是恢復控制上網的能力（也就是健康地掌控適當的上網習慣）（Abreu, Karam, Góes, & Spritzer, 2008）。而且當網路在日常生活中愈來愈無所不在，不管是學術社群網絡或是每天簡單的溝通模式，在二十一世紀中，虛擬的人生轉變成真實的生活經驗；因此只有對網路在現實生活的一席之地缺乏認識的人，才會像治療藥酒癮般全然禁止上網。

▶▶ 開始階段

考量到先前所描述的特質，除非病患還沒有達到非常嚴重的程度，戒掉網路無法只靠病患接受或共同合作。因此在團體治療的開始階段，很少談到過度上網所造成的負面影響；取而代之的是強調網路所帶來的**便利**及**益處**（見表9.1，第二週），接下來討論像是網路對每個人生活的重要性或使用它帶來的好處這些各種面向。這些專家的態度顯然讓所有的病患感到驚訝；他們原本預期會聽到關於網路那些令人失望的資訊，而非使用它的好處。而且最棒的是，網

週	主題
-	適用清單
1	介紹治療方案
2	分析網路的優點
3	每件事都有結果或價值
4-5	我想要或是需要在網路漫遊？
6-7	需要的經驗是怎麼樣？（問題）
8	分析最常瀏覽的網頁及主觀經歷的感受
9	了解引發的機制
10	生命線技術（形式）
11	深入探討有問題的面向
12	探討新的主題
13	探討新的主題
14	探討新的主題
15-16	替代方案（過程）
17	準備結束
18	結束和量表的應用

表9.1 治療網路成癮的結構式認知心理治療模式

來源：Abreu & Góes (in press).

路的效果是即時的。在第一次接觸之後，每個人漸漸地開始表達網路與他們生活的相關性並且坦然地討論這段時間之後（正面的）改變的心路歷程，網路在每個人生活中所扮演的角色在討論後愈辯愈明。談到網路可以減少孤獨感或是融入社會的另一種方式、加強處理問題的能力或情緒上的管理（「網路是我虛擬世界裡的百憂解」）都還算是不錯的討論，這些也都是文獻上已經廣泛探討的相關因子（Chak & Leung, 2004; Ko et al., 2006; Shaffer, Hall, & Bilt, 2000）。因此藉由促使此種形式的討論證明虛擬生活是主流的選

擇，提及它的壞處會是不智的，也是最好都不要談的。

　　心理治療研究者（Safran, 1998）一直提示治療同盟的概念。
Safran 認為要在前四次見面時建立這種工作同盟（或建立患者與治
療師間的信任關係）；也就是說為了使心理治療更成功，在這個階
段應該要更小心，因為這個階段決定了心理治療的成敗。因此好的
治療結果或個人的大幅改變與建立良好的治療同盟有關；提前退出
治療或小幅度的個人改變則和不佳的治療同盟有關。基於這個理
由，在此階段我們不用任何可能對患者帶有質問、疑問或甚至是不
信任成分的治療方式。這就是我們在前四次會談所進行的。

　　上網對社交及心理上的後果，也就是那些最常從家屬、朋友及
同事們聽到的抱怨，會在治療同盟仍在建立的開始階段（在第三
週）被提出來討論。這些過去經常是失敗的人際關係促使網路成為
一個比較健康，而且能夠維持人際關係的地方。有趣的是當團體碰
觸這些議題時，會對團體間的互動產生正面影響。而團體中最難治
療的成員最後不可避免地也認知到其他人有同樣的困難，所以在治
療團體中製造參與成員間的凝聚力是最基本的。此時任何在合作或
共事上的困難將因此浮出檯面而逐漸被消弭。

　　在接下來的會談我們將進一步探討過度上網對個人的意義，用
以下我們觀察到的對話為例：「我上網是因為我覺得在網路世界裡
能被接受」、「我在網路上找到了一個更有價值的人生」、「我在
網路上找到一位真正需要我的伴侶」、「我在網路上感覺到在現實
生活中前所未有的滿足感」。因此病患開始注意到雖然虛擬生活是
種適應不良的方式，但卻是另一種處理壓力、恐懼或是困境的方
式。這被認為是引起成癮惡性循環的開端。網路扮演的角色在這個

階段經常被質疑——也就是說網路實際上是個選項或是迫切的需要（在第四週及第五週）。

有趣的是患者本身在這個時候已經開始在逃避的行為及上網之間建構一個因果關係；也就是他們現在可以確認過度上網（以及他們一開始認為是有益）的行為事實上是一連串失敗的因應模式或無法滿足的需求、個人對環境明確缺乏掌控能力，使得網路可能變成一種新的（但並不適切的）因應方式。

▶▶ 治療中期

在建立治療同盟和強化團體成員與專業人員的關係時，心理治療的介入自然就啟動了。然而在開始之前，要先塑造一個守護天使的角色。專業人員隨機挑選出一位守護天使（必要時病患或治療師可以選擇誰來當守護天使），而他的角色是關懷這週會議時在團體中感到沒自信以及提到自己不太好的任何成員。關懷的方式是用電話或私下見面的方式來聯繫團體中的成員。我們會鼓勵守護天使在困難和緊張的情境下提供其他成員支持和援助。在這種氛圍裡發展出一種原本他們生活中很少見的人際關係的正向鞏固。我們用漸進式的方式帶入這種原本只有透過網路才能獲得的新經驗。當有任何需要時，這個關懷者的角色可能會輪流互換，來增進團隊的凝聚力。

雖然現在團體的成員已經比較清楚自己在網路濫用前後的人際關係，但還沒有人成為任何治療性介入的目標；因此目前的治療將會更加明確地以改變失能性反應為目的。患者在這個階段被要求完成一份涵蓋每週生活經驗的日誌，特別記錄那些不滿足、但最終可

以在虛擬世界找到的情感需求（第六、七、八週）。他們記錄以下這些項目：引起上網慾望的情境、花費的時間、相關的想法、心路歷程，以及幫他們串連、拼湊這些因為無法滿足需求而造成上網行為的各種訊息。

這種紀錄將作為與團體討論困境的教材，並且由專業人員指導當他們下次遇到同樣狀況時該如何妥善地應對。而每週會有一兩位團體中的成員描述這種情境，這種情境也會成為團體的共同課程與特殊治療技巧（認知重建、訓練自信心、角色扮演等）的目標。

這種心理治療的方式與 Mahoney（1992）所說的規則一樣，它的目標有三個 P：問題（problem）、形式（pattern）及過程（process）。 臨床實務中，一開始目標會聚焦在所有特別的與各式各樣的問題（前四次會談）。在接下來治療的中期，將深入分析所有患者生活中殊途同歸的長期問題；亦即這些問題是由相同情境刺激引發同樣一再的因應策略（第九週）。當病患能夠清楚地面對自己那些適應不良的習慣，並且一改過去把上網當作唯一的選擇時，我們將為此感到很欣慰。

目前常常使用的技術是生命線技術（Gonçalves, 1998），要求患者完成一份完整的生命歷程（從出生到現在）（第十週），在紙上畫一條水平線，並且在水平線上標註（隨著不同的年紀）最重要的時期，在水平線下記錄印象最深刻（正面或負面）的事件，這份水平線圖表有助於了解受創的情緒並且引導患者更能洞察自己生命中反覆出現的問題。這使他們更加容易理解每個人的人格如何逐漸在生命中進展。這張圖就像鐵路系統一樣，主幹線沿著既定的方向穿越過數個車站，但很快地又分成好幾條從主幹線發出或是交會到

主幹線的支線。網路成癮就如同這種舊行為形式（第二個 P）的新
表現。

　　我們藉此試著讓每位病患一窺建構出的全貌（及主要的關聯
性），並且界定出他們一再使用來與這個世界互動的行為模式。所
以他們會了解因為網路讓管理與控制情緒變得更簡單，因此成為一
個逃避現實的避風港。

　　「人類傾向維持人際關係」是我們重要的關鍵假說，而且大部
分適應不良的學習是來自於個人試圖逃避特殊重要人際關係的破裂
（Safran, 1998）。

　　藉由綜觀描繪出每個人生命歷程中這種形式和問題，也開展了
這個歷程（第三個 P）的深度分析。這是每個人在情感上與視覺上
描繪出改變藍圖的時刻（第十一至第十四週）。目標如以下所述：

- 首先，治療師必須提供一個安全的避風港，可以讓病患探索他
  們自己，以及過去和未來可能發展的人際關係。

- 讓患者融入探索的過程，並且鼓勵他們檢視生活的情境、他們
  所扮演的角色及他們對那些情境的反應。

- 以病患過去生活中產生的失能模式（他們的情緒及慣用的認
  知）為基礎，因勢利導出病患如何解釋周遭世界對他們的反
  應。

- 界定網路在此失能因應方式中的角色。

- 當這個藍圖建立與行為模式改變後，網路成癮的行為也停止
  了。

　　當治療師為團體的每位病患建立起一個安全的環境，正向心理
治療的基本方針會更明確。在實務層面上，當傳達並了解他們所表

達的新訊息時,專業人員與團隊成員提供的安全性被認為是重要的治療元素。事實上,當其他任何心理治療進行的時候,很少討論到關於團體中每一位成員生活中的面向(網路成癮),但當討論在感性層面上個人的因應模式及具挑戰性的情況時則另當別論(第十五週)。討論中要衡量情感交流的程度、各種挑戰及在團體中承諾改變,網路的角色則是次要的。

▶▶ 最後階段

最後階段的重要任務是追蹤每位成員的改變或加強那些仍舊需要特別注意的部分。當然,並不是所有的病患都一樣或有相同程度的改變;然而,團體扮演的社交角色變成一個優勢(第十六週)。在這個時候,拓展因應模式和檢視人際關係的形式要更加注意。藉由分析治療前與記錄前所發生的事,以及現在可能出現特殊的改變,特別聚焦在家人(在青少年的個案)和伴侶(在成人個案)上。這個對照的差異顯示了透過心理治療所造成的改變(第十七週),讓每個人有機會整理如何回答這個問題:我想過什麼樣的生活?

網路成癮者理所當然地在人格上比較脆弱(挫折容忍度低、避害性高、社交畏懼、低自尊)並具有其他方面的缺陷,而個案藉由網路上的交流和社交活動來減低他們在現實生活中的壓力和不安,他們在網路的虛擬世界裡比在現實生活中還要快樂與滿足(Young, 2007)。這些病人三餐和睡眠作息不正常、足不出戶,使得他們的工作和人際關係愈來愈差,而且只和網路上的朋友相處。因此毫不意外地,這些人很容易一天超過十二小時的時間在上網,常常達到

連續三十五小時上線的紀錄；或一年內蒐集了超過 400 萬張的色情圖片；或是一天內收到 3,000 封電子郵件。人生的藍圖因而改變。在此必須強調的是先前提到對成年人治療方式，是可以在門診進行而不用住院治療的。

當以結構式計畫（表 9.2）治療青少年時，我們會要求家長及／或孩子的照顧者同時一起追蹤，因為根據我們的了解，在這些個案中，家人的介入是良好預後的主要支柱。表 9.2 描述了給家長及網路成癮青少年的指引計畫（Guidance Program for Parents and Internet-Addicted Adolescents）（Barossi, Meira, Góes, & Abreu, 2009）中一系列的主題。

這個計畫的目的是讓家長參與青少年的治療，而且為了促進更有效的親子溝通，建立一套處理衝突的替代方案。此計畫由兩週內的十二次會談（每次九十分鐘）所組成，而這些青少年的家長也會每週與團隊的其他專業人員見面開會。在每次會議中都會先介紹治療目標給家長團體，然後再實施修訂過的流程。

我們用視聽教學資源、目錄資料及團體互動來鼓勵成員表達意見及溝通，以建立團隊分工。在此過程的尾聲會有三次額外的月會為追蹤時期。

治療計畫所設計的流程促成更有互相同理的親子關係，增加家長參與解決青少年網路成癮問題的機會。我們特別強調團體的出席率，因此直到治療結束都應該維持規則出席。

表9.2 結構式認知心理治療對網路成癮青少年及其家長的模型

共識目標（青少年）	共識目標（家長）
1. 表達感受和想法。	在紀錄紙上寫下與小孩分享的體驗。
2. 減少批評的次數並增加團體中同理心的使用。	描述小孩適當與不適當的行為；指出適當的行為且試著不要強化不適切的行為。
3. 學習和上網相關的可能原因與興趣。	記錄觀察孩子每天上網情形。
4. 評估造成新管理方式障礙的負面想法和期待。	當負面行為來臨時，在日記本上寫下個人感受。
5. 找出因為家長管教過與不及所造成的青少年問題行為。	找出並描述網路成癮可能造成的影響。
6. 區分教育子女的權利及特權。	審視給予小孩的權利和特權。
7. 功能性分析青少年、家長或照顧者的行為。	比較他們教育子女的方式與他們的家長所採用的方式（世代間的模式）。
8. 確認解決問題的程序。	練習解決問題。
9. 學習新的社交技巧和教育性的練習。	體驗另一種教養方式。
10. 訂立家庭支持的進度表以維持其成功的改變。	保持小孩接受教育方式的一致性。
11. 給予家庭支持以防範易再發的原因。	辨識故態復萌的危險因子及運用在治療計畫中所學習的策略。
12. 評估行為和情緒改變的介入治療及結果。	在會議中報告經驗。
後續追蹤。	辨識降低上網與／或故態復萌的結果。

 結論

　　網路成癮病人有許多心理治療的方案。這些治療方案中以認知行為治療的理論最具代表性。這是因為認知行為治療在治療其他精神疾病的療效不錯。然而，儘管有這些優勢，至今還沒有以控制組的實驗來證實這個理論模式的療效。

　　由於在各年齡層中愈來愈多頻繁的上網，要進一步研究以確認哪種治療在不同年齡層和各類型的網路成癮的效果最好。為了找出最有效的治療策略，還需要更多嚴謹的長期追蹤研究來證實。

參考文獻

Abreu, C. N. (2004). Introdução às terapias cognitivas. In C. N. Abreu & H. Guilhardi, *Terapia comportamental e cognitivo-comportamental: Práticas clínicas* (pp. 277–285). São Paulo: Editora Roca.

Abreu, C. N., & Góes, D. S. (in press). Structured cognitive psychotherapy model for the treatment of Internet addiction: Research and outcome.

Abreu, C. N., Karam, R. G., Góes, D. S., & Spritzer, D. T. (2008). Internet and videogame addiction: A review. *Revista Brasileira de Psiquiatría, 30*(2), 156–167.

Barossi, O., Meira, S., Góes, D. S., & Abreu, C. N. (2009). Internet addicted adolescents' parents guidance program—PROPADI. *Revista Brasileira de Psiquiatría.*

Beard, K. (2005). Internet addiction: A review of current assessment techniques and potential assessment questions. *CyberPsychology & Behavior, 8*(1), 7–14.

Block, J. (2008). Issues for DSM-V: Internet addiction. *American Journal of Psychiatry, 165*, 306–307.

Caplan, S. E. (2002). Problematic Internet use and psychosocial well-being: Development of a theory-based cognitive-behavioral measurement instrument. *Computers in Human Behavior, 18*(5), 553–575.

Chak, K., & Leung, L. (2004). Shyness and locus of control as predictors of Internet addiction and Internet use. *CyberPsychology & Behavior, 7*(5), 559–570.

Chiou, W. B. (2008). Induced attitude change on online gaming among adolescents: An application of the less-leads-to-more effect. *CyberPsychology & Behavior, 11*(2), 212–216.

Davis, R. A. (2001). A cognitive-behavioral model of pathological Internet use. *Computers in Human Behavior, 17*(2), 187–195.

Dell'Osso, B., Allen, A., Altamura, A. C., Buoli, M., & Hollander, E. (2008). Impulsive-compulsive buying disorder: Clinical overview. *Australian and New Zealand Journal of Psychiatry, 42*(4), 259–266.

Dell'Osso, B., Altamura, A. C., Allen, A., Marazziti, D., & Hollander, E. (2006). Epidemiologic and clinical updates on impulse control disorders: A critical review. *European Archives of Psychiatry and Clinical Neuroscience, 256*(8), 464–475.

Gonçalves, O. F. (1998). *Psicoterapia cognitiva narrativa: Manual de terapia breve.* Campinas, Brazil: Editorial Psy.

Hay, P. P., Bacaltchuk, J., Stefano, S., & Kashyap, P. (2009). Psychological treatments for bulimia nervosa and binging. *Cochrane Database Systematic Reviews 7*(4), CD000562.

Hollander, E., & Stein, D. J. (2005). *Clinical manual of impulse-control disorders.* Arlington, VA: American Psychiatric Publishing.

Huang, Z., Wang, M., Qian, M., Zhong, J., & Tao, R. (2007). Chinese Internet addiction inventory: Developing a measure of problematic Internet use for Chinese college students. *CyberPsychology & Behavior, 10,* 805-811.

Ko, C. H., Yen, J. Y., Chen, C. C., Chen, S. H., Wu, K., & Yen, C. F. (2006). Tridimensional personality of adolescents with Internet addiction and substance use experience. *Canadian Journal of Psychiatry, 51*(14), 887–894.

Liu, C. Y., & Kuo, F. Y. (2007). A study of Internet addiction through the lens of the interpersonal theory. *CyberPsychology & Behavior, 10*(6), 779–804.

Mahoney, M. J. (1992). *Human change processes: Scientific foundations of psychotherapy.* New York: Basic Books.

Mueller, A., & de Zwaan, M. (2008, August). Treatment of compulsive buying. *Fortschritte der Neurologie Psychiatrie, 76*(8), 478–483.

Munsch, S., Biedert, E., Meyer, A., Michael, T., Schlup, B., Tuch, A., & Margraf, J. (2007). A randomized comparison of cognitive behavioral therapy and behavioral weight loss treatment for overweight individuals with binge eating disorder. *International Journal of Eating Disorders, 40*(2), 102–113.

Payá, R., & Figlie, N. B. (2004). Entrevista motivacional. In C. N. Abreu & H. Guilhardi, *Terapia comportamental e cognitivo-comportamental: Práticas clínicas* (pp. 414–434). São Paulo: Editora Roca.

Rodriguez, L. J. S., Carmona, F. J., & Marín, D. (2004). Tratamiento psicológico de la adicción a Internet: A propósito de un caso clínico. *Revista Psiquiatría de Faculdad de Medicina de Barna, 31*(2), 76–85.

Safran, J. (1998). *Widening the scope of the cognitive therapy: The therapeutic relationship, emotion and the process of change.* New York: Jason Aronson.

Shaffer, H. J., Hall, M. N., & Bilt, J. V. (2000). Computer addiction: A critical consideration. *American Journal of Orthopsychiatry, 70*(2), 162–168.

Shaw, M., & Black, D. W. (2008). Internet addiction: Definition, assessment, epidemiology and clinical management. *CNS Drugs, 22*(5), 353–365.

Stravogiannis, A., & Abreu, C. N. (2009). Internet addiction: A case report. *Revista Brasileira de Psiquiatria, 31*(1), 76–81.

Wan, C.S., Chiou, W.B. (2006). Psychological motives and online games addiction: a test of flow theory and humanistic needs theory for Taiwanese adolescents. *CyberPsychology & Behavior; 9*: 317–24.

Wieland, D. M. (2005, October–December). Computer addiction: Implications for nursing psychotherapy practice. *Perspectives in Psychiatric Care, 41*(4), 153–161.

Young, K. S. (1998). Internet addiction: The emergence of a new clinical disorder. *CyberPsychology & Behavior, 1*(3), 237–244.

Young, K. S. (1999). *Internet addiction: Symptoms, evaluation, and treatment.* Retrieved July 20, 2006, from http://www.netaddiction.com/articles/symptoms.pdf

Young, K. S. (2007). Cognitive behavior therapy with Internet addicts: Treatment outcomes and implications. *CyberPsychology & Behavior 10*(5), 671–679.

Young, K. S., Cooper, A., Griffiths-Shelley, E., O'Mara, J., & Buchanan, J. (2000). Cybersex and infidelity online: Implications for evaluation and treatment. Retrieved July 23, 2009, from http://www.netaddiction.com/articles/symptoms.pdf

Zhu, T. M., Jin, R. J., & Zhong, X. M. (2009). Clinical effect of electroacupuncture combined with psychologic interference on patient with Internet addiction disorder. Zhongguo Zhong Xi Yi Jie He Za Zhi. Mar;29(3): 212-4.

第 **10** 章

協助網路成癮的青少年

Keith W. Beard

　　青少年可能特別容易被網路吸引，本章我們將回顧目前針對青少年及其上網的文獻。包括青少年典型上網行為的討論，使用網路的好處，和因為青少年網路活動所帶來的問題，同時回顧可能代表重大青少年上網問題的警訊症狀。本章並顧及發展上的問題、社會動態（家庭因素和同儕互動）、文化因素等可能和青少年網路成癮相關的因素。本章最後部分會回顧如何治療網路成癮的青少年，包括評估網路成癮的問題和可行的介入策略，也將特別著重家庭治療介入的可能性。

 ## 前言

　　上網呈現爆炸性的成長，而青少年族群特別容易被這獨特的科技所吸引。青少年受網路吸引的原因很多，Lam、Zi-wen、Jin-cheng 和 Jin（2009）認為，壓力相關的變項是青少年特別容易使用網路的

原因。青少年因應壓力的策略有限，網路對於他們來說就是個方便且可行的紓壓管道。另一個原因則是展現真自我，對於還處於自我認同發展困惑的青少年也別具吸引力（Tosun & Lajunen, 2009）。網路的匿名性也相當吸引青少年，因為他們可以藉此從事真實世界沒辦法或沒機會做的行為（Beard, 2008）。像是青少年比較容易去參與霸凌或騷擾他人的行為、瀏覽色情圖片、從事性行為，或是伺機褻瀆權威者（Dowell, Burgess, & Cavanaugh, 2009; Kelly, Pomerantz, & Currie, 2006）。

本章回顧目前青少年和網路的研究，包含青少年上網行為，網路帶來的優點、問題和警訊，也同時回顧和青少年網路成癮相關的因素和社會動力。最後，會提供治療選擇的回顧，並著重於家族治療。

 ## 上網行為

美國有 3,100 萬的青少年（Tsao & Steffes-Hansen, 2008），其中 90%會使用網路（Harvard Mental Health Letter, 2009），而超過半數的青少年藉由線上社群進行互動（Williams & Merten, 2008）。有這麼大量的青少年都和網路相關，所以了解他們的線上行為是相當重要的。

Lenhart、Madden 和 Rainie（2006）報告超過一半的青少年會在家裡使用寬頻上網，使用學校或是朋友家的網路也是一個常見的上網方式。

青少年參與的線上活動類型已經愈來愈廣（Lenhart et al.,

2006）。絕大多數的青少年男女生都會參與相同類型的線上活動
（Gross, 2004）。唯一的例外是，青少年男生比較常參與網路下載
或是檔案分享的活動（Lenhart et al., 2006）。

Eastin（2005）發現青少年用網路來得到資訊、娛樂和溝通。在
他的研究中，會藉由詢問參與者是否曾使用網路來得到訊息去測量
資訊使用這部分。娛樂使用部分則評量包括電腦遊戲、聽音樂和看
電影等部分。溝通行為則是評估電子郵件使用，和為了社交目的的聊
天等部分。在比較小的比例下，青少年也會使用網路來發展自我認
同（例如因為成功使用網路查找資訊，可以提升自我效能感）、改
善情緒（例如網路上的娛樂媒體可以減輕憂鬱情緒），和改善職業
或社會條件（例如藉由網路找工作機會，或是使用網路來和他人聊
天、碰面、互通電子郵件）。青少年也會使用網路來瀏覽美圖、消
磨時間、讓生活順利些。

Gross（2004）早先的研究發現青少年在網路上的互動對象通常
是生活中的朋友，也就是他們的現實生活和網路生活是緊密相關
的。研究人員也發現青少年的線上社交活動通常是比較私人的、透
過電子郵件和即時通訊這兩種受歡迎的模式，而討論的話題也是關
於朋友或是八卦等很個人的主題（Gross, 2004; Lenhart et al.,
2006）。有趣的是，有將近 82%（約 1,600 萬）的青少年會在網路
上封鎖某個人，而成人中僅 47% 有此行為（Lenhart et al., 2006）。

Subrahmanyam、Smahel 和 Greenfield（2006）在一個沒有特別
限定主題（有些聊天室會限定主題，像是愛情、運動或音樂），且
只開放給青少年的聊天室中監控 583 個青少年。為期兩個月的研究
中，直到文字紀錄達十五頁時才停止，每次研究人員會被動地進入

聊天室當作觀察者，再由不知情人員做代碼分析。在所蒐集的三十八次聊天中，平均一分鐘會記錄到一個跟性有關的評論，而每兩分鐘會有一則猥褻言論。然而即使是這種程度的性慾或猥褻行為，霸凌和騷擾還是青少年上網行為中最常出現的問題（Harvard Mental Health Letter, 2009）。

上網的青少年中有 57%會在網路上創造內容（Lenhart et al., 2006）。Gross（2004）報告有 55%的上網青少年，會使用而且編輯自己的社交網站檔案。仔細觀察這些青少年的個人檔案網頁，58%有他們的照片、43%放上全名、27.8%列出他們曾經上過的學校、11%指出他們的工作地點、10%附上電話，而有 20%會留下像是電子郵件這些網路溝通方式（Hinduja & Patchin, 2008; Williams & Merten, 2008）。青少年知道他們不應該參與某些上網行為，或者他們不應該洩露某些個人資訊。Lenhart 等人（2006）發現 64%的青少年承認，他們會在網路上做他們知道父母不會同意的事情。不意外的是，81%的父母親認為他們的孩子對於上網不夠小心，在網路上放出太多個人資訊。

Williams 和 Merten（2008）也發現 84%的線上資料描述了某些危險行為，像是喝酒、非法藥品、偷竊、街頭塗鴉，或者其他類型的犯罪。27%的資料則出現關於自傷或傷人的敘述，包含自殺意念、打架或幫派，或者是武器的圖案。

Williams 和 Merten（2008）從青少年線上個人資料中進一步發現，其社交網路中平均有 194 個朋友，而大概每 2.79 天就會和他人互動一次。他們假設線上社交活動是青少年參與人際互動最直接的方式，也是維持關係的基礎。Williams 和 Merten 描述部落格已經成

為青少年溝通的基本款，就和手機、電子郵件和即時通訊一樣重要。青少年比成年人更常去寫部落格和瀏覽部落格，其中又以青少女占最大部分（Lenhart et al., 2006）。當 Williams 和 Merten 去檢視這些青少年的部落格，發現裡面的議題大多牽涉感情關係、性、朋友、父母、人際衝突、學業、流行文化、自我展現、飲食疾患、憂鬱和自我傷害。研究人員同時回顧了其他文獻，發現青少年經營部落格的兩大主因如下：第一個原因是為了要展現自我，而第二個原因則是想記錄並分享個人經驗。

隨著使用網路的青少年人數愈來愈多，Lenhart 等人（2006）發現有 13% 的美國青少年是不上網的，即使這其中有一半的人是曾經有使用過但後來卻停止。大概每十個青少年中就會有一個報告關於上網的負面經驗，像是被父母禁止使用，或是覺得在網路上不安全。而這些青少年不上網的原因可能是因為對網路沒有興趣、時間不夠，或者是沒有上網的管道。

 ## 優點

雖然我們容易聚焦於網路的負面效應，不過它並不是一無是處。網路透過很多方面來幫助青少年，而這些優點值得關注。有些研究者（Beard, 2008; Williams & Merten, 2008）注意到，網路透過增加正向溝通和社交互動使青少年受益。它不但創造了認識新朋友的機會，也可以鞏固維繫原本親友的關係。網路同時也讓人們得到一些原本缺乏的情感支持。舉例來說，在一個研究中就發現，使用網路可幫助新學生容易融入新的學校並發展友誼（Williams & Mer-

ten, 2008）。 Beard 覺得網路是幫助那些地理上隔離的人，認識新朋友而且有社群歸屬感的方法。網路上多彩多姿的遊戲、圖片、新聞和網站等也提供了許多娛樂。網路也具有教育性質，它讓青少年可以接觸以往很難甚至沒有機會獲得的資訊。同時也讓青少年有機會接觸並學習各種新奇多樣的文化與想法。

說到身體和心理健康方面，Beard（2008）提到網路對某些人來說是解除焦慮憂鬱症狀的方法。與其專注於焦慮憂鬱症狀，上網可以轉移焦點到網路活動上而獲得一些解脫。網路同時可以讓人滿足支持需求，並得到身體心理健康相關議題的知識。因為人們可以在網路上分享自己的知識並提供協助給其他有身體心理困擾的人，所以網路也因此被認為可以增加個人的自我價值與自尊。

Beard（2008）認為協助他人了解新科技，也提升了自我價值與自尊。像是有些人就會在網路上教導他人如何使用新的應用程式或軟體。網路也可增進對於科技的知識。舉例來說，人們可以透過網路上的評論更了解使用或購買某項科技的優缺點、瀏覽使用者手冊或協助網頁而知道該如何正確使用，或因為比較熟悉這項科技而有信心不斷更新與升級。也有人認為，網路媒介可以提升某些人的寫作技巧和增長知識。像是原本平常不寫作的人，可能因為寫部落格或者投稿到網頁上，而得到其他瀏覽者關於文章的評論與回饋。人們可能也會因為瀏覽網頁或搜尋資訊，得到大量且無限的思考素材，而增進智能。

問題

　　不幸的是，網路還是會帶來負面後果。Beard（2002, 2008）提到即使網路可以提供大量的資訊，可是網路資訊所提供的部分內容，又是另一個議題。過多的資訊暴露，可能造成以訛傳訛。像是容易因為網路資訊誤導，而以為自己有某種身體疾患，或是學到如何自傷的方法。也可能因為這些過量且未經分類消化的訊息，導致無法輕易取得真正需要的有用內容。不僅僅是資訊爆炸的問題，這些未經篩檢或過濾的訊息又延伸出其他困擾。可能因此比較容易接觸到色情訊息，進而影響個人無論在人際、學業或是工作各方面。

　　Beard（2002, 2008）注意到因為把時間花在網路上，可能造成人際或是家庭關係上的崩解。它可能帶來不耐煩、爭吵或者關係中的緊張。學者對於家庭關係的改變有更深度的討論（Beard, 2002; Beard & Wolf, 2001; Park, Kim, & Cho, 2008; Young, 2009）。隨著上網增加，花在家庭互動上的品質與時間逐步減少。因為青少年忙著上網，自然沒有時間跟彼此聊天，青少年容易因此忽略和其他家族成員的溝通。此外，青少年可能會必須對親友謊報自己的上網。Park 等人（2008）進一步討論到，因為青少年的網路成癮而減弱了家庭凝聚力。家族成員間的聯繫開始疏遠，讓成癮的青少年更容易覺得孤獨與疏離。除了互動與人際關係的問題以外，大量上網亦會危害到學校課業、課外活動或是職場。

　　網路一個最吸引人的特點，就在於網路的匿名性。青少年可以隨著自己所希望或希望別人看到的形象，在網路上重新建構描繪個

人檔案（Williams & Merten, 2008）。既然人們可以在網路上嘗試和現實不相符的新身分，青少年會因為網友在網路跟真實世界的巨大落差感到受挫（Turkle, 1996）。透過網路這個匿名空間，使得一些性癖好者因此有機會透過偽裝身分和青少年接觸，也是令人擔心的危險（Beard, 2008; Dombrowski, LeMasney, & Ahia, 2004）。

Beard 和 Wolf（2001）認為不適當地使用網路，才會導致這項科技帶來的負面後果，也就是一般說的網路成癮。Xiang-Yang、Hong-Zhuan 和 Jin-Qing（2006）發現不適當地使用網路會傷害使用者的身體和心理，而且青少年特別容易受到危害。關於青少年網路成癮的問題，目前已獲得社會和研究圈的重視，需要被進一步審慎檢視。Li（2007）在中國河南省鄭州市進行了一項研究發現，問題性上網愈來愈多。都市的中學生網路成癮盛行率約 5%，跟性別、年級或是學校型態沒有顯著差別。是否有文化上的危險因子導致問題性上網，或者性別與年紀如何影響青少年成癮問題，則需要進一步的研究。

既然上網可能變得過度或造成一些負面後果，有人嘗試限制青少年使用網路的時間或可以進行的活動。Tynes（2007）說雖然辨識並了解這些負面後果很重要，不過別忘了對於大多數青少年來說，一味地限制上網反而會造成反彈而幫不了他們。網路所提供的教育和心理社會益處，通常比可能的危險性還大。所以考量這個新科技的負面效應時，別忘了它能帶來的益處。

▶▶ 問題性上網的警訊和徵狀

一般人網路成癮早期會出現的警訊和徵狀，同樣可以適用在青

少年身上。然而這個族群中，也有一些特別的警訊和徵狀需要被標的出來。如同前面所提，當網路問題成形時，青少年在學業表現、課外活動、習慣和課後打工等多方面的生活都會開始受挫（Beard, 2008）。這些表現會變糟的一個原因，就是因為上網導致沒有足夠時間休息（Young, 1998a, 2009）。問題正在形成的其他警訊也陸續被提出（Beard, 2008; Beard & Wolf, 2001; Young, 1998a, 2009），包括行為上的自我照護變差，或是體重的增減。青少年可能變得易怒、急躁、面無表情和情緒變化。他們也可能開始對上網相關問題變得敏感或發飆，尤其是當上網時間被大人限制的時候。

　　Beard（2008）覺得當網路問題成形時，和父母親或是真實世界的人際關係也可能開始出現問題。可能會有友誼上的變化，花比較少時間和朋友相處。空閒時間都被上網活動占據，導致關係上的緊張。當青少年開始變得人際退縮時，網路上的情感連結益顯重要。青少年可能為了合理化自己的上網行為和挫敗的真實世界人際關係，而認為唯有多加使用網路才能鞏固自己的同儕關係。因此青少年變得更加依賴網路上得到的社交接觸。此外當青少年愈多機會參與網路活動時，他們愈會覺得網路是重要而不可取代的（Williams & Merten, 2008）。

　　青少年對於網路在生活上的用處和優點的觀點，已經被發現可用來預測他們是否會網路成癮（Xuanhui & Gonggu, 2001）。Ko、Yen、Chen、Chen 和 Yen（2005）藉由某個特定族群，訂立出一套針對青少年網路成癮的診斷準則。他們希望健康專業人員可以藉由這套準則來溝通及做病人間的比較。他們的準則包括三個主要面向所組成的九項條件：(1)網路成癮的典型症狀；(2)上網帶來的功能退

化；(3)排除條款。這套準則呈現出高度的診斷準確率、特異性、負向預測值、可接受的敏感度，和可接受的正向預測值。雖然這是個好的開始，仍需要更多的研究來確定關於這個特殊族群的診斷標準。這些研究需要更多的信度、效度和對目前準則的接受度。

有些研究者（Beard, 2008; Young, 1998a）則指出，網路不是造成這些問題的原因。問題反而是在網路如何被使用、所連結的網站、上網產生的感覺，或是上網行為帶來的強化作用。同時問題性上網可能是青少年生活發生其他問題的指標。舉例來說，Young（1997, 1998a）就提到網路可能因為大量的刺激、快速多變的素材，而特別吸引有注意力不足過動症的青少年。一些學者（Beard, 2008; Jang, Hwang, & Choi, 2008; Morahan-Martin, 1999; Young, 1997, 1998a）認為，青少年可能藉由網路來緩解憂鬱、焦慮、強迫症、社交畏懼、罪惡感、孤獨、家庭爭吵和其他現實生活的問題。不幸的是，因為這種逃避行為，反而導致原本的問題愈演愈烈或益發難以忍受。使得青少年有更強力的需求，需要上網來解決難受的狀態。

▶▶ 危險因子和社會動力

青少年會面對多種危險因子和社會議題，這些生活層面可能是會造成網路成癮的原因。青少年這個階段，有生命中獨特需要面對的議題和困擾。青少年能否有效地征服或化解這些議題，將會長久影響他們的上網行為。

❖ *發展方面*　青少年階段，正在發展未來一生受用的社交技巧。因此網路可能會導致青少年逃避真實地面對面社交互動，阻礙成年後所需的社交技巧發展，的確值得注意（Beard & Wolf, 2001）。

青少年同時要處理這階段很多的發展挑戰。一個發展任務就是，要形成一致的自我認同。如同前面概略提到，網路上人們可以塑造一個自己所希望或希望別人所看到的形象，但同時可能不是真實的自我（McCormick & McCormick, 1992; Williams & Merten, 2008）。學者（Beard, 2002, 2008; Young, 1997, 1998a, 1998b）認為網路這個特性特別容易吸引青少年，因為青少年常對於自己的內在或外表感到不滿。網路讓青少年有機會嘗試不同的樣貌，也讓他們有機會去滿足需求，來決定最適合自己的定位。青少年有很多管道可以建立網路人物，像是透過線上角色扮演遊戲或是聊天室。

這些網站的匿名性讓青少年可以取網路綽號或暱稱，而不用展現出真實世界中的自己。社群網站雖然沒有那麼多匿名性，Kramer和 Winter（2008）也討論上面的使用者會在自己的個人檔案中，選擇想要表現的人格特質或者是放上看起來最上相的照片。因此相較於面對面的接觸，他們能更有技巧地控制自我表現。不過令研究者驚訝的是，這些操弄過的自我表現通常不會太悖離事實，也就是這些社群網站上的使用者並不會像其他匿名者一樣，那麼過度地去玩弄個人身分。

另外讓人擔心的是，網路上的不同角色扮演行為，可能會延遲原本正常自我認同危機的發展。Young（1997, 1998a, 1998b）也警告隨著這些網路身分的產生，青少年可能會混淆真實社會的自己和這些網路分身。其他人則反駁，雖然成年人很在意這些網路新身分和行為，不過這個行為可能並不像我們所擔心的那麼有害，反而是一個安全且正向用來自我表現或是實驗的方法（Williams

& Merten, 2008）。到底網路這個媒體在探索自我認同議題上扮演何種角色，目前還有爭議。Gross（2004）發現當青少年在網路上假裝成別人時，最可能是為了要開朋友玩笑，勝過於體驗一個渴望的身分。

❖ **家庭動力**　網路可能提供了布簾遮住一些嚴重的家庭問題（Oravec, 2000）。 Young（2009）認為家庭穩定性可能會被許多事件像是分居或離婚等破壞。青少年可能因此減少參與真實生活關係裡的互動，反而專注在感覺比較好受的網路關係，避免接觸真實的受挫關係。

家庭動力、破裂和壓力可能促成成癮行為的產生，同時促使家庭鼓勵或是忽略這樣的成癮行為（Stanton & Heath, 1997; Yen, Yen, Chen, Chen, & Ko, 2007; Young, 2009）。在衝突多且溝通不良家庭的青少年，可能會藉由網路來逃避家庭衝突而且尋求支持（Beard, 2008; Yen et al., 2007; Young, 2009），父母或兄弟姊妹有物質濫用習慣的青少年，也比較容易尋求網路幫助（Yen et al., 2007; Young, 2009）。面對家庭動力、破裂或是壓力時，轉向網路可能是一個試圖適應或得到心理解脫的方法（Beard, 2008; Eastin, 2005）。

家庭也可能合理化青少年的上網，認為只是暫時階段，會隨著時間自然緩解（Young, 1998a）。不僅如此，家庭因素也被發現和青少年網路成癮及物質使用有關。父母有物質濫用問題的青少年，有比較高的危險性會使用網路來解決問題（Yen, Ko, et al., 2008; Yen, Yen, Chen, Chen, & Ko, 2007）。

家庭對於網路的看法也扮演重要角色。Young（1998a）提到，很

多父母對於自己子女的上網行為其實一無所知。其他父母則是因為擔心子女接觸到網路上的某些內容,而禁止上網。無論是一無所知或者一味禁止,其實都無法幫助父母真正處理子女的上網問題。同樣地,青少年的監護人對於上網可能只有正向看法,或這個監護人本身也有問題性上網,所以監護人本身就成為一個過度上網的模範(Beard, 2008)。

❖ **人際和文化因素** 大多數人都有與人連結的需求,而網路提供了一個新的連結方式。Beard(2008)覺得青少年可能因為時常覺得孤獨,而特別容易被網路吸引。因此透過網路所產生的連結,在青少年生活中也特別重要。不幸的是,網路提供的連結,可能只是透過鍵盤、滑鼠人工操弄出親密的假象。

青少年也可能受到同儕間的壓力期待所影響,去參與某些網路活動或行為(Beard, 2008)。如同之前提到的,青少年常和朋友互通電子郵件或即時通訊(Gross, 2004)。他們也會因為可以跟朋友一起玩,而加入線上遊戲(Young, 2009)。應用程式如果是牽涉到雙向溝通(例如電子郵件、即時通訊、線上遊戲),通常也是最容易成癮的(Beard & Wolf, 2001)。因為這些人際因素的關係,青少年可能會堅持每天要固定參與某些線上活動,如此才能維持原本的社會地位和接受度。

此外 Beard(2008)還覺得,青少年因為文化壓力而必須要更會使用網路。青少年會從我們的文化中接受到某些訊息,像是他們必須要跟得上科技才能成功。學校或工作上也會給予壓力,認為精通這項科技才具備競爭力。

台灣、韓國和中國已經有青少年和網路成癮行為的研究(Jang et

al., 2008; Ko, Yen, Chen, et al., 2005; Lam, Zi-wen, Jin-cheng, & Jin, 2009; Li, 2007; Xiang et al., 2006; Xuanhui & Gonggu, 2001; Yen, Ko, et al., 2008; Yen, Yen, et al., 2007）。這些研究幫助我們開始了解，不同文化下的各種因素是如何影響網路成癮的發生與維持。到底這些因素是世界共通或者有文化特異性，是目前仍須探究的。不管如何，這些研究讓我們對於文化層面如何影響網路成癮開始有所認識。

 ## 治療

　　治療開始前，需要先針對青少年進行評估而且要持續進行。Beard（2005）認為藉由臨床面談還有標準的評估工具，可以幫助了解問題性上網的徵狀和過程。他的評估準則基本上是根據行為的「生物心理社會模式」。因此建議一些可能造成青少年上網的生物、心理、社會等因素的問句。生物方面的問句著重在，成癮行為會出現的生理症狀表現（例如，上網是否會影響你的睡眠？）。心理問句則是不管就古典制約、操作制約、思考、感覺或行為等，可能造成或維持網路成癮行為的各方面探索（例如，你是否曾經使用網路來幫助改善情緒或是改變想法？）。社會方面則是在家庭、社會和文化動力上會促進過量上網的問句（例如，你曾因為上網造成家庭問題或糾紛？）。除了這三部分，Beard 也包括關於現在問題的問句（例如，你什麼時候開始注意到你有上網的問題？），和跟復發相關的問題（例如，什麼會讓你想使用網路？）。

　　有些研究學者（Caplan, 2002; Davis, 2002; Ko, Yen, Yen, Chen,

Yen, & Chen, 2005; Widyanto, Griffiths, Brunsden, & McMurran, 2008; Young, 1995, 1998a）設計出可以由青少年本人或是熟知青少年上網行為的相關人士來填寫的網路成癮自評量表。雖然有些量測工具已經完成心理測量度的檢定，代表著一個好的開始，更多關於信度和效度的研究仍須被確認。一旦完成評估並給予合適的診斷，就可以開始進行青少年的治療計畫。

Marlatt（1985）相信有效的成癮行為治療是建立在一個假設之上，就是不管最初問題是如何產生，人們都有辦法學到有效的方法來改變他們的行為。既然成癮行為通常是多種原因共同導致，介入處置就必須包括多方面的策略，像是行為、認知和生活型態改變。像是青少年可能就需要環境上的調整，來協助停止問題性上網。

如同 Beard（2005）指出，在我們的社會中上網是愈來愈基本且根深柢固。不可能要求青少年完全不使用網路，或完全與網路內容隔絕。因此僅靠著防堵方法就想直接斷絕網路成癮，是不切實際的。治療的重點反而應該放在如何有效地控制上網。我們可以幫助青少年界定出明確的上網規範。像是青少年藉由學習辨認造成復發的誘因，而避免網路成癮行為的復發。也需要提醒青少年治療策略在於幫助控制合宜的上網，也讓他們知道需要時的求助管道。

▶▶ 家族治療

Beard（2008）認為治療師在與青少年一起工作的時候，常常需要和監護人或家庭成員一起工作或介入。因此家族治療可能是首選方式。Liddle、Dakof、Turner、Henderson 和 Greenbaum（2008）建立了一個針對成癮青少年的多面向家族治療（Multidimensional Family Therapy, MDFT）模式。這種治療模式不管在何種場合或形式都可以施行，像是工作室、家裡、簡短治療、密集門診治療、日間病房或者住院。治療會談的參與者可能僅有青少年、僅有父母親，或是青少年與父母一起參與，端看該節治療要討論的議題與誰相關。多面向家族治療一週可進行一至三次，通常持續四至六個月，依照治療場景、青少年問題嚴重性，或家庭功能而異。

在 Liddle、Dakof、Turner、Henderson 和 Greenbaum（2008）的研究中，依據青少年、家長、互動和家庭外等四個面向來進行家族治療。青少年面向著重在使青少年參與治療、改善和家長與大人之間的溝通技巧、培養適應日常生活問題能力、情緒調節、改善社交技巧及學業工作表現，和建立成癮習慣的替代方案。家長面向也要使家長參與治療、調整和青少年間的行為與情感聯繫、藉由掌握青少年行為和了解期待來培養更有效率的親職技巧、建立規矩與界限，並滿足家長的心理需求。此外照顧者也必須檢驗自己的上網行為，確認是否是合適的典範（Beard, 2008）。Liddle 等人（2008）提到互動方面在於減少家庭衝突、增加情感聯繫、促進溝通與問題解決能力。最後家庭外面向則是把家庭能力推展到其他和青少年相關的社會體系中，像是學校、少年法庭或任何青少年消磨時間的地方。

Beard（2008）認為也必須重視曾有的與現在的家庭問題，因為這可能是導致青少年有問題性上網的原因。此外協助家庭度過危機或穩定家庭結構，也常是治療的目標。

如同 Liddle 等人（2008）和其他人（Beard, 2008; Young, 2009）所描述，必須促進家庭內的溝通技巧。Beard 認為僅教育青少年，

常常徒勞無功。家庭成員也需要學習如何有效地聆聽青少年、了解他們的想法與感受,並以他們聽得懂且願意接受的方式去表達。當有效且合宜的溝通增加時,整個家庭愈能了解目前所面對的難題,並知道如何去解決。同時,照顧者可能希望提早跟青少年討論關於網路的立場,就像討論酒或毒品使用一樣。

Young(1995)建議家族成員需要被教育以了解網路對某些人為何會具成癮性。也須鼓勵家族成員協助青少年尋找新的興趣或習慣、一起消磨時間,或是找其他活動填滿因為減少網路活動而多出的時間。Stanton 和 Heath(1997)認為家族成員應該是支持性的,並有能力讚美青少年為此所做的任何付出。同時不希望他們變成問題性上網,或者幫青少年學業或工作上的失敗找藉口。

學者(Beard, 2009; Young, 1998a, 2009)建議心理衛生工作者協助照顧者,建立合適的規定、清楚的界限和上網的目標。照顧者對於新訂立的規範,也必須維持一致性。為了確保這些規範能確切執行,也可運用軟體來協助監測上網。如果沒有辦法如目標執行,可以在治療中提出來討論,尋找不可行的原因。同時照顧者彼此也必須相互合作,如果兩者之間意見不一致時,青少年可能藉機製造更大的分歧。

手足間的合作也同等重要,因為他們亦為家庭系統的一員。手足因為和成癮青少年處於相同環境,他們很有可能是促使成癮行為的因素,抑或他們本身就也有網路成癮行為,這些必須在一開始的評估或治療過程中被檢視。即使手足本身沒有成癮行為,讓整個家庭了解這些策略技巧,能幫助建立比較結構化的家庭環境,也增進家庭成員間的溝通。Young(2009)也討論到如何利用手足來幫助

執行某些治療介入。舉例來說,成癮青少年若要在舒適環境練習新的溝通技巧,手足可能是最佳人選。

Young(1995, 1998a)也建議家庭尋求網路成癮的支持團體。如果住家區域附近沒有的話,像 Al-Anon 這類型的支持團體也可提供解決家中成癮問題的資訊。看到同樣在面對成癮行為的人,可讓家庭經驗正常化、增加確認感、減少成癮相關的孤獨感覺。同時照顧者可能也想藉由學校家長會,和其他面對同樣困擾的照顧者保持聯繫。雖然聽起來可能有點矛盾,不過網路上可以找到許多提供家庭協助的教育資訊,和網路成癮的治療方法。

 ## 結論

問題性上網是某些青少年面臨的問題。網路成癮的原因既多面向且複雜(Wang, 2001)。如同面對其他族群,心理衛生工作者需要持續檢視並警覺青少年問題性上網。心理衛生工作者必須保持開放的心態、謹慎面對這個問題、主動察覺每個新病人的潛在問題。隨著這個領域持續發展,我們將更有能力評估、診斷、治療這些網路相關問題。青少年使用網路新科技可能產生的困擾必須用前瞻性的方式去處理,而不是等到問題出現後才試圖解決。網路會變成我們生活中不可或缺的一部分,對於它的正向及負向作用抱持警覺,可以為青少年還有所有相關人士帶來正面結果。

Beard, K. W. (2002). Internet addiction: Current status and implications for employees. *Journal of Employment Counseling, 39*, 2–11.

Beard, K. W. (2005). Internet addiction: A review of current assessment techniques and potential assessment questions. *CyberPsychology & Behavior, 8*, 7–14.

Beard, K. W. (2008). Internet addiction in children and adolescents. In C. B. Yarnall (Ed.), *Computer science research trends* (pp. 59–70). Hauppauge, NY: Nova Science Publishers.

Beard, K. W. (2009). Internet addiction: An overview. In J. B. Allen, E. M. Wolf, & L VandeCreek (eds.) *Innovations in clinical practice: A 21st century sourcebook*, vol. 1. (pp. 117–134). Sarasota, FL: Professional Resource Press.

Beard, K. W., & Wolf, E. M. (2001). Modification in the proposed diagnostic criteria for Internet addiction. *CyberPsychology & Behavior, 4*, 377–383.

Caplan, S. E. (2002). Problematic Internet use and psychosocial well-being: Development of a theory based cognitive-behavioral measurement instrument. *Computers in Human Behavior, 18*, 5553–5575.

Davis, R. A. (2002). Validation of a new scale for measuring problematic Internet use: Implications for preemployment screening. *CyberPsychology & Behavior, 5*, 331–345.

Dombrowski, S. C., LeMasney, J. W., & Ahia, C. E. (2004). Protecting children from online sexual predators: Technological, psychoeducational, and legal considerations. *Professional Psychology: Research and Practice, 35*, 65–73.

Dowell, E. B., Burgess, A. W., & Cavanaugh, D. J. (2009). Clustering of Internet risk behaviors in a middle school student population. *Journal of School Health, 79*, 547–553.

Eastin, M. S. (2005). Teen Internet use: Relating social perceptions and cognitive models to behavior. *CyberPsychology & Behavior, 8*, 62–75.

Gross, E. F. (2004). Adolescent Internet use: What we expect, what teens report [Special issue: Developing children, developing media: Research from television to the Internet from the Children's Digital Media Center; A special issue dedicated to the memory of Rodney R. Cocking]. *Journal of Applied Developmental Psychology, 25*(6), 633–649.

Harvard Mental Health Letter. (2009). Reducing teens' risk on the Internet. *Harvard Mental Health Letter, 25*(10), 7.

Hinduja, S., & Patchin, J. W. (2008). Personal information of adolescents on the Internet: A quantitative content analysis of MySpace. *Journal of Adolescence, 31*(1), 125–146.

Jang, K. S., Hwang, S. Y., & Choi, J. Y. (2008). Internet addiction and psychiatric symptoms among Korean adolescents. *Journal of School Health, 78*, 165–171.

Kelly, D. M., Pomerantz, S., & Currie, D. H. (2006). "No boundaries"? Girls' interactive, online learning about femininities. *Youth & Society, 38*, 3–28.

Ko, C. H., Yen, J. Y., Chen, C. C., Chen, S. H., & Yen, C. N. (2005). Proposed diagnostic criteria of Internet addiction for adolescents. *Journal of Nervous and Mental Disease, 193*(11), 728–733.

Ko, C. H., Yen, J. Y., Yen, C. F., Chen, C. C., Yen, C. N., & Chen, S. H. (2005). Screening for Internet addiction: An empirical research on cut-off points for the Chen Internet Addiction Scale. *Kaohsiung Journal of Medical Science, 21*, 545–551.

Kramer, N. C., & Winter, S. (2008). Impression management 2.0: The relationship of self-esteem, extraversion, self-efficacy, and self-presentation within social networking sites. *Journal of Media Psychology, 20*(3), 106–116.

Lam, L. T., Zi-wen, P., Jin-cheng, M., & Jin, J. (2009). Factors associated with Internet addiction among adolescents. *CyberPsychology & Behavior, 12*, 551–555.

Lenhart, A., Madden, M., & Rainie, L. (2006). Teens and the Internet. *Pew Internet & American Life Project*.

Li, Y. (2007). Internet addiction and family achievement, control, organization. *Chinese Mental Health Journal, 21*(4), 244–246.

Liddle, H. A., Dakof, G. A., Turner, R. M., Henderson, C. E., & Greenbaum, P. E. (2008). Treating adolescent drug abuse: A randomized trial comparing multidimensional family therapy and cognitive behavior therapy. *Addiction, 103*(10), 1660–1670.

Marlatt, G. A. (1985). Relapse prevention: Theoretical rationale and overview of the model. In G. A. Marlatt & J. Gordon (Eds.), *Relapse prevention* (pp. 3–70). New York: Guilford Press.

McCormick, N. B., & McCormick, J. W. (1992). Computer friends and foes: Content of undergraduates' electronic mail. *Computers in Human Behavior, 8*, 379–405.

Morahan-Martin, J. M. (1999). The relationship between loneliness and Internet use and abuse. *CyberPsychology & Behavior, 2*, 431–439.

Oravec, J. A. (2000). Internet and computer technology hazards: Perspectives for family counseling. *British Journal of Guidance & Counseling, 28*, 309–224.

Park, S. K., Kim, J. Y., & Cho, C. B. (2008). Prevalence of Internet addiction and correlations with family factors among South Korean adolescents. *Adolescence, 43*(172), 895-909.

Stanton, M. D., & Heath, A. W. (1997). Family and marital therapy. In J. Lowinson, P. Ruiz, R. Millman, and J. Langrod (Eds.), *Substance abuse: A comprehensive textbook* (3rd ed.). (pp. 448–454). Baltimore, MD: Williams & Wilkins.

Subrahmanyam, K., Smahel, D., & Greenfield, P. (2006). Connecting developmental construction to the Internet: Identity presentation and sexual exploration in online teen chatrooms. *Developmental Psychology, 42*(3), 395–406.

Tosun, L. P., & Lajunen, T. (2009). Why do young adults develop a passion for Internet activities? The associations among personality, revealing "true self" on the Internet, and passion for the Internet. *CyberPsychology & Behavior, 12*, 401–406.

Tsao, J. C., & Steffes-Hansen, S. (2008). Predictors for Internet usage of teenagers in the United States: A multivariate analysis. *Journal of Marketing Communications, 14*(3), 171–192.

Turkle, S. (1996). Parallel lives: Working on identity in virtual space. In D. Grodin & T. R. Lindolf (Eds.), *Constructing the self in a mediated world: Inquiries in social construction*. Thousand Oaks, CA: Sage.

Tynes, B. M. (2007). Internet safety gone wild? Sacrificing the educational and psychosocial benefits of online social environments. *Journal of Adolescent Research, 22*(6), 575–584.

Wang, W. (2001). Internet dependency and psychosocial maturity among college students. *International Journal of Human-Computer Studies, 55,* 919–938.

Widyanto, L., Griffiths, M., Brunsden, V., & McMurran, M. (2008). The psychometric properties of the Internet Related Problem Scale: A pilot study. *International Journal of Mental Health and Addiction, 6*(2), 205–213.

Williams, A. L., & Merten, M. J. (2008). A review of online social networking profiles by adolescents: Implications for future research and intervention. *Adolescence, 43*(170), 253–274.

Xiang-Yang, Z., Hong-Zhuan, T., & Jin-Qing, Z. (2006). Internet addiction and coping styles in adolescents. *Chinese Journal of Clinical Psychology, 14*(3), 256–257.

Xuanhui, L., & Gonggu, Y. (2001). Internet addiction disorder, online behavior, and personality. *Chinese Mental Health Journal, 15,* 281–283.

Yen, J., Ko, C., Yen, C., Chen, S., Chung, W., & Chen, C. (2008). Psychiatric symptoms in adolescents with Internet addiction: Comparison with substance use. *Psychiatry and Clinical Neurosciences, 62,* 9–16.

Yen, J., Yen, C., Chen, C., Chen, S., & Ko, C. (2007). Family factors of Internet addiction and substance use experience in Taiwanese adolescents. *CyberPsychology & Behavior, 10,* 323–329.

Young, K. S. (1995). Internet addiction: Symptoms, evaluation, and treatment. Retrieved January 9, 2002, from http://www.netaddiction.com/articles/symptoms.html

Young, K. S. (1997). What makes the Internet addictive: Potential explanations for pathological Internet use. Retrieved October 25, 2001, from http://www.netaddiction.com/articles/hatbitforming.html

Young, K. S. (1998a). The center for online addiction—Frequently asked questions. Retrieved January 9, 2002, from http://www.netaddiction.com/resources/faq.html

Young, K. S. (1998b). *Caught in the Net.* New York: John Wiley & Sons.

Young, K. S. (2009). Understanding online gaming addiction and treatment issues for adolescents. *American Journal of Family Therapy, 37,* 355–372.

第 11 章
網路上的出軌行為：
一個嚴重的問題

Monica T. Whitty

　　網路上的出軌行為變成一個嚴重的問題已廣為所知。本章將檢視網路出軌（Internet infidelity）的特點以及這些特點如何隨著網路發展而改變。首先會討論親密關係如何在線上發展以及線上戀情的獨特表現。接著討論出軌行為裡面性和感情的成分、嘗試定義網路出軌，並強調不同形式的網路出軌，包含使用約會網站和社交網絡網站。本章也質疑所有線上活動若有類似離線出軌時是否都應被視為不忠，因為有時候某些活動單純只是遊戲而非屬於現實世界範疇。本章也強調數位科技叮被用來發展離線時的戀情，並且檢視這些科技如何幫助維繫離線戀情。最後將會提出治療的理論，看看現在我們對網路出軌已知多少，也看看我們從對傳統離線時的不忠之研究可學習多少。這裡也提出應徹底重新檢視我們對出軌本質的認識，考慮到數位科技對許多人生活的重要性。

網路上的親密關係

　　過去十年，研究證實真正的感情關係在網路上許多種地方都可以開始及發展（見 Whitty & Carr, 2006）。其中有些空間是匿名的，像是聊天室和論壇（McKenna, Green, & Gleason, 2002; Parks & Floyd, 1996; Whitty & Gavin, 2001），而有些空間本來就是設立來配對使用者的（Whitty, 2008a）。當然近日來在電子虛擬空間裡保持完全匿名已經非常少見。研究發現在多數網路空間除了可發展真正的感情關係，有時候這些關係可比離線發展的關係進展得更快更親密。這些有點濃烈的人際關係被稱為超個人人際關係（hyperpersonal relationships）（Tidwell & Walther, 2002; Walther, 1996, 2007）。

　　Walther 和他的同事曾仔細地討論人如何在特定的情況下發展超個人人際關係。他們的觀點獨特，因為他們聚焦在科技的能供性（affordances），而不是透過數位科技進行溝通所帶來的問題。他們主張使用者可利用電腦媒介溝通可被編輯之事實，亦即使用者可在訊息還未送出之前修改已撰寫之內容。此外，人們通常有較多的時間來編寫訊息，這是人際面對面溝通無法享有之樂趣。對於某些網路空間當然不全如這般，像是即時通訊所用的回應方式就和其他網路空間（像是電子郵件）不同。重要的是，他們都指出一點，使用者可以且常在不碰面的狀態交換訊息，這能掩蓋掉無意的暗示，如非語言的洩露。這些學者提出的另一項重點是人們會對電腦媒介溝通投入較多的關注，勝過對人際面對面溝通。進行電腦媒介傳播時，我們不用掃視對方的臉、身體、聲音等等，這樣留給我們更多

時間專注在訊息內容本身。Walther 和他的同事主張這些科技的各種能供性提供人們主宰個人形象的機會；這是說，電腦媒介溝通讓人們可以表現出比起面對面溝通時自己更受人喜歡的一面。因此這也就不意外超個人人際關係時常在網路上出現。

 ## 將線上關係理想化

在線上發展緊密和親密的人際關係有某些優勢。如前面所述，線上發展的關係常成功移轉到離線狀態。更有甚者，虛擬空間也能讓人們認識自己的性取向（McKenna & Bargh, 1998）、學習如何調情（Whitty, 2003a），和得到社會支持（Hampton & Wellman, 2003）。然而，也如之前所提到的，我們也必須知道線上交友的黑暗面（Whitty & Carr, 2005, 2006）。若可透過電腦媒介溝通達到超級親密感，這些人際關係恐怕會因為持續保持連線而顯得更有吸引力、更誘人；這可導致理想化（idealization）。從多種角度來看這都可能造成問題，但是本章將關注在出軌議題上面。

從 Walther 和其同事之超個人理論（hyperpersonal theory）和客體關係理論而知，某些人際關係會因為高度私人化而被理想化（Whitty & Carr, 2005, 2006）。理想化會導致不適切的人際關係。如之前已強調的，由於電腦媒介溝通的某些特質，人們有策略性地表露個人形象，創造一個比在其他空間常被人所知的形象更受人喜愛的樣子。讓其他人能與這個精心設計、令人喜愛的自我更多正向互動，比起與平凡世俗的自我有吸引力得多。再者，如果正在溝通的對象也使用同樣的策略，那麼他也會看起來比平凡世俗的樣子更

有吸引力,這就是電腦媒介溝通誘人之處,且可造就線上親密關係。網路上的出軌行為可由許多不同角度來理解(本章隨後也會逐一定義),不過現在我們先將線上戀情視作僅在網路上愛上某人或對某人產生性幻想。

Melanie Klein有關「分裂」(splitting)的論述也可用來解釋線上人際關係的吸引力(Whitty & Carr, 2005, 2006)。她相信分裂是對抗焦慮最原始或最基本的防衛機轉之一。根據Klein(1986),本我藉由將客體壞的部分分裂出來並丟棄,來阻止它污染客體好的部分。一個嬰兒看待媽媽的乳房是好的客體也是壞的客體。乳房滿足嬰兒也挫敗他,而這個嬰兒將同時把愛與恨投射到乳房上。一方面來說,嬰兒將好的客體理想化,但另一方面,壞的客體看起來是如此嚇人、令人挫敗的迫害者,威脅將毀滅嬰兒和好的客體。嬰兒投射愛並理想化好的客體,但不僅投射,還嘗試引發母親對此壞的客體負責的感覺(這就是所謂投射性認同的過程)。Klein稱此發展階段為偏執—類分裂心理位置(paranoid-schizoid position)。這個嬰兒較未發展的本我可能產生一個防衛機轉,嘗試去否認此迫害性客體的存在。在正常的發展過程中我們會通過這個時期,這個對抗焦慮而生的原始防衛機轉是一個退化的反應,它似乎永遠存在,無法被超越。在成熟超我中好的客體代表幻想中的理想本我,因此代表了「回歸到自戀的可能性」(Schwartz, 1990, p. 18)。

呼應 Klein 的客體關係理論,把某人發展線上戀情的對象理解成好的客體可能是實用的。鑑於虛擬空間上發展的互動常被視為與外在世界分離(Whitty & Carr, 2006),要把線上戀情由某人生活世界中切割開來可能是較容易的。線上關係有潛力滿足那些被解放

的、無能為力的、無法符合現實要求的幻想。因此，線上戀情可能
導致自戀的退縮（narcissistic withdrawal）。

　　曾有人主張離線時的出軌是因為感情出現問題，或是來自特定
人格特質（見 Fitness, 2001）。Buss 和 Shackelford（1997）提出一
些人們背叛伴侶的關鍵理由，包括他們的伴侶與其他人發生性關
係、有著高度忌妒心和占有慾、逐漸墮落、拒絕性行為，或是濫用
酒精。這些或許也是促使某人發展線上戀情同樣的原因。然而，根
據 Klein 的理論，有人提出線上戀情或許比離線戀情更容易維持；
線上關係能透過分裂的過程被理想化，即同時否認關係中對方不好
的部分以及自己不好的一面。當我們能輕鬆地過濾掉關係中潛在負
面的部分（壞客體），可能就會更容易把線上對象（好客體）理想
化。這份關係可隨使用者方便開啟或結束，而且溝通的內容某些程
度上也更容易控制。再者，網路的確提供了一個環境，讓人更輕鬆
地建構更正向的自我同時避免呈現自我負面的部分。相對地，在離
線戀情中某人要沉浸於對完美的幻想裡就不那麼容易了，因為怎樣
都要面對現實。既然這些戀情關係在心理層面上與離線戀情不同，
本章稍後會討論治療必須考慮到這些不同點；然而在考慮治療之
前，檢視網路出軌真正代表的意義非常重要。

 ## 定義網路上的出軌行為

　　有數年的時間，學者們思考著網路出軌是否真正存在（如
Cooper, 2002; Maheu & Subotnik, 2001; Whitty, 2003b; Young,
1998）。近來已有共識，人們能且會在網路上背叛他們的伴侶。然

而對於哪些行為可被視為出軌仍有許多爭議。在討論這些問題前，我們先來看看一些有用的定義。

Shaw（1997）定義網路出軌為「當然，行為層次上與其他種出軌行為不同；但是，當我們考慮其如何影響伴侶關係，那麼引發的原因和結果是類似的」（p. 29）。Young、Griffin-Shelley、Cooper、O'Mara 和 Buchanan（2000）提出一個較為精確的定義，他們說虛擬戀情是「一個浪漫的或性慾的關係，透過網路開始，主要依賴電子郵件和虛擬社群，像是聊天室、互動遊戲或新聞群組等電子傳播媒介維繫」（p. 60）。相對地，Maheu 和 Subotnik（2001）提供出軌一個一般性的定義：

> 當兩個互許承諾的人打破了彼此的承諾就稱為出軌——不論地點、方法或對象。出軌是打破與一個真實存在的人之間的承諾，不管那性刺激來自虛擬還是真實世界。（p. 101）

網路會持續演化，所以網路出軌的定義裡要包含某人會在線上哪一個特定空間（例如電子郵件、社群網站等等）出軌的論述是有難度的。然而，如本章接下來討論的，線上空間的本質也是重要的考量。因此，這裡提出：

網路出軌是指二人的關係因與至少一位伴侶之外的人不適切的情感和／或性行為給破壞了。規範或許會隨不同情侶而異，但有一些基本的規範常是了然於心的，且是大多數互許承諾的關係中典型的期待。當提到網路出軌，網路可能就是那些情感或性方面發生不

適切互動唯一的、主要的或是部分的空間。

 ## 發生在線上的出軌行為

如離線時的出軌，被視為出軌的線上行為可分類成情感和性相關兩大項。然而我們需要留意的是人們所涉獵情感或性方面的行為有個範圍，並不是其中所有都需要被看成出軌之舉。

網路性愛是網路性行為之一。對網路性愛一般的理解是「兩位線上使用者開啟私人的性幻想討論。這個對話典型會伴隨性方面的自我刺激」（Young et al., 2000, p. 60）。另一個有關網路性愛類似的定義是「透過與線上對象互動得到性滿足」（Whitty, 2003b, p. 573）。當然這不需要侷限在兩個人之間。過去的研究都發現此行為（網路性愛）可被理解為出軌（Mileham, 2007; Parker & Wampler, 2003; Whitty, 2003b, 2005）。此發現不僅在那些詢問受測者如果他們發現另一半在從事該行為是否會感到難過的研究。舉個例子，Mileham（2007）訪問了從 Yahoo!'s Married and Flirting 及 MSN Married but Flirting 聊天室召集到的七十六位男性和十位女性。已婚人士棲息在這些網站上並從事網路調情和網路性愛，而且有時會籌劃離線時相聚。她發現受測者中某些人將線上行為視作出軌之舉。

另一種被視為出軌的線上性活動是鹹濕對話（hot chatting）（Whitty, 2003b）。Durkin 和 Bryant（1995）定義鹹濕對話為與輕鬆的調情不同之處是有性挑逗意味的對話。Parker 和 Wampler（2003）提出其他一些網路上的性互動會讓參與者認為是出軌，包括在成人聊天室與其他人互動以及加入成人網站的會員。

　　十分有趣地，關於色情圖片是否被視為出軌的研究呈現相當一致的結果。雖然對於得知另一半因觀賞色情圖片而興奮感到不開心，大部分來說，僅少數人會將在線上或離線觀看色情圖片視作出軌（Whitty, 2003b）。Parker 和 Wampler（2003）發現，單純瀏覽成人聊天室而沒有加入，和拜訪各樣的成人網站，也不被視為破壞感情關係。或許這和此行為之被動性有關，因為單單只有觀賞而沒有互動。再者，事實上也沒有機會透過觀看促成與被觀看對象產生互動。

　　雖然相關研究頗為一致地將網路性愛和鹹濕對話視作出軌，但對於此結論抱持懷疑仍很重要。在過去的研究裡我就考慮過這個問題，也參考有關離線時出軌行為的研究來推測一個可能的解釋（Whitty, 2003b, 2005）。研究發現「心靈專有權」與「性專有權」一樣重要（Yarab & Allgeier, 1998）。Roscoe、Cavanaugh 和 Kennedy（1988）發現大學生認為與非伴侶的他人進行性方面的互動，如親吻、調情和愛撫應該被視為出軌。此外，Yarab、Sensibaugh 和 Allgeier（1998）揭露出一列除了性交外的出軌行為，包括熱情的接吻、性幻想、性吸引和調情。有趣的是，Yarab 和 Allgeier（1998）提出有關性幻想的論點，若性幻想對現有感情關係造成愈大的威脅，這幻想就愈會被視為出軌。舉例來說，比起幻想對象是電影明星，將伴侶的摯友當作幻想對象被大部分人視作一個大威脅，因此愈被看成不忠貞。回到之前提出的問題，這裡列舉的實證性研究指出對他人的性慾望即代表背叛行為。故展現性慾望以及幻想著心中慾望的對象對伴侶來說都是打擊。但這些慾望都必須被看成潛在性共通的。因此，如果我對布萊德彼特或某個小白臉有性幻想，我的

伴侶一定遠比我幻想與他的好友或是一個我網路性愛的陌生人發生性關係來得不在意。當然不是所有性方面的活動都是如此令人沮喪。舉例來說，在我之前的研究裡發現，實際性交比網路性愛更被視為不忠貞的行為（Whitty, 2003b）。有插入的性行為可能被視為既成事實，故比起其他性行為來說更令人沮喪。

以背叛的形式來說，情感出軌和性方面出軌一樣令人沮喪。情感出軌主要被理解為與另一個人墜入愛河。它也可以被理解成與另一人在情感方面有著不適切的親密感，譬如一起分享私密的秘密。不論發生在線上或是離線狀態，情感出軌都同等程度地令人沮喪（Whitty, 2003b）。我之前的研究裡，參與者進行完成一段故事的任務，我發現情感出軌和性方面出軌出現的頻率類似（Whitty, 2005）。這在下段自研究擷取的片段可清楚看到：

> 「這是出軌，」女生冷靜地說。
>
> 「不，我沒有騙妳。我不管怎樣都沒有和她發生性關係。妳才是真正跟我在一起的人，而且，我之前就說過，我完全沒有和她碰面的意思。」男生跳上床。
>
> 「這是『情感上的』出軌，」女生說，顯得有些憤怒。
>
> 「怎麼說？」男生問，眼中流露出消遣之意。
>
> 「出軌不全然是肉體的。那只是一部分……」男生將棉被拉向自己，並轉身。「唔……我知道你還沒見到她，但我還是有點不高興，馬克。」女生坐在床邊說。
>
> 「別生氣，妳是我唯一愛的人。不過情感出軌是怎麼

回事？」男生坐起來說。

「你有事瞞著我。感情是需要信任的！如果你隱瞞我那『網路女孩』的事，要我如何相信你？」（pp. 62-63）

 ## 偷情約會網站（infidelity dating sites）

如之前所強調，人們能以許多不同的方式在虛擬世界裡出軌。然而，我們同時也須留意網路可被當作尋找離線時偷情對象的工具。線上偷情配對網站就是個人們可在網路上尋找離線時出軌對象的好例子（不是現在進行式的戀情就是一夜情）。這些網站不論看起來或操作起來都類似於給單身者尋找對象的網站。當然，傳統線上約會網站也會被用來尋找發展一夜情或戀情的對象，不過當作此用途時，尋找戀情的那個人通常會隱瞞自己的婚姻狀態。線上偷情約會網站並不嘗試隱藏網站的服務內容。例如，Marital Affair（n. d.）就聲明自己提供已婚或單身者「尋求增添私人生活中簡單的成人娛樂的線上約會服務」。Ashley Madison Agency（n.d.）（號稱世界上最獨特的約會服務提供者）有句廣告語「人生苦短，來個外遇吧」（Life is short, have an affair）。Meet2cheat（n.d.）網站聲稱「自 1998 年以來，我們就將精力投注於推展全國性及國際化的專業、認真且獨特的各式性愛冒險。我們的經驗和著名的服務讓您能輕鬆實現您的夢想」。

就此主題分析，我比較了一個偷情網站和一個較單純的線上約會網站之概況（Whitty, 2008b）。兩者一些有趣的相似點在於普遍

會讓使用者描述他們的嗜好及興趣、希望在對方身上找尋的特質，以及聲明自己是誠實真心的人。以下的例子是某偷情網站上的使用者誠實聲明：

> 我不會玩弄別人的感情或是生活。在你眼前的是一個正在尋找友誼、愛人和靈魂伴侶的最實際的人。

兩種約會網站之間一個有趣的不同點是，偷情約會網站明顯少了照片卻多了保密要求。例如，某偷情網站的使用者簡介就聲明：

> 不要任何限制，只尋求發展好的伴侶關係。我對找麻煩沒有興趣，一切謹慎為上。

那些使用偷情網站的人也比較傾向說他們願意為了約會對象出遠門。如以下：

> 我經常出差工作，也常出遠門，所以任何在倫敦、索立郡（英格蘭東南部一內陸郡）或（英格蘭）東南部，或不論何處有興趣者，想要跟我聯絡的，請這麼做。

在偷情網站上使用者簡介會特別強調與別人性關係和諧。例如：

> **請花點時間瀏覽我的簡介。第一，我雖然身材不健美**

……但我很幽默，而且保證會讓你開心！我的床上功夫也
很好……我好懷念性的美好，我的婚姻是個失敗（我的太
太對上床一點興趣也沒有，而且這種情形已經很久了。我
們在一起純粹是經濟的考量）。我現在性致勃勃，我想找
一個喜愛性和歡笑的 35 至 60 歲女性（外貌不是重點）。

最後，一項出人意料之外的發現是不少偷情網站的使用者簡介
都會強調自己是一個有道德良知的人。如其中一人的簡介：

道德？怎會在這裡討論這個？好，我們可以繼續現在
做的事而且在道德上占上風？！？！這只是個定位習題而
已。

 ## 社群網站

社群網站是另一個人們可能用來找尋外遇對象的地方。那些可
能的外遇對象可以是早已認識的人。舉例來說，社群網站或許會被
用來啟動與某人的調情，或比面對面基本的自我坦露了解更多某人
的資訊。這或許會給予某人足夠的信心與另一人發展感情。在一份
簡短的報告裡，Muise、Christofides 和 Desmarais（2009）發現花在
臉書的時間和在臉書上經驗到嫉妒相關的感覺有顯著的關聯性。他
們發現伴侶與伴侶的前交往對象間溝通的模稜兩可較有可能引起嫉
妒。其中一位參與調查者形容模稜兩可為「我對她（男方的伴侶）
有足夠的信心知道她是忠誠的，但當某人在她的塗鴉牆上留言時我

不得不質疑自己……這會造成一種你不夠『了解』你的伴侶的感覺」（p. 443）。儘管作者們並無考慮到此，這嫉妒的感覺極可能有合理的基礎。網路讓與前伴侶或過去的戀人重新連上線變得容易許多，然而在以前，過去的感情關係通常僅成為某人的歷史。社群網路讓人可以重新連上線。這些空間通常被視為私密的，即使它們位在公共空間（Whitty & Joinson, 2009）；結果是，比起之前的一般情形，更多資訊會被知道。

 ## 使用網路展開及促成一段離線外遇

　　許多早期有關網路出軌的研究不是假定就是發現許多不忠的活動是在陌生人之間展開的。這明顯地持續發生著，而線上偷情網站就是很好的例子。然而，如在社群網站方面已考慮到的，現今外遇可在網路上展開，甚至當人們在離線時已認識彼此。再者，也可以說數位科技已讓外遇在離線時更容易發生。即時通訊可用來傳遞鹹溼對話，而隱晦的文字簡訊可被傳遞來組織一個迅速的約會。這些溝通全部都能輕易地在家裡發生，當某人的伴侶也在場時。因此重要的是留意到數位科技已經改變了甚至十分傳統的離線時外遇的本質。

 ## 這很有趣而且是場遊戲，直到某人輸掉了婚姻

　　Morris（2008）報導了一則故事，有關一對英國夫婦因丈夫的

虛擬化身在「第二人生」（譯註：2003 年由 Linden Lab 所創立的線上虛擬世界，提供平台給使用者互動）上與另一位女性火熱聊天後而離婚。「第二人生」是一個大規模的多人線上角色扮演遊戲，在上面人們創造自己的化身（人物角色），然後在幻想世界中互動。Morris 寫到這對夫婦起先在線上認識，隨後他們的化身在第二人生上變成伴侶——也就是說，直到 Taylor（第二人生上的 Laura Skye）抓到她的丈夫 Pollard（第二人生上的 Dave Barmy）與第二人生上的一位妓女發生網路性關係。Morris 這樣敘述：

> 驚慌中，Taylor 結束了 Skye 和 Barmy 線上的關係，而在現實生活中繼續與 Pollard 在一起。

就是那時侯，現實與虛構真正開始衝突。Taylor 決定測試 Dave Barmy——也就是 Pollard 的忠誠度——藉由尋找一位名叫 Markie Macdonald 的虛擬女性私家偵探。設立了一個「桃色陷阱」，有個極具誘惑性的虛擬角色與 Barmy 搭訕。他出色地通過了測試，整晚都在談論 Laura Skye。Barmy 和 Skye 在虛擬世界中復合了，在一個美麗的熱帶樹林中舉行婚禮，而在 2005 年——又回到真實生活——這對伴侶在聖奧斯特爾（St. Austell）登記處這個較沒有魅力的環境結婚。但是 Taylor 感覺某事不太對勁，最終發現 Dave Barmy 與一位非 Laura Skye 的女性熱情地交談。她甚至發現這比他之前的幽會更令人不安，因為似乎有真正的感情在裡面，然後——在真實生活中——她訴請離婚。

雖然 Taylor 顯然相信丈夫欺騙了她的感情，我們仍需考慮是否

大多數人會用同樣角度看待這件事。她的案例中兩人在幻想世界（想成一個遊戲）一起過著熱烈的生活。或許 Taylor 發現將遊戲與現實分開有困難。科學研究尚未定論是否有些線上活動被視為僅侷限在遊戲範疇因此不會對現實生活有影響。但是，這將會是個重要的問題值得探討。

 ## 治療上的應用

　　許多治療方法已被發展來協助被網路出軌影響的人們和伴侶們。在一份有關治療者對網路出軌的評估及治療的詳盡文獻回顧，Hertlein 和 Piercy（2008）提出各式各樣由男性及女性治療師使用的治療方法。治療師的治療方式隨著他們的年紀、性別及信仰有所不同。重要的是，Hertlein 和 Piercy 說：

　　　　網路出軌的光譜涵蓋各式各樣的行為。此光譜的其中一端或許是花時間在電腦上而不是在自己主要的關係上，而另一端或許是在線上認識的兩人有肢體接觸和進一步的性交。某些被某對伴侶看作是出軌的行為，可能對另一對伴侶來說就不是出軌或有任何問題。（p. 491）

　　如本章所強調，數位科技可以用多種方式來開啟、執行和助長出軌行為。線上出軌獨特之處在於它有較大的潛力變成更加理想化。再者，考量到某些線上行為，違反感情規範的準則變得較不清楚。雖然人們可能會對線上和離線時的性行為感到同等難過，然而

Whitty 和 Quigley（2008）主張網路性交在本質上與實際性交還是不同，而這些不同的觀點需要更進一步被探討。出軌行為會出現的地方也很獨特。它在某人的家裡出現，舉例來說，可以說會對一段關係造成很不一樣的影響，尤其針對重新建立信任感。

性別差異已被發現可解釋為何人們要欺騙以及哪種出軌行為較令人難過。Parker 和 Wampler 在 2003 年有關線上性行為的研究，發現女性比男性更認真看待這些行為。我自己的研究發現女性整體比男性傾向相信性行為是一種背叛的行為（Whitty, 2003b）。雖然需要更多的研究來探討性別差異，現有的研究指出任何治療理論基礎都須留意這些差異。

本章已強調人們使用數位科技來經營外遇的方法範疇；然而，我們也需要留意透過數位科技使人們被逮到的各種方式。伴侶們能檢查他們配偶的文字簡訊或即時通訊歷程，如果他們懷疑任何出軌行為時。有多種套裝軟體可用來監控及記錄他人電腦的活動，包括閱讀及記錄其他人的電子郵件、聊天訊息和造訪過的網站，還有監控和記錄鍵盤按鍵甚至密碼。Spytech online（n.d.）廣告他們的間諜軟體是用來逮到偷情的另一半的方法：

　　　　我們的監控軟體能迅速地偵測和提供你所需的證據，證明你的配偶仍對你忠誠──或是在欺騙你。我們的間諜軟體工具，例如 SpyAgent 和 Realtime-Spy，能在完全隱形的狀態操作。這些能力表示你將不用擔心你的配偶發現你在監控他們──而且甚至當你告知他們，他們將仍然無法知道如何辦到。這些紀錄能以加密的形式儲存，所以它們

只能用我們的軟體來觀看。

對於心存懷疑的伴侶，問題在於是否應該利用數位科技來調查他們的配偶。過去的研究發現，出軌是如何被揭露出來會對感情關係的未來有重要的影響。Afifi、Falato 和 Weiner（2001）發現伴侶主動提供的坦露是有益的，因為這給予犯錯者完整的機會去道歉、提供說明和進行補救策略。第三者主動的洩露和當場人贓俱獲的發現則給修補關係遠遠較少的機會。雖然在出軌揭露方面需要更多的研究，Afifi 和同事的研究提議，如果一對伴侶希望修補感情關係的話，使用數位科技來監控自己的伴侶並不是最好的解決方法。

關於出軌被揭發之後關係的修補，揭發過程並非唯一要考慮的重要議題。如同任何感情中的破戒犯錯，這事情最初發生的理由需要被考慮。過錯該如何歸咎以及信任該如何重新建立也需要被強調。有關網路出軌，曾爭論過是電腦本身偶爾也有錯，且電腦有時要被搬離家中（Whitty & Carr, 2005, 2006）。然而這種做法在早些年代或許有用，現在，隨著網路的無所不在和易取得性，這種策略幾乎不可能實施。因此，新的治療手法需要考慮網路會不斷進化的特性，以及被網路出軌影響的配偶們在生活中處理這狀況的能力有多好。

 ## 結論

有關網路出軌，我們還有許多需要學習之處。而且，我們需要持續留意網路多變的特性。Web 2.0 已帶來一個更高互動性的網路

（使用應用程式來增加互動性），且它會以更複雜的方式持續發展。社群網站以及行動電話上的應用程式是網路如何變得更有互動性的好例子。這種形式的網路更具社交性，也因此能造成更多出軌。然而，事情的反面，這種新的科技允許人比以前更能檢查以及監控自己的伴侶。給治療者思考的問題就是這種監控在心理層面是否是健康的（尤其考慮到這是缺乏信任的象徵）。雖然本章聚焦在網路出軌的議題上，但因為虛擬空間無所不在，任何形式出軌的本質都需要被徹底重新檢視。因為數位科技外遇很容易被啟動及維持，而這些科技無疑在多數的出軌中扮演關鍵角色。

參考文獻

Afifi, W. A., Falato, W. L., & Weiner, J. L. (2001). Identity concerns following a severe relational transgression: The role of discovery method for the relational outcomes of infidelity. *Journal of Social and Personal Relationships, 18*(2), 291–308.

Ashley Madison Agency. (n.d.). Retrieved December 22, 2009, from www.AshleyMadison.com/

Buss, D. M., & Shackelford, T. K. (1997). Susceptibility to infidelity in the first year of marriage. *Journal of Research in Personality, 31,* 193–221.

Cooper, A. (2002). *Sex & the Internet: A guidebook for clinicians.* New York: Brunner-Routledge.

Durkin, K. F., & Bryant, C. D. (1995). "Log on to sex": Some notes on the carnal computer and erotic cyberspace as an emerging research frontier. *Deviant Behavior: An Interdisciplinary Journal, 16,* 179–200.

Fitness, J. (2001). Betrayal, rejection, revenge and forgiveness: An interpersonal script approach. In M. Leary (Ed.), *Interpersonal rejection* (pp. 73–103). New York: Oxford University Press.

Hampton, K., & Wellman, B. (2003). Neighboring in Netville: How the Internet supports community and social capital in a wired suburb. *City and Community, 2*(4), 277–311.

Hertlein, K. M., & Piercy, F. P. (2008). Therapists' assessment and treatment of Internet infidelity cases. *Journal of Marital and Family Therapy, 34*(4), 481–497.

Klein, M. (1986). *The selected works of Melanie Klein* (J. Mitchell, Ed.). London: Penguin Books.

Maheu, M., & Subotnik, R. (2001). *Infidelity on the Internet: Virtual relationships and real betrayal*. Naperville, IL: Sourcebooks.

Marital Affair. (n.d.). Retrieved December 22, 2009, from http://www. maritalaffair. co.uk/married.html

McKenna, K. Y. A., & Bargh, J. A. (1998). Coming out in the age of Internet: Identity "de-marginalization" through virtual group participation. *Journal of Personality and Social Psychology, 75*, 681–694.

McKenna, K. Y. A., Green, A. S., & Gleason, M. E. J. (2002). Relationship formation on the Internet: What's the big attraction? *Journal of Social Issues, 58*, 9–31.

Meet2cheat. (n.d.). Retrieved December 22, 2009, from http://www.meet2cheat. co.uk/advantage/index.htm

Mileham, B. L. A. (2007). Online infidelity in Internet chat rooms: An ethnographic exploration. *Computers in Human Behavior, 23*(1), 11–21.

Morris, S. (2008, November 13). Second Life affair leads to real life divorce. Guardian.co.uk. Retrieved December 22, 2009, from http://www.guardian. co.uk/technology/2008/nov/13/second-life-divorce

Muise, A., Christofides, E., & Desmarais, S. (2009). More information than you ever wanted: Does Facebook bring out the green-eyed monster of jealousy? *CyberPsychology & Behavior, 12*(4), 441–444.

Parker, T. S., & Wampler, K. S. (2003). How bad is it? Perceptions of the relationship impact of different types of Internet sexual activities. *Contemporary Family Therapy, 25*(4), 415–429.

Parks, M. R., & Floyd, K. (1996). Making friends in cyberspace. *Journal of Communication, 46*, 80–97.

Roscoe, B., Cavanaugh, L., & Kennedy, D. (1988). Dating infidelity: Behaviors, reasons, and consequences. *Adolescence, 23*, 35–43.

Schwartz, H. (1990). *Narcissistic process and corporate decay: The theory of the organization ideal*. New York: New York University.

Shaw, J. (1997). Treatment rationale for Internet infidelity. *Journal of Sex Education and Therapy, 22*(1), 29–34.

Spytech online. (n.d.). Retrieved March 29, 2006, from http://www.spytech-web. com/spouse-monitoring.shtml

Tidwell, L. C., & Walther, J. B. (2002). Computer-mediated communication effects on disclosure, impressions, and interpersonal evaluations: Getting to know one another a bit at a time. *Human Communication Research, 28*, 317–348.

Walther, J. B. (1996). Computer-mediated communication: Impersonal, interpersonal and hyperpersonal interaction. *Communication Research, 23*, 3–43.

Walther, J. B. (2007). Selective self-presentation in computer-mediated communication: Hyperpersonal dimensions of technology. *Computers in Human Behavior, 23*, 2538–2557.

Whitty, M. T. (2003a). Cyber-flirting: Playing at love on the Internet. *Theory and Psychology, 13*(3), 339–357.

Whitty, M. T. (2003b). Pushing the wrong buttons: Men's and women's attitudes towards online and offline infidelity. *CyberPsychology & Behavior, 6*(6), 569–579.

Whitty, M. T. (2005). The "realness" of cyber-cheating: Men and women's representations of unfaithful Internet relationships. *Social Science Computer Review, 23*(1), 57–67.

Whitty, M. T. (2008a). Revealing the "real" me, searching for the "actual" you: Presentations of self on an Internet dating site. *Computers in Human Behavior, 24*, 1707–1723.

Whitty, M. T. (2008b). Self presentation across a range of online dating sites: From generic sites to prison sites. Keynote address, London Lectures 2008, December 9, 2008.

Whitty, M. T., & Carr, A. N. (2005). Taking the good with the bad: Applying Klein's work to further our understandings of cyber-cheating. *Journal of Couple and Relationship Therapy, 4*(2/3), 103–115.

Whitty, M. T., & Carr, A. N. (2006). *Cyberspace romance: The psychology of online relationships*. Basingstoke, UK: Palgrave Macmillan.

Whitty, M. T., & Gavin, J. (2001). Age/sex/location: Uncovering the social cues in the development of online relationships. *CyberPsychology & Behavior, 4*(5), 623–630.

Whitty, M. T., & Joinson, A. N. (2009). *Truth, lies, and trust on Internet*. London: Routledge/Psychology Press.

Whitty, M. T., & Quigley, L. (2008). Emotional and sexual infidelity offline and in cyberspace. *Journal of Marital and Family Therapy, 34*(4), 461–468.

Yarab, P. E., & Allgeier, E. (1998). Don't even think about it: The role of sexual fantasies as perceived unfaithfulness in heterosexual dating relationships. *Journal of Sex Education and Therapy, 23*(3), 246–254.

Yarab, P. E., Sensibaugh, C. C., & Allgeier, E. (1998). More than just sex: Gender differences in the incidence of self-defined unfaithful behavior in heterosexual dating relationships. *Journal of Psychology & Human Sexuality, 10*(2), 45–57.

Young, K. S. (1998). *Caught in the Net: How to recognize the signs of Internet addiction and a winning strategy for recovery*. New York: John Wiley & Sons.

Young, K. S., Griffin-Shelley, E., Cooper, A., O'Mara, J., & Buchanan, J. (2000). Online infidelity: A new dimension in couple relationships with implications for evaluation and treatment. *Sexual Addiction & Compulsivity, 7*, 59–74.

第12章
網路成癮住院治療的
十二步驟復原模式

Shannon Chrismore、Ed Betzelberger、
Libby Bier 和 Tonya Camacho

對物質依賴這種疾病（即病徵、症狀、影響、治療等）已經有充足的文獻記載。對於病態性上網卻很少文獻討論，特別是處理被診斷為網路成癮個案的住院治療模式。本章將探討治療中心以往用在物質依賴以及行為成癮（包括：賭博、網路、電視遊戲、購物、性及食物成癮，以及慢性疼痛相關的成癮）的住院治療模式。本章也討論結合專業人員與十二步驟的戒癮團體模式，為了更加了解網路成癮者接受的治療與團體治療，我們先從網路成癮、情感匿名會（Emotions Anonymous, EA）與特殊族群的基本概念開始介紹。目前網路成癮還未列入 *DSM-IV-TR*（American Psychiatric Association, 2000），是否納入 *DSM-5*（Block, 2008）也還有一些爭論。許多專有名詞已經用來描述這種行為，如強迫性上網、過度上網及網路誤

我們感謝下列協助本章完成的：Pam Hillyard 主任；Phil Scherer 現場經理；Coleen Moore 市場及招生經理；與 Bryan Denure 現場經理。

用，在本章則以網路／電腦成癮交替使用。

在 1996 年，伊利諾州成癮康復機構（Illinois Institute for Addiction Recovery, IIAR）在研究其他行為成癮，特別是病態性賭博的篩檢效力後，開始治療網路成癮。同時，像美國線上（America Online, AOL）這種以分計費的網站入口，對那些努力控制上網的使用者造成重大顯著的經濟負擔。請注意本章接下來將著重伊利諾州成癮康復機構治療網路／電腦成癮的經驗，因此只討論伊利諾州成癮康復機構的治療建議及策略，其餘治療方式將在其他章節討論。

 ## 網路成癮的衝擊

大部分的雇主提供他們的員工上網是希望增加生產力，而研究卻顯示愈來愈多人關注工作時的網路成癮。美國哈里斯市調公司（Harris Interactive, Inc., 2005）針對員工及人力資源（human resources, HR）經理，做了一項關於員工上網的調查，他們發現三分之一的上網時間都跟工作無關；80%的公司提到他們的員工用各種像是下載色情圖片的方式濫用上網的權限，除了收發信件及即時通訊外，員工還有些上網購物拍賣、瀏覽新聞、下載色情圖片、賭博這類常見成癮性上網活動。網路誤用會減少生產力，其代價超過一年 850 億美元，然而，這代價沒有包含家庭的部分，如離婚、家庭暴力、侵害、捨棄家庭聚會的時間或自殺，這些只是冰山一角。網路成癮的代價還包含藥物及酒精依賴。在伊利諾州成癮康復機構治療的網路成癮病人中有 41%的病人同時具有藥物及酒精依賴的雙重診斷（dual diagnosis）（Scherer, 2009）。然而，解讀此結果必須要很

小心，因為在伊利諾州成癮康復機構治療網路成癮的大部分患者起先都是基於藥物或酒精問題而來，而網路成癮是藉由篩檢工具所偵測。憂鬱症狀在網路成癮病患也很常見，在伊利諾州成癮康復機構治療的病患中，有 88% 的病患在憂鬱症類群中具有共病（如雙極性情感疾患、低落性情感疾患或重度憂鬱症）（Scherer, 2009）。憂鬱症狀與病態性上網有強烈相關性，且愈憂鬱愈容易變成網路成癮（Ha et al., 2007; Young & Rodgers, 1998）。

社會大眾對日新月異的科技及網路的依賴增加，不只帶來娛樂，也帶來隱憂。整體而言，大多數人都能瀏覽網路、透過即時通訊或聊天室聊天、為了社交或娛樂目的玩線上遊戲，並未經歷負面結果。然而，有人失去了控制，最後導致問題性或甚至病態性上網。這就是專家和十二步驟小組提供協助及支持的地方。

 ## 情感匿名會

把伊利諾州成癮康復機構的治療計畫整合到網路／電腦成癮中，存在著困境。以十二步驟為基礎的治療計畫裡，伊利諾州成癮康復機構必須找尋一些方式將此十二步驟原則應用在網路／電腦成癮的新概念中。

▶▶ 行為成癮 = 物質成癮

- 失去控制力。
- 無法試圖減少或停止此行為。
- 大量時間耗費在思考或從事這種行為。

- 即使造成負面的後果仍繼續此行為。
- 戒斷症狀，如煩躁、頭痛或坐立不安。
- 增加使用物質或行為的需求量。
- 由於這些行為而改變社交、職場或娛樂活動。

網路成癮如同物質成癮，是一種原發性、持續進行的疾病。

▶▶ 建立診斷

- 企圖控制：有或無。
- 隱瞞用電腦的相關問題：有或無。
- 造成生活上重大的損害：有或無。
- 有問題的行為：有或無。
- 增加耐受性：有或無。
- 興奮及罪惡感：有或無。
- 戒斷症狀：有或無。
- 全神貫注在網路上：有或無。
- 避免或減少用電腦：有或無。

僅有相對少數的文獻討論電腦及／或網路成癮，而且也沒有用十二步驟設計的治療計畫。伊利諾州成癮康復機構認為許多沉迷於高科技產品的人也有心理健康的問題，如憂鬱症、焦慮症或社交孤立。

我們發表了《情感匿名會》（*Emotions Anonymous*）這本書。「情感匿名會是一群人們分享自己的經驗、情感、優點、缺點及希望，以解決他們的情緒問題，並發掘和未解決問題和平相處的方法」（Emotions Anonymous Fellowship, 2007）。

　　情感匿名會開始於 1971 年明尼蘇達州明尼阿波利斯，但回溯自
1965 年，當時 Marion F. 看到報紙文章寫到，有個團體採行戒酒匿
名會（Alcoholics Anonymous, AA）十二步驟來克服情緒問題
（Emotions Anonymous Fellowship, 1995）。Marion 身受多年情緒及
身體的問題之苦，一想到這對自己可能是答案，便對明尼蘇達州沒
有這個團體的聚會感到失望。Marion 的康復之旅，從她於 1966 年
在明尼蘇達州開創的第一個精神官能症匿名會（Neurotics Anony-
mous）開始，最後引向情感匿名會的成立。當情感匿名會手冊在
2007 年開始印製最新版時，全世界有超過一千三百個情感匿名會分
布在超過三十五個國家（Emotions Anonymous Fellowship, 2007）。

　　情感匿名會在文獻中公開陳述：「情感匿名會歡迎所有人……
我們來到情感匿名會，只因為人生不順，而且我們在尋找一個較好
的方式。或者，我們正處於絕望深處……導致我們尋求協助的症狀
很多種」（Emotions Anonymous Fellowship, 1995）。在理念上，情
感匿名會歡迎各式的人們，但依循戒酒匿名會的結構（步驟）及指
引（傳統）。對伊利諾州成癮康復機構來說，為病人在住家附近找
到面對面的聚會並不容易，但他們發現情感匿名會手冊是無價之
寶。病人從閱讀情感匿名會手冊中，得到和酗酒者從戒酒匿名會手
冊中所獲得的類似經驗。

　　由於很少有情感匿名會聚會，醫師必須要求網路成癮者先從其
他的十二步驟聚會如戒酒匿名會尋求幫助及支持，並運用他們今天
不要使用網路的意願而來參加此集會。網路成癮者若過去沒有物質
成癮問題，可能難以認同酒癮者或其他成癮者，而不願意參加情感
匿名會以外的活動；但因為情感匿名會較少及復發率高，對網路成

癮者非常重要的是，應接受十二步驟計畫的持續支持，無論他是否來情感匿名會。有些網路成癮者為了避免「交叉成癮」（cross-addiction，用一種成癮來取代另一種）的可能性，會選擇避開改變情緒與行為的藥物。有時他們有兩位贊助者會很有用——一位來自情感匿名會（假如沒有相同性別的贊助者，可以選擇不同性別的贊助者），另一位來自步驟計畫（來自另一個十二步驟計畫的相同性別贊助者）。

　　情感匿名會並未針對家人提供團體，如酒癮家屬團體（Al-Anon）或賭癮家屬團體（Gam-Anon）。我們鼓勵家庭成員及重要他人去參加十二步驟支持團體，以處理所愛者的成癮問題，並學習如何建立健康的界線。也鼓勵網路成癮者的親屬，求助如家庭匿名會（Families Anonymous）、共依存症匿名會（Codependents Anonymous）或酒癮家屬團體。這些團體提供家庭成員一個地方可以分享他們的經驗，並獲得其他正處理所愛者成癮行為問題的人的支持。

 ## 特殊族群

　　關於網路成癮者的典型特徵，各界仍存在歧見。刻板印象裡，網路成癮者像個電腦玩家的典型模樣——很懂電腦又內向的年輕男性。然而，在伊利諾州成癮康復機構治療網路成癮的病人中，不到一半（47%）為 30 歲以下的男性（Scherer, 2009）。在所有不到 30 歲的病人當中，網路成癮者占 65%；以性別來看，71% 都是男性。雖然這些資料來自很小的族群而不能代表所有網路成癮者，網路成癮者可能多為男性或是年輕人，而未必是年輕男性。其他研究也支

持男性較可能是問題性上網者的看法（Mottram & Fleming, 2009）。

目前，還沒有能夠預測誰將變成問題性上網者的人格特徵。同樣也不清楚的是，是否具有某些特質的人較容易花很久的時間上網，或者因為上癮而形成某些特質。但研究確實指出，問題性上網者有某些共同特質。和非網路成癮者相較，網路成癮者通常花更多時間上網、常是網路俱樂部和組織的會員、結交更多的網友（Shek, Tang, & Lo, 2009）。這些人不只花更多時間在網路相關的活動上，他們也用網路活動取代了其他休閒活動，如：和朋友一起做事、看電視等等。其他研究指出有抽象思考技巧的人，可能被網路的刺激性所吸引（Young & Rodgers, 1998）。外向特質是否與網路成癮形成有關，仍有所爭論。當一個人獨自上網，網路的互動性質可能提供足夠的刺激和與他人的接觸，足以滿足外向者。相較之下，內向者可能喜歡在網路上和其他人有所連結。害羞、內向的人，可能因網路媒介提供的匿名性而感到舒適，但他們對於交談與自我揭露仍舊感到困難（Brunet & Schmidt, 2008）。

▶▶ 女性

在一般族群中，女性上網比例略低於男性（Fallows, 2005）。網路成癮研究指出男性比例高於女性（Zhang, Amos, & McDowell, 2008）。伊利諾州成癮康復機構的求診資料（29%為女性，71%為男性）也支持這個發現（Scherer, 2009）。女性傾向參與社交型的線上活動。線上社交活動包含：聊天室、即時通訊，以及社交網站如臉書、MySpace、LinkedIn、推特。女性可能發現自己藉由瀏覽網站來逃避生活壓力。一般而言，女性網路或電腦成癮者，和男性成

癮者相較，承受了較大的家庭與人際關係上的問題。許多女性是家中小孩的主要照顧者。當她們出現問題性上網時，就無法持續家庭活動或照顧的角色。當女性網路成癮者是主要照顧者，這樣的缺席就會危害家庭系統。這也是女性較少進入網路成癮治療的一個原因。

▶▶ 青少年

青少年通常因為線上遊戲問題來求診，且多半為男性（67%男性，33%女性）。過去三年在伊利諾州成癮康復機構治療的病人當中，只有35%在19歲和以下。若將年齡範圍限定在30歲以下，比例大大地改變，65%落在19歲以下的區間（Scherer, 2009）。過去三年在伊利諾州成癮康復機構治療網路成癮的多數青少年男性，都是治療線上遊戲問題。和年紀較大的人相比，青少年更常玩「大型多人線上角色扮演遊戲」，許多玩家連結到一個共用主機或網路源，同時間玩同一個遊戲（Smahel, Blinka, & Ledabyl, 2008）。這些遊戲很刺激、互動性高、耗費無數小時在線上，在在讓人暴露在成癮的風險之中。玩家可以藉由螢幕上的文字及／或聲音來溝通。常見的大型多人線上角色扮演遊戲包括：魔獸世界、無盡的任務（EverQuest）、網路創世紀（Ultima Online）、龍與地下城（Dungeons and Dragons）、太空戰士（Final Fantasy）。若網路成癮者沒有玩大型多人線上角色扮演遊戲，他可能是在玩單機或電視遊戲，如任天堂、Game Boy、Xbox 和 PlayStation。

過去三年來，很少少女們（兩位）進入伊利諾州成癮康復機構的網路成癮治療。這些少女們同時玩大型多人線上角色扮演遊戲和

模擬遊戲。模擬遊戲讓玩家能夠創造他們的新身分或角色，並觀看這些新角色演出自己的人生。少女們較可能去參與如MySpace的社交網站，而不是線上遊戲。

 ## 篩檢及評估工具

本節探討篩檢和評估工具，以及網路成癮者相關的其他議題。治療的第一步在於透過心理篩檢、生物心理社會取向的會談、疾病史，以及其他資料蒐集技巧中的「親友問卷」（concerned person questionnaire, CPQ）來蒐集資訊。

雖然*DSM-IV-TR*並未特別將網路成癮當作個別診斷，確實允許將這種成癮行為診斷為「非特定（Not Otherwise Specified, NOS）之衝動控制疾患」。因此對於醫師而言，很重要的是在衝動控制疾患的概念下，察覺它的診斷特徵。在評估一位網路過度使用者時，是否構成非特定診斷的清楚定義是很重要的。不像其他衝動控制疾患的正式診斷，非特定診斷並未特別標出構成正式診斷的準則。*DSM-IV-TR* 只提供醫師一個指引，而非一套清楚的準則。在評估的過程當中，醫師有責任與團隊成員回顧資訊，以在建立非特定診斷之前，排除其他可能疾病。任何衝動控制疾患的特徵包含：無法抗拒衝動去從事破壞行為，及／或行為期間或之後的欣快感。如同其他成癮行為，當事者在他們生活各方面經歷嚴重後果。他們常因網路過度使用而造成關係失和、失業問題、對以往覺得重要的其他活動喪失了興趣。

在治療網路成癮者的時候，很重要的是篩檢其他成癮，如：酒

精、藥物、性愛、病態賭博、食物、強迫購物／花費，以及其他精神健康疾患。通常，一個人從事和賭博、購物、性愛相關的線上成癮行為時，會說需要做網路成癮評估。很重要的是，去決定是否網路或電腦的使用是有問題的？或者他／她只是把網路當成病態性賭博、強迫購物／花費、下載色情資訊的工具？在這樣的情況下，治療網路成癮可能錯失了底下的問題行為。

據估計，86%的網路成癮者有其他的 *DSM-IV-TR* 診斷（Block, 2008）。過去三年來在伊利諾州成癮康復機構治療網路成癮的人，94%有其他 *DSM-IV-TR* 診斷；81%有某種情感疾患（重鬱症、情緒低落疾患，或雙極性疾患）；44%有一個物質依賴診斷；56%有另一種行為成癮診斷（強迫購物／花費、病態性賭博、性愛成癮，或飲食疾患）。

精神評估是合適且重要的，才能決定共病問題與藥物使用。如先前所討論，在此族群中有極高共病率，詳細的精神評估可以把治療計畫與預防復發的重要資訊提供給病人與醫師。這個評估也許可以得知，是否病人當下有自傷或傷人的想法。對於有自傷或傷人想法的病人而言，建議完成自殺風險評估，以決定必要的防範以及訂立安全契約。

除了精神評估與社會心理篩檢，完成心智狀態檢查是有助益的，確認病人對人、時、地的定向感，並排除有任何器質性疾患。這些篩檢工具將能協助建立病人的治療計畫。很重要的是治療整個人，若非如此，對病人不公平，他／她復發的危險也會增加。若醫師不知道其他成癮或精神診斷而只治療酒癮，但病人同時有網路成癮，他將可能戒了酒但上網增加。所以，病人並未真的痊癒。醫師

可能困惑，好奇為何病人仍舊不健康而且沒有進步。

在治療的前二十四小時，護士完成護理評估，主治醫師完成病史與身體評估。在治療網路成癮者時，一些身體狀態的考量包括：

- 糖尿病患者持續強迫性或問題性使用網路，沒有離開電腦去吃或檢測血糖，造成需要治療來調整他／她的血糖。
- 網路成癮者忽略服用血壓藥，所以導致血壓升高；當患者來求診，他／她需要做藥物的評估與持續的監測。

生物心理社會模式的評估，使治療師能夠蒐集更多病人資訊，以決定療程。評估包含以下議題：家庭、法律、教育、職業、性、虐待（包括任何家庭暴力）、物質或其他行為成癮、情緒、靈性、環境（例如：你住在哪裡？在你家誰掌管財務？治療有金錢的顧慮嗎？）。也會評估治療前的休閒活動、治療後的目標，以及病人的優缺點。

由 David Greenfield（1999）所發展的「線上成癮檢測」（Virtual Addiction Test, VAT），只是檢測成癮傾向的一種篩檢工具。使用如線上成癮檢測的工具，對於那些想要辨認上網是否出了問題的人，提供了不少好處。它提供了病人一種非侵入性的方式來檢視他們的行為。由於許多病人會感到抗拒，這種個人省思的機會，可提供正式評估過程中更開放的對話。這篩檢是短的而且易於了解，讓病人可以清楚扼要地用「是」或「否」回答問題，而不會使他們行為被草率地合理化。當此篩檢被用作正式評估的輔助時，它可以協助指引醫師辨認關鍵領域。相反地，它提供醫師重要的資訊以對問題行為有所洞察。如線上成癮檢測的篩檢工具，在篩檢其他衝動控制疾患或物質相關疾患上，也很有助益。如同任何完整的評估過

程，篩檢其他潛在疾患很重要，而且很容易透過這類篩檢的使用來達成。

另一項篩檢工具——網路成癮評量表——可以用來決定一個人網路成癮的程度（Young, 2006）。這是一項自填、二十題的評量表，病人可以填答網路相關行為的頻率，以及這些行為影響他們生活到何種程度。譬如，要求病人去探索失控感、不誠實、偷偷摸摸上網；怎樣都戒不掉；以及負面情緒等。網路成癮評量表可以提供醫師病人線上成癮行為的狀況，可當作篩檢工具來指引進一步的評估。它也是在英文（Widyanto & McMurren, 2004）、義大利文（Ferraro, Caci, D'Amico, & Di Blasi, 2007）、法文（Khazaal et al., 2008）裡，第一個被確認的工具。

另一項可以協助蒐集更多資訊來決定治療方式的，就是請重要他人及／或其他家庭成員來完成「親友問卷」。親友問卷類似於病人詳細的生物心理社會會談，但親友問卷可以由關心的親友完成，且不一定有制式的會談。這並不是一個用來作為被驗證過的診斷工具，而是包含了有關親友的一系列問題，以提供他們對於成癮如何影響了病人生活的觀點。它也提供治療師關於疾病如何影響親友的新觀點。這項資訊對突破病人剛接受治療時的否認很有用（Illinois Institute for Addiction Recovery, 2008）。

雖然這些篩檢工具可能蒐集到一些類似的資訊，因此或許有點累贅，但它們可協助治療師獲得病人全貌。網路成癮者通常要處理高程度的否認，特別是該行為對他／她生活造成的影響。這些工具讓治療師能夠發現病人自我報告中的矛盾，探索網路問題使用對生活造成的影響，讓治療師能夠面質病人並且將他／她帶到疾病的現

實中。

　　篩檢與評估工具協助醫師把病人放在正確的治療中。美國成癮科學會（American Society of Addiction Medicine, 2001）建立的指引是很有用的，能夠評估病人六方面的穩定度：急性中毒／戒斷傾向、身體疾病併發症與狀況、情緒／行為／認知併發症與狀況、準備改變的動機、復發／持續使用／持續問題風險、痊癒環境。網路成癮病人可能因為網路過度使用及忽略健康而有身體併發症，但他們幾乎一定有相關問題，如：情緒、行為或認知併發症、準備改變的動機、復發傾向，以及痊癒環境。住院或部分住院治療提供整合式的治療團隊，能夠著眼於身體與精神問題，提供高度結構化的環境，讓當事者能夠了解成癮現象，並開始在改變的階段上有所進展。

 ## 住院／機構治療

　　在治療最初的七十二小時，案主會被要求定義何謂戒癮，並開啟有關他／她所定義的戒癮和網路成癮行為之間的對話。通常，此定義會隨著病人治療的進展、開始接受有關成癮疾病的教育，並變得願意面對網路／電腦過度使用在他／她生活所造成的衝擊，而變得比較有深度。

　　在治療的第一天，除了介紹十二步驟概念以及戒酒匿名會第三傳統外，也會解釋網路與電腦成癮。所有病人被要求在治療時，戒掉酒精、藥物以及其他成癮行為。案主會拿到一本《情感匿名會》手冊，以及戒酒匿名會與戒毒匿名會（Narcotics Anonymous, NA）

的文本，以了解十二步驟哲學的起源與背景。其他作業包括：由步驟一開始探索病人對於網路成癮的無力感與無能感、關於否認的作業，以及病人對於開啟復原過程的感受。在第一個禮拜結束前，這些作業必須完成而且和諮商師一同回顧。病人也必須參與其他成癮的團體治療，以及參與整個單位的治療環境（包含但不侷限於各種成癮的教育，而且不只是網路成癮）。

制定主要治療計畫的復健會議，會在住院七天內舉辦。會議中，治療團隊成員（包括：諮商師、臨床協調師、護士、督導醫師、病人財務機構代表、會診醫師）回顧診斷，並討論從病人初始評估、護理評估、生物心理社會會談以及間接來源蒐集到的相關資訊。會議中，主要治療計畫包含病人必須完成的目標、目的以及銜接門診治療的方法。主要治療計畫會在團隊會議的二十四小時內，和病人一起回顧。

除了標準的諮商師團體治療，網路成癮者參與特定的行為成癮（process addiction）團體，這才能具體討論他們的成癮。他們將參加網路／電腦成癮之過程成癮團體，每週兩次，並處理網路成癮的獨特挑戰。特定議題的討論會聚焦在病人在家中、工作、學校和社會上的人際關係如何被成癮所危害，並把焦點放在他們孤僻的行為。

有個重點在於討論病人對於網路／電腦使用所感受到的需求，以及當網路／電腦的使用是必需的時候（如，工作上）所引發的障礙。每週一次，案主參加行為成癮團體治療，包含各種行為成癮的案主們（食物、性愛、賭博、購物／花費、網路／電腦／電玩）。在這團體中，他們討論他們的行為成癮在過去一週如何影響自己、

互相提供支持、面質彼此的不健康行為與上癮時的合理化藉口，以及處理難以做改變的感受。當網路成癮者把大多數時間花在由所有種類成癮者（包含物質與行為）所組成的治療團體中，他們就能夠討論這些成癮和困難，以了解戒癮和復發在痊癒中的角色。病人若有共病的成癮與精神診斷，也會參加每週一次的雙重診斷團體。憂鬱與焦慮是接受網路成癮治療者最常見的精神診斷；76%有某種憂鬱診斷，24%有焦慮疾患（Scherer, 2009）。如同其他成癮，網路成癮者經歷生活的危害。一些常見的後果包括：

- 每個月和電玩相關的財務負債，以及裝備的成本（特製雙耳式耳機／麥克風、耳機控制組、遊戲、電腦、擴音器、高速處理器、數據機、高解析度螢幕、影音系統）。
- 沒去工作、學校（被解僱、停職、退學）。
- 自殺意念／嘗試／行為。
- 缺乏有意義的人際關係。
- 社交笨拙。
- 營養不良。
- 衛生差。
- 家庭失和。
- 缺乏靈性或情緒的健康。
- 未能達成個人義務或責任。

 ## 網路成癮的治療考量

治療過程中有許多特別考量，是治療師和成癮者一同努力時必

須察覺的。雖然物質成癮和行為成癮有許多相似處,網路成癮者的某些人格特質,可能構成治療過程的特別障礙。本節討論團體治療過程,以及家庭、支持系統的角色。如同大多數治療計畫,都很強調復發的預防,以及制定順利出院與追蹤的計畫。復發預防技巧與工具的使用,情感匿名會和其他十二步驟會議及門診追蹤,也都會在這裡說明。

如同多數成癮與精神治療計畫,團體治療是優先的選擇。團體治療的過程提供一個結構以建立治療同盟,這對於成癮者是關鍵的。當中許多人習於隔離,把社交侷限在線上虛擬世界。團體治療給病人一個機會,去參與健康互動,包含給予並接受誠懇的回饋。羞恥感、罪惡感、否認為成癮者所共有,然而網路成癮者對其行為有更多的否認與合理化,其他不清楚網路成癮疾病概念的人常會支持網路成癮者的這些看法。

考量網路成癮的本質,其和物質使用相比,較少有身體症狀。所以在別人察覺問題之前,他可能已經進入網路濫用的病理期。對於網路成癮者,孤立通常是他們成癮時最大的夥伴。治療主要工作之一,是點出逃避的成分以及它提供的功能。同時,治療師的主要技巧,在於將網路成癮者連結至治療團體的其他成員。網路成癮者的孤立本質很重要。當案主能夠發現他們和其他團體成員的相似性,孤立感和羞恥就開始減輕。

治療團體的組成值得注意。在許多治療環境,團體成員混雜著多種成癮,如:物質、性愛、強迫賭博、網路等。團體的組成會帶領治療師選擇不同的處遇,且會影響團體過程(Yalom, 1995)。一個用來強調此現象的主要方法,是透過跨成癮教育(cross-addiction education）（以整體治療環境，強調多種成癮行為的現實）。這擴展了團體成員理解的廣度，也為網路成癮者在治療中減少了一些漏洞。如同所有個人生活的改變，阻抗、防衛、焦慮都是過程的正常部分（Yalom, 1995）。在治療過程的開端，許多病人在這些議題上努力，其他成癮的人也是。

在討論家庭／支持系統的角色時，有些重要議題應謹記在心。在團體治療過程，應特別注意認知扭曲。治療團隊和支持系統間的一致性，在協助個案對抗或避免思考扭曲上很重要。病人在治療過程中，心情和性情會改變。剛開始，許多病人表現得機智、社交笨拙、優越、常常內向、孤僻，並且大都否認他們的成癮行為。有些病人可能表現外向，然而這可能是誇大，以彌補社交信心的缺乏。許多病人用機智（intelligence）來防衛，試圖運用科技知識來造成失焦，或辯稱他們沒有問題。其他人可能用它來支撐驕傲的優越感，讓別人不能在情感上太靠近他。對於這些病人，在進入治療前，網路成為他們的社交環境。他們可以成為任何人，做他們想做的事，而不會真的被看到。他們保護自己，不去感覺到真的被拒絕。被迫和活生生的人們打交道，會引起焦慮，而以敵意或孤立的方式表現。

在整個治療過程，焦慮會慢慢消散，因而社交笨拙會緩解，使病人更親近同儕與重要他人。有進展的病人，會在團體中冒險分享他們的故事和感覺，傾聽其他人的回饋。主要諮商師必須在治療早期鼓勵病人冒這些險。那些能夠挑戰自己、修通社會化過程中不適情緒的病人，最後能夠在個人與工作／學校環境建立有意義的關係。

復發預防

　　復發預防計畫，如所有成癮，從案主進入治療的第一天就開始了。復發預防計畫是一系列定義清楚的步驟，案主能用以降低回復成癮狀態的風險。復發預防程序可以利用不同角色與變化，端視案主照護的等級。當病人在住院的環境，復發預防是個準備的程序，協助他們進入門診治療。在住院期間，計畫的制定包含：建立支持網絡、確立十二步驟會議、羅列可能復發誘因，以及潛在的復發警示徵兆。一旦病人進入門診環境，焦點將改為復發預防工具及技巧的實際運用。在這個較為緊張的治療期，復原中的網路成癮者將開始運用以上資訊。對於沒有經歷住院療程的病人，教育和計畫過程是類似於住院環境的。門診中的案主將積極參與十二步驟會議，像是情感匿名會，和規律又積極的復發預防團體。治療師所擬訂的治療目標之一，就是強化情感匿名會會議的參與，並且在治療早期得到情感匿名會贊助者。如本章前面所討論，十二步驟的參與對於每位病人的社會支持與復發預防網絡是很重要的部分。

　　在進行復發預防作業時，會挑戰病人去辨認引起成癮行為的特定誘惑，以及辨認復發徵兆的警示。必須完成網路成癮復原計畫，它是復發預防的一部分。病人會定義，當他／她清醒看起來是什麼樣子。物質成癮的戒癮與清醒，定義很簡單——不要去喝或去用。但由於網路的本質，戒癮與清醒的定義在行為成癮上會是模糊的。病人藉由他所受的教育或同儕來創造出特別的定義，可能隨時間改變。他們也會定義網路成癮的復發在態度和行為上看起來怎麼樣，

以及何謂完全的復發。復發對不同人而言是不同的。對某人來說，復發可能是觸摸一個電腦按鍵，對另一個人來說，可能是玩電玩或逛網站。

治療的最後一週，對病人和重要他人很要緊的是和諮商師討論在家中電腦或上網的重要性或需要。雖然電腦已變成日常生活的重要部分，但會要求病人辨別使用電腦的「想要」（wants）與「需要」（needs）。如果有來自家人和老闆的意見更好，因為病人常會合理化並辯護對於網路／電腦使用的需要。我們發現家人和老闆很支持去做調整，以協助病人戒癮與痊癒。老闆會用監視軟體或限制郵件於內部使用，讓員工工作時電腦完全沒有網路可用。如果確定不需要電腦，會建議家人在病人出院前把網路切掉。此外，建議相關裝備（電視遊戲、配備、電腦、數據機）也要在病人出院前一併移除。這和戒酒者要把所有酒精從家裡清空一樣。很重要的是給病人一個機會，去處理移除這些東西和網路引起的悲傷、失落感，如果確認電腦或網路在家裡仍然需要（譬如，給家人或小孩使用），很重要的是去討論和建立合適的安全措施，製造上網的障礙。推薦家人在每台電腦上設密碼，或把電腦放在鎖起來的房間或櫃子裡，病人才用不到。建議在病人回家前，這些措施就要做好。

對於學校裡的青少年或成人，和他們討論移除家中的電腦與網路是很困難的，因為大多數青少年和 20 歲左右的成人仍在學，通常需要網路查詢或用電腦完成作業。然而，甚至大學教授允許戒網者手寫或使用打字機完成報告。圖書館仍是研究時很好的資源。

許多戒網者可能重新將網路／電腦整合到他們的生活中。很重要的是，在家族會談與復發預防計畫中討論重整的概念，在後續照

顧團體中也持續。藉著回顧網路／電腦問題行為及辨認復發誘因，病人與家人能夠察覺案主健康的網路／電腦使用是什麼樣子。病人可以區辨為何他們需要或想要使用網路／電腦（譬如，寄電子郵件給老朋友，或線上尋找資料），以及為此活動做時間限制。他們被鼓勵和家人、諮商師、後續團體討論這些計畫，以保持責任感。他們也可以處理他們網路／電腦使用的感覺並接受回饋。

　　如同所有成癮行為，持續追蹤對於長期的成功很重要。一旦完成主要治療，接續的照顧團體必須為案主和他／她的支持系統，提供長期的支持機制。持續的照護，可能包含許多不同元素，包括但不限於精神、醫療、教會、財務、心理治療及情感匿名會元素。實際的組合模式，應該在開始持續照護療程前就建立好。治療的最後一週，案主要完成建立持續戒癮計畫的作業，強調應遵循的特定步驟來促進他／她的痊癒。如果有可能，諮商師會安排病人家中有照顧者，來提供持續照護服務，這可能很難，因為網路成癮服務還非常少。很常見的是，網路成癮者必須跑很遠才能找到能夠提供專業協助戒癮的人。如果在該區域沒有網路成癮或衝動控制疾患專門的專業諮商師，案主會被轉到十二步驟取向的成癮治療中心，以調整案主接下來諮商與支持的需求。如同其他形式的治療，定期回顧治療計畫很有用，可以決定目前是否達到需求，或是否產生了新問題。

 ## 結論

　　每天的科技新進展，都在產生對網路和電腦保持連結的依賴。

正如社會已經看到物質成癮的發展與衝擊，我們也才剛開始了解強迫性和問題性網路／電腦使用。當問題性上網的知識與了解增加，我們提供網路成癮者有效治療的能力也會增加。關於網路成癮和治療，顯然我們作為專家仍處於嬰兒期，就像數十年前的物質成癮。在神經生物學、藥理學、心理治療上的新發現，讓更好的治療選項的可能性快速增加。因此，未來在病態性上網與有效治療模式的研究，在健康行為領域是很關鍵的。

　　個人尋求協助與取得治療服務的能力，持續擴展到網路成癮上。在教育個人、政府、社會有關強迫性網路／電腦使用上，我們這些專業人士正陷入苦戰。然而，我們已經起步並將持續攀峰，直到所有為這問題尋求協助的人，都找到他們所需的協助。

American Psychiatric Association. (2000). *Diagnostic and statistical manual of mental disorders* (4th ed., text rev.). Washington, DC: Author.

American Society of Addiction Medicine. (2001). *Patient placement criteria* (2nd ed., rev.). Retrieved from www.asam.org/

Block, J. J. (2008). Issues for *DSM-V*: Internet addiction. *American Journal of Psychiatry, 165*, 1–2.

Brunet, P., & Schmidt, L. (2008). Are shy adults really bolder online? It depends on the context. *CyberPsychology & Behavior, 11*(6), 707–709.

Emotions Anonymous Fellowship. (2007). *Emotions Anonymous* (Rev. ed.). St. Paul: EA International.

Fallows, D. (2005). How men and women use the Internet. *Pew Internet and American Life Project*. Retrieved April 28, 2009, from http://www.pewinternet.org/Reports/2005/

Ferraro, G., Caci, B., D'Amico, A., & Di Blasi. M. (2007). Internet addiction disorder: An Italian study. *CyberPsychology & Behavior, 10*(2), 170–175.

Greenfield, D. N. (1999). Virtual addiction test. Retrieved from http://www.virtual-addiction.com/pages/a_iat.htm

Ha, J., Kim, S., Bae, S., Bae, S., Kim, H., Sim, M., Lyoo, I., & Cho, S. (2007). Depression and Internet addiction in adolescents. *Psychopathology, 40*, 424–430.

Harris Interactive, Inc. (2005). $178 billion in employee productivity lost in the U.S. annually due to Internet misuse, reports Websense, Inc. Worldwide Internet Usage and Commerce 2004–2007. Retrieved from http://www.gss.co.uk/news/article/2105/

Illinois Institute for Addiction Recovery. (2008). [Concerned person questionnaire, rev.]. Unpublished survey.

Khazaal, Y., Billieux, J., Thorens, G., Khan, R. Louati, Y., Scarlatti, E., et al. (2008). French validation of the Internet Addiction Test. *CyberPsychology & Behavior, 11*(6), 703–706.

Mottram, A., & Fleming, M. (2009). Extraversion, impulsivity, and online group membership as predictors of problematic Internet usage. *CyberPsychology & Behavior, 12*(3), 319–320.

Scherer, P. (2009). [Survey of individuals treated at the IIAR for Internet addiction]. Unpublished raw data.

Smahel, D., Blinka, L., & Ledabyl, O. (2008). Playing MMORPGs: Connections between addiction and identifying with a character. *CyberPsychology & Behavior, 11*(6), 715–718.

Shek, Tang, & Lo (2009). Evaluation of an Internet addiction treatment program for Chinese adolescents in Hong Kong. *Adolescence*, Summer 2009.

Widyanto, L., & McMurren, M. (2004). The psychometric properties of the Internet Addiction Test. *CyberPsychology & Behavior, 7*(4), 445–453.

Yalom, Irvin D. (1995). *The theory and practice of group psychotherapy* (4th ed.). New York: Basic Books.

Young, K. (2006). Internet addiction test. Center for Internet Addiction Recovery. Retrieved from http://www.netaddiction.com/

Young, K., & Rodgers, R. (1998). The relationship between depression and Internet addiction. *CyberPsychology & Behavior, 1*, 25–28.

Zhang, L., Amos, C., & McDowell, W. (2008). A comparative study of Internet addiction between the United States and China. *CyberPsychology & Behavior, 11*(6): 727–729.

第 **13** 章

預防青少年網路成癮

Jung-Hye Kwon

　　網路成癮是韓國最嚴重的公共衛生問題之一。這個國家面臨的
挑戰是發展符合經濟效益的策略方法來介入和預防網路成癮，尤其
針對在很早期就開始接觸網路的青少年。雖然預防網路成癮的相關
研究很少，但討論此議題永遠不嫌晚。本章將介紹網路成癮的臨床
表現以及青少年網路成癮盛行率資料，接著是網路成癮的概念模
式，最後是目前預防工作的成果以及未來的方向。

 ## 青少年的網路成癮

　　早期的研究使用個案報告來辨認出網路成癮（例如 Black, Bel-
sare, & Schlosser, 1999; Griffiths, 2000; Leon & Rotunda, 2000; Song,
Kim, Koo, & Kwon, 2001; Young, 1996; Yu & Zhao, 2004）。雖然網
路成癮沒有一致的定義，但相關個案的描述卻是類似的。網路成癮
的人普遍被報導有迫切需要花大量的時間來檢查電子郵件、玩線上
遊戲、加入線上聊天室或上網瀏覽，甚至當這些活動已經造成學業

和／或工作的嚴重失敗、生活作息混亂和家庭及其他人際方面的問題。

過去研究辨認出的網路成癮者大部分是成年人和大學學生。近來,當網路已經變成青少年日常生活學業或休閒的一部分,青少年過度的上網已變成父母、心理衛生專家、教育家和政策制定者逐漸擴大的擔憂。青少年網路成癮的臨床表現特點與成年人表現類似。以下是一位 16 歲高中男生自行前來網路諮商的案例報告。

自從我對 StarC 上癮後,我的學業便在我的生命中敬陪末座,自然地我的成績就一落千丈。雖然我的朋友和家人對此表達擔憂,我似乎無法擺脫對遊戲的著迷而幾乎每夜整晚都在玩……就算睡著了,我仍想著遊戲,有時我會夢見自己是遊戲裡的戰士……我想逃離這種沉迷但就是不能(我通常一天九個小時坐在電腦前,而許多時候,甚至一天二十四小時……)。

我第一次使用電腦是在中學一年級,當時開始打電腦遊戲一部分是因為同儕壓力。起初,我一天打二到三小時電腦遊戲,但當我進入高中,我一天有七到八小時坐在電腦前。如果我沒有花至少那麼多的時間玩電腦遊戲,我就無法專心在學業上,因為我的腦袋裡會充滿著遊戲畫面。

這種過度使用的現象已被貼上網路成癮障礙(Goldberg, 1996)、病態性上網(Young, 1998)和問題性上網(Shapira et al., 2003)的標籤。雖然臨床案例報告已彙集提出網路成癮的存在,研

究者之間對於其概念的本質仍有許多爭議和意見分歧。許多人已努力去定義它和建構其診斷標準（表13.1）。Griffiths（1996）主張許多上網過量的人並非網路成癮者，他提出了要定義某行為是功能上成癮須符合六項特有的症狀：突出性、情緒調節、耐受性、戒斷、衝突和復發。最常被使用的診斷準則之一是 Young（1998）所使用的，他修改了 *DSM-IV* 中病態性賭博的診斷準則來建立病態性上網的診斷準則。近期，Shapira和他的同事認為問題性上網是一種衝動

表 13.1 研究學者提出之網路成癮診斷準則

研究學者	命名	診斷概念	診斷準則
Goldberg（1996）	網路成癮疾患	物質使用疾患	持續的渴望、耐受性、戒斷、負面後果
Young（1996）	病態性上網	衝動控制疾患	過分關注；控制失敗；持續的渴望；耐受性；戒斷；停留在網路的時間比預期更久；使用網路來逃避問題；為掩蓋上網程度而說謊；有喪失重要關係、工作或是教育或工作機會的風險
Griffiths（1996）	網路行為依賴	物質使用疾患	突顯性、情緒調節、耐受性、戒斷、衝突、復發
Shapira 等人（2003）	問題性上網	衝動控制疾患	過分關注、臨床上有意義的困擾或功能損害
Ko 等人（2005）	網路成癮	衝動控制疾患、行為成癮	過分關注；抵擋衝動不斷失敗；使用網路時間比預期更長；戒斷；持續的渴望及／或嘗試減少上網失敗；花過多時間；花過多精力來上網；就算已知有持續或再發的生理或心理問題，仍繼續大量上網；功能損害

291

控制疾患，而提出了一個更廣泛的診斷準則（Shapira et al., 2003）。

Ko 和他的同事也嘗試為網路成癮構想出一套診斷準則（Ko, Chen, Chen, & Yen, 2005）。雖然網路成癮的定義與命名在研究者間有所變異，所有的定義在形容網路成癮時都包含下面四項特質：(1)強迫性使用；(2)耐受性；(3)戒斷；(4)負面後果（Block, 2008）。

強迫性上網指的是成癮者對在網路上花愈來愈多的時間無法控制。這常伴隨著對時間流逝沒有感覺或是對生理基本需求的忽略（「他根本不離開他的電腦房，甚至洗澡或吃飯時間也是」、「他經常整夜不睡」等等）。耐受性是指需要在網路上花更多的時間來達到與成癮者過去經驗同等程度的興奮或滿足感（例如，「在她玩電腦遊戲的早期，她僅需要一或二個小時就滿足了。現在，一旦開始玩，她就要花至少五到六小時」）。戒斷指的是成癮者在無法使用電腦時感覺憤怒、緊張、易怒和／或憂鬱。有些人當沒有電腦的時候，用令人想起敲打鍵盤的方式敲擊他們的手指，且反覆思考著他們在網路上做過的事。負面後果包括與家人和朋友疏遠或爭執、忽略工作或個人的責任、低成就、減少身體活動、疲累和不健康。

最近一個由症候群的角度看待成癮問題的研究方法或許值得注意（Shaffer et al., 2004）。Shaffer 和他的同事提出每個表現上獨特的成癮疾患，像是酒精成癮或病態性賭博，都應該視為單一潛在成癮症候群之特有表現。依照這更廣泛的概念，網路成癮能被理解為成癮症候群的一個新的表現，與其他成癮疾患享有共通的現象（例如，耐受性和戒斷）和後遺症。在目前網路成癮研究的早期，要驗證網路成癮是否真的是成癮症候群其中一種表現似乎不太可行。但是，將網路成癮理解為成癮症候群可提供一個實用的觀點來了解網

路成癮的現象，並發展它的治療與預防方法。舉例來說，在網路成癮個案上觀察到的高共病率常被提出來作為反對將網路成癮視作一獨立疾患的證據（Black, Belsare, & Schlosser, 1999）。此特色也常在物質與行為成癮中觀察到（Kessler et al., 1996）。

曾經也有報告指出網路成癮對治療無效而且復發率也高（Block, 2008）。酒精與藥物成癮的高復發率是有據可查的。舉例來說，約 80% 到 90% 進入成癮復原階段的人在接受治療的第一年內復發（Marlatt, Baer, Donovan, & Kivlahan, 1988）。

從症候群的角度來看，最有效的治療是多方處理法，它包含了特定主題及一般成癮治療。事實上，多元化預防性介入已被證明對於阻止抽菸非常有效（Botvin & Eng, 1982），這或許和尋找網路成癮有效的治療和預防方法有直接的關係。

▶▶ 青少年網路成癮盛行率

本節簡短介紹利用自填性韓國網路成癮量表（Korean-Internet Addiction Scale, K-IA）所做的韓國全國調查之發現（Kim, Park, Kim, & Lee, 2002），與檢視青少年網路成癮的盛行率。在 2008 年，此調查使用分層抽樣方法取樣 5,500 人（2,683 名介於 9 到 19 歲青少年以及 2,817 名介於 20 到 39 歲成人）。韓國網路成癮量表──青少年版（K-IA-A）是由四十個項目的 4 分制李克特量表（Likert scale）組成，有七種分項量表如下：適應功能障礙（九項）、現實感知障礙（三項）、對網路之正向期待（六項）、戒斷（六項）、虛擬人際關係（五項）、脫序行為（六項），和耐受性（五項）。此調查辨認出有網路成癮高風險的青少年總得分超過 94 或在其中三

種分項得分如下：適應功能障礙＞21、戒斷＞16，和耐受性＞15。
此調查也辨認出有網路成癮風險的青少年（總得分＞82或適應功能
障礙＞18、戒斷＞14，和耐受性＞13）。

　　高風險青少年比例是 2.3%，對比成人為 1.3%。有風險的青少
年估計約是 12.0%，對比成人為 5.0%（Korean Agency for Digital Op-
portunity and Promotion, 2008）。可見圖 13.1。當依據年齡來看盛行
率（合併高風險和有風險的族群），盛行率在 16 到 19 歲間最高
（15.9%）。有次高盛行率的是年齡 13 到 15 歲的這組（15.0%），
而有最低盛行率的是年齡 35 到 39 歲這組（4.8%）。在高風險和有
風險的青少年百分比上存在著性別差異。此調查估計 3.3%的男生和
1.1%的女生落在高風險組，而 13.6%的男生和 10.4%的女生落在有
風險組。綜合高風險與有風險的青少年為雙親家庭者是 13.9%，而

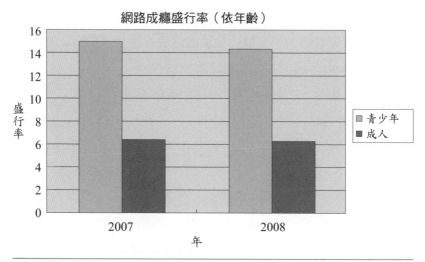

圖 13.1　成人與青少年中網路成癮之比例

294

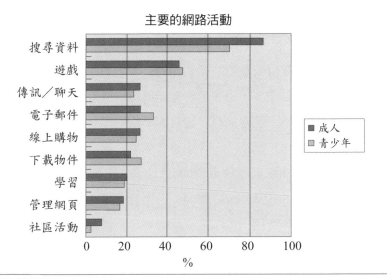

圖 13.2 主要的網路活動

單親家庭者是 22.3%。

此項調查檢視何種網路上的網路活動是高風險組、有風險組與正常組最常參與的。搜尋資訊的頻率在高風險組（68.8%），有風險組（75.7%）與正常組（79.8%）是類似的。然而，玩遊戲的頻率則在高風險組（61.5%）、有風險組（64.5%）與正常組（45.3%）有顯著不同。此發現指出使用網路玩遊戲的個案有較高的風險發展出網路成癮。當把青少年與成人主要從事的活動分開來考慮，結果顯示高風險青少年參與遊戲的比例（53.5%）比正常青少年（28.0%）多出許多。相反地，高風險成人的網路活動包括電影、音樂和個人嗜好（58.8%）比正常成人（28.5%）的還多。見圖13.2。

▶▶ 高風險青少年的特質

　　有許多的研究檢視被認為是依賴網路者之人格特質，大部分以大學學生或成人為樣本。過去的研究結果顯示特定人格特質會使某些人更有機會發展出網路成癮。經常與網路成癮有關聯的特質已被找出，如憂鬱情緒、衝動性、尋求感官刺激、低自尊、害羞和缺乏關心（Ha et al., 2006; Kim et al., 2006; Lee & Kwon, 2000; Lin & Tsai, 2002; Ryu, Choi, Seo, & Nam, 2004）。還有值得注意的是精神科共病是普遍的，尤其情緒、焦慮、注意力不足／過動症和物質使用疾患（Black, Belsare, & Schlosser, 1999; Ha et al., 2006; Ko, Yen, Chen, Chen, & Yen, 2008）。

　　憂鬱是在過去研究裡持續被驗證的脆弱性因子之一。Kraut 和他的同事（1998）利用社區成人為樣本，證明過度上網導致憂鬱，甚至在先前的憂鬱分數已被控制之下。這些人傾向與人際關係疏離，呈現與家庭和家族成員較少的溝通，還有感覺寂寞（Kraut et al., 1998）。Kwon（2005）利用前瞻性研究調查青少年遊戲成癮與相關變項的時序變化。此研究評估總數 1,279 位中學學生共兩次，前後間隔五個月，項目有網路遊戲成癮、自我逃避傾向、負面情緒、同儕關係、和父母關係，以及其他變項。多元回歸分析顯示第一次評估的網路遊戲成癮、自我逃避傾向和負面情緒能預測數個月後的網路遊戲成癮。第一次評估裡人際關係變項沒有任何一個可以預測第二次評估時的網路遊戲成癮。

　　雖然過去的研究闡明了高風險青少年的特質，這些發現應要被謹慎地解讀，主因是常見的方法學弱點，像是小樣本數、缺乏公認

的成癮診斷標準，及使用低的診斷要求。因多數研究屬於橫斷性設計，故要分辨到底這些特質是危險因子還是過量上網的負面結果也有困難，更多的實證觀察數據來幫助辨認高風險青少年是一定需要的。

 ## 網路成癮的概念模型

有效的預防工作需要一個連結危險因子、中繼過程，和適應不良行為的概念模式。多數網路成癮研究缺乏一個理論基礎，不管這個領域已有多少研究。Davis（2001）提出了一個網路成癮病因的模型[1]，利用認知行為的研究方法。這個模型的主要假設是網路成癮肇因於有問題的認知伴隨維持適應不良反應的行為。本章回顧認知行為的方法，也簡短討論網路成癮的另一個模型，根據的是 Baumeister（1990）的自我逃避理論（escape from self theory）（Kwon, Chung, & Lee, 2009）。

▶▶ 認知行為模型

使用體質—壓力的模型，Davis（2001）提出網路成癮遠端成因是潛藏的精神病理（例如，憂鬱、社交焦慮、物質依賴），而壓力源是網路的引進，意指潛藏的精神病理本身並沒有導致網路成癮的症狀，但卻是其病因的必要元素。他宣稱體驗網路與相關新興科技

---

[1] Davis（2001）使用病態性上網這個說法，為了維持命名一致性，在此病態性上網指的是網路成癮。

之關鍵因素是個案在事件中接收到的強化作用。他也提到刺激訊號，像是電腦與線上服務連線的聲音或是敲打鍵盤的觸覺感應，能導致一種受制約的反應。這些附屬的強化物能作為情境訊號促成網路成癮的發展與維持。假定某些精神病理的存在使人們有較高的風險發展出網路成癮看來似乎合理，然而，需要更多的研究來辨明和網路成癮相關的精神病理。Ko 和他的同事（2008）證實在控制了憂鬱疾患和成人注意力不足過動症的變項後，社交焦慮不能預測網路成癮。此外，網路成癮遠端成因需要被擴展至涵蓋神經生物學和心理社會學上的前因來精進他的模型。

Davis（2001）假設網路成癮之認知行為模型最中心的元素是適應不良的認知。他將適應不良的認知分類成兩種亞型——關於自我的想法與關於世界的想法——他將其視為充分的網路成癮近端成因。他進一步假設認知扭曲像是反覆思考、自我懷疑、低自我效能和負面的自我評價，容易導致、強化或維繫網路成癮。

雖然這個模型許多重要的層面仍未經驗證，這個由 Davis 提出的認知行為模型似乎提供了一個實用的架構來發展介入與預防計畫。Davis 提議認知重建應是介入和預防網路成癮之重要的治療元素。網路成癮的認知行為治療法之行為元素會包含記錄上網的情形、想法記錄練習和暴露治療（Davis, 2001）。

▶▶ 自我逃避理論

如同其他成癮問題，網路成癮可被放置在連續自我毀滅行為中的某處，因此被理解成一種消除自我疏離與所伴隨之負面情緒狀態的嘗試。一直以來網路常被假設可以用來逃避現實生活的困境

（Armstrong, Phillips, & Saling, 2000; Young, 1998）。然而，這個逃避假設既沒有被詳述也沒有被實證過。Kwon、Chung 和 Lee（2009）嘗試用 Baumeister（1990）的自我逃避理論來理解逃避的過程。

Baumeister 提出的幾個階段或許和逃避自我有關，列舉如下。第一，個案面對的現實無法符合他們過高的期望，例如失敗、挫折或是其他令人失望的結果。當目前的困難被歸咎在自己身上，個案便馬上覺察到自己是不足的、無能的、沒有吸引力的或是有罪的。第二，負面情緒，像是憂鬱、焦慮或自殺的愧疚感，來自於將自我跟自我標準做不利的比較。第三，個案藉由從有意義的想法中逃脫而進入相對麻木的認知解構狀態來回應此不舒服的情況。認知解構一詞的定義是一種精神狀態，其特色是以當下為導向的時間觀點、否定未來、缺乏遠端目標，以及非常固著的思考。最後，認知解構的結果可能導致自殺意念增加。換句話說，一個人逐漸想要逃離來避免真正察覺到目前的生活問題及其對自我之涵義，自殺便隨之而生。

過去的研究證明自我逃避的傾向是青少年許多行為問題的主要原因，像是吸毒（使用吸入劑）、喝酒、逃家和衝動自殺（Lee, 2000; Shin, 1992）。廣泛來說，網路成癮如同其他成癮問題，可視為自我毀滅行為的一種。Kwon、Chung 和 Lee（2009）證明了 Baumeister 逃避理論在網路成癮的有效性。他們建立也驗證了一個路徑模型，如圖 13.3 所示，在觀測變項上使用結構方程模型（structural equation modeling, SEM）。此模型的配適度指標良好，所有路徑係數都有顯著意義，支持此模型的有效性。

圖 13.3 網路成癮之自我逃避模型

　　此發現意味著逃避自我可能是導致網路成癮的一個步驟。當個案經歷了真實的／理想的自我差異，他們便評斷自己是無能的、沒有價值的和不成熟的。結果，這些人變得憂鬱、焦慮或是挫敗。此刻，這個人可選擇繼續掙扎解決問題或嘗試逃避這痛苦的現實。當網路被當作逃避自我的一個手段而且反覆地被使用，個案透過網路活動所獲得的虛假權力感、成就感和連結感繼續加深，進而加強個案對網路的沉迷。雖然值得注意的是自我逃避的模型僅代表一種可能導致網路成癮的路徑，目前的研究對治療和預防成人及青少年網路成癮仍有重要的涵義。這裡列出對青少年的涵義。第一，受負面自我評價與負面情緒影響的青少年可能易罹患網路成癮，尤其當父母只專注在學業成就而不提供足夠的監督指導。第二，介入計畫不僅需針對改變上網，也要注重改變青少年自我逃避的行為和認知趨勢。最後，實行改善青少年問題處理與解決能力的計畫或許是有效預防的好方法。

 ## 預防方法：現在和未來

　　依據 2008 年的資料，韓國政府估計大約 168,000 名韓國青少年（9 歲到 19 歲年輕人口的 2.3%）有網路成癮問題且需要治療。許

多國家的調查也顯示網路成癮已成為青少年中逐漸增加的精神健康問題（Johansson & Götestam, 2004; Liu & Potenza, 2007; Siomos, Dafouli, Braimiotis, Mouzas, & Angelopoulos, 2008 ）。直到現在，許多在此領域的臨床工作者正努力尋找治療網路成癮的有效方法。已經有很多人強調要治療網路成癮個案，這似乎是十分合理的。然而，將優先權放在發展預防計畫則是迫切的。首先，大部分治療網路成癮的嘗試僅部分成功。起始階段要促使網路成癮個案有動機去尋求治療，這是非常困難達到的，因為這些人傾向否認他們的問題。除非被父母或老師轉介參加治療計畫，不然他們極少自行尋求專業協助或在約診時出現。第二，因為此問題的盛行率，甚至治療網路成癮最好的計畫也只能容納有此困擾的一小部分群眾。已注意到的是需要服務的人數持續成長，但提供服務的資源卻沒有擴張。第三，一旦網路成癮演變成會使人衰弱的形式，它不但對有效的治療無效而且也有高復發機率。更糟的是，已達到復原階段的網路成癮個案隨時隨地都暴露在網際網路之中。對他們來說維繫治療成果是巨大的挑戰。因此預防是解決這個問題重要的選擇。

因為這些原因，對於預防是處理過度上網的方法中的優先選項，已有部分共識。臨床工作者、教育學者和政策制定者似乎都同意網路成癮的治療策略需要加上強調危險因子的預防方法，在成癮演變成會使人衰弱的形式前。雖然對預防的需要增加毋庸置疑，但對於何時、如何以及對誰執行預防計畫尚無任何共識。

▶▶ 現行的預防方法

有些研究已點出過度上網可能對學生族群帶來的危險（Widyanto & Griffiths, 2006; Yang, 2001）。因為網路普遍可及，還有他們生活作息具有彈性，這個族群注定是易受影響且有風險的。任何與嚴重網路成癮者工作過的執業者皆強力主張早期診斷與預防。因應此急切的需求，最單純且最容易的處理方法——一個以專業知識為基礎的教育方法——目前已受青睞且開始被應用，而對於減少網路成癮盛行率已出現部分成效。然而，此處理方法的長遠效果仍待觀察，而預防計畫鎖定的目標與最先進的實行方法之間仍有落差。

▶▶ 提供知識與資訊

現行預防網路成癮的處理方法倚重於提供過度上網導致負面後果的相關事實證據。促進預防工作的基本步驟是，教育學者邀請專家來給予學生簡報，通常涵蓋網路成癮的實際資訊以及提供如何控制上網的一些建議。這種以專業知識為基礎的教育方法，是基於假設年輕人之所以變成網路成癮是因為他們缺乏其負面後果的知識。此處理方法有某些直覺上與邏輯上的說服力，尤其當網路成癮還是一個新的現象的時候。但僅僅提供過度上網之極端負面後果的資訊，就其本身來說，是價值不大的預防策略。

這不是說這些資訊和知識對網路成癮預防不重要。相反地，某些知識可能是對網路成癮預防計畫有用的元素。例如，多數年輕人一般低估了自己依賴網路的程度而將它合理化成一時的放縱，且只要自己想要隨時都可以停止。某些有趣的資訊，如果帶有生動的細節，可吸引年輕人也對矯正有關網路成癮的錯誤認知與迷思有幫助。重要的是預防計畫中包含的資訊與知識是經選擇而符合目標族群的需求。提供資訊與知識的載體也同樣重要。比起老式投影片，

年輕族群對透過最新視聽媒體傳遞的新資訊較會關注和回應。

▶▶ 找出高風險性青少年

　　網路成癮率在青少年（9 到 16 歲）是成年人（大於 16 歲）的兩倍。青少年易罹患網路成癮有許多原因。首先，且最重要的，他們缺乏自我控制所需的認知與情緒能力。或許是因為額葉皮質和負責掌管執行功能與情緒調節的其他神經生理系統尚未發育完成。我們需要更多此領域的研究來確定網路成癮的神經生物學基礎。第二，青少年比起其他年齡層族群更投入網路遊戲。網路遊戲對年輕人來說有高度增強作用，因為遊戲的互動性與其所提供的歸屬感、權能感和力量。線上遊戲也能令人感到滿足，原因是其刺激所內含的價值及所提供的娛樂性。

　　經研究結果證實，那些使用網路來玩遊戲的人有較高罹患網路成癮的風險。的確，遊戲比率在高風險（61.5%）、有潛在風險（64.5%）和正常（45.3%）青少年間有顯著不同。此發現在青少年間比成年人來得明顯。高風險青少年族群投入線上遊戲比率是正常青少年的兩倍（53.5%比 28.0%）。另一個在促使韓國與其他亞州國家青少年使用網路過程可能扮演某種角色的是他們充滿壓力的生活，以及有高度課業壓力。青少年典型的學校生活大多數侷限於課業活動，而沒有太多課外活動，因為大學入學考試競爭非常激烈。網路因此成為因為課業壓力而喘不過氣的年輕人的一個主要抒發出口。

　　因為這些原因，青少年便是預防工作主要的目標族群。不幸的，僅有極少數縱貫性追蹤研究能協助辨認高風險青少年。目前，

一個辨認高風險青少年快速的方法是，提供剛開學青少年一份評估網路成癮的自填量表，那些得分高的不是被轉介諮商就是由老師來監督。雖然有極高可能性在網路成癮測驗中得高分的青少年將發展出網路成癮，這種處理方法卻不是沒有警訊。第一，某些年輕人不希望透露他們過度使用網路的事實且沒有誠實回答那份問卷。因此，過分依賴自填問卷的方法可能無法辨認「假裝很好」的強迫網路使用者。第二，有關誰是高風險青少年這個基本的問題需被討論。一個高風險族群，真正來說，是指那些沒有展現問題行為但未來可能發展出功能失常行為的人。現行提供評估網路成癮的問卷的方法，受限於本身無法辨認高風險青少年，除非他們發展出一或多種早期形式的功能失常行為。我們需要更多實證數據來說明高風險青少年到底是誰。舉例來說，有數據顯示網路成癮盛行率在單親家庭青少年比雙親家庭青少年來得高。尚不清楚的是究竟是在單親家庭中成長便構成一個危險因子，還是與單親家庭有關的缺乏家長監督才是危險因子。

▶▶ 預防計畫

現行的預防方法包括一個綜合行為與認知設計來改變上網模式和加強自我控制的策略。認知行為團體課程常被用來減少年輕人大量且強迫性的上網。一個例子是 Kwon 和 Kwon（2002）研發的自我管理訓練（Self-Management Training, SMT）。

自我管理訓練計畫的主要目標如以下所述：(1)提供年輕人有關網路成癮盛行率、計畫形式和相關因素正確的資訊；(2)鼓勵他們自我監控上網情形，並找出讓他們比原先預期使用時間還長的相關環

境與心理前驅因子：(3)促進上網相關的行為改變，像是對上網訂立
規範、逐步減少上網、預先計畫其他活動，以及從他人尋求支持；
(4)教導年輕人如何處理壓力，以及增加其他娛樂的或熟練的活動。
此計畫包含六次每週九十分鐘的課程，提供給七到九名學生組成的
團體。這個心理教育計畫更強調有關上網的自主行為改變，較不強
調加強個人及社會能力。為檢視它的成效，於是進行了一個隨機對
照試驗，且在計畫前、計畫後和三個月進行追蹤評估。此試驗顯示
自我管理訓練計畫對減少花在網路上的時間及加強自我控制有效，
而對於降低網路成癮嚴重度較沒有效果。Lee（2001）發展出一個類
似但改良過的計畫，包含了家長訓練以及認知重塑。此九堂課的控
制遊戲計畫宣稱對於減少在線上所花的時間與網路成癮嚴重度是有
效的（見表 13.2）。

　　基於這些計畫，利用認知行為技巧的預防策略目前被廣泛使
用。韓國數位機會與推廣單位（Korean Agency for Digital Opportun-
ity and Promotion, KADO；譯註：KADO 為南韓政府機構，設立目
標為減少國內與國際數位科技鴻溝，提供全面性支持協助）出版了
給教師有關預防網路成癮的指導手冊。以下是 DREAM 實施計畫：
(1)第一步，危險性（Danger）評估，評估有問題的網路行為與學校
適應情形；(2)接下來，回歸（Return）正常，使學生有動機回到正
常上網方式。為促進達成，老師協助學生評估過度上網的好處和壞
處並提供改變的誘因；(3)在評估（Evaluation）階段，學生接受心理
社會因子的系統性評估，像是情緒、自尊、人際關係和家庭環境；
(4)在讚賞（Appreciation）階段，學生的長處及價值被讚賞且被用來
促進自發的行為改變；(5)最後一步，奇蹟（Miracle），學生為達成

表 13.2 遊戲控制計畫治療課程總覽

課程	目的與內容
課程 1-2	提供介紹與教導自我監控： • 提供該計畫的完整介紹。 • 探索大量上網的短期與長期結果。 • 教導如何每日記錄上網。 • 撰寫限制上網的個人契約。
家長課程 1	提供網路成癮的資訊。 教導如何應對孩子的上網。
課程 3-5	鼓勵撰寫每日紀錄與教導時間管理： • 辨認比預期花更久時間上網的狀況。 • 決定上網時間與計畫一致的自我獎勵。 • 尋找其他的娛樂活動。 辨認負面想法與教導如何改變它們： • 標示認知錯誤。 • 改變自我挫敗的想法成為自我增強的想法。 鼓勵設定長期目標與發展可達成目標的步驟： • 分享每位參與者的人生夢想。 • 討論如何改善自我形象。
課程 6-7	辨認主要壓力源與教導應對策略： • 了解壓力與上網之間關係。 • 示範並練習放鬆技巧。 • 教導實用的應對策略。 解決人際衝突： • 教導溝通技巧。 • 教導如何開始並維持社交聯繫。 • 教導如何變得果決。
課程 8-9	回顧並強化課程中達成的目標。 為未來的挑戰作準備。
家長課程 2	討論已經改變的與等待改變的事情。 發展應對殘存問題的處理策略。

他們的短期與長期目標採取具體行動。鼓勵學生將他們小小的改變視為奇蹟。這個計畫的成效尚未被檢視。一些其他方法,像是網路假期和週末夏令營,也都有在使用,只是缺乏其效能的實證數據。

▶▶ 付諸實行

如先前所說,典型以學校為基礎的預防計畫包含一個一至二小時全體的、校際性的知識強化教育課程,並針對高風險個案合併了十至十二次的簡短治療。作為預防計畫,這些現行的學校措施在施行範圍、強度和時間長短方面稱不上理想。許多學校裡的現實環境限制了施行一個教導重要資訊、技巧和正向態度及聚焦於推廣健康上網與身心健康之課程的可能性。對於那些決心進入競爭性大學的學生,韓國的學校將最高優先放在培養課業競爭力。因此,促進個人與社會能力的課程僅在表面上獲得學生、家長、老師與學校管理者的重視。很自然地,學生並不熱衷在學校待久一點來參加額外的課程。此外,當老師們實行預防計畫時並沒有獲得足夠的支持。在成就導向的時代精神下,常被提出的便是學校生活並沒有足夠的時間來容納更長且更廣的預防計畫。因此,若沒有系統性的支持,全面性的計畫幾乎不可能被納入現行的學校課表中。

▶▶ 政府資金與支持

在一個缺乏精神健康資源的國家,預防工作重大的挑戰就是確保資金與其他資源。韓國政府深切體悟到網路成癮所耗費的人力與社會成本,尤其青少年,這個最容易受影響的族群。直到現在,政府經費已投入在成立諮商中心與訓練諮商師來滿足治療網路成癮的

龐大需求。自從第一個提供網路成癮諮商服務的特別診所〔網路成癮預防與諮商中心（Center for Internet Addiction Prevention & Counseling, IAPC）〕於 2002 年成立後，有超過八十個子諮商中心也開始提供網路成癮的年輕人諮商服務。自從 2002 年開始，網路成癮預防與諮商中心提供教師、諮商師和其他精神健康專業人員諮商訓練計畫。這個計畫包含四十小時的課程，提供有關網路成癮、與青少年關係建立技巧和其他相關諮商技巧，主要是認知行為方面的基本知識。大約 1,000 名諮商師完成了這個課程且取得網路成癮諮商師的認證證明。這些由政府支持的中心和受過訓練的諮商師扮演著提供預防與治療計畫的關鍵角色。然而，為了替未來預防計畫工作發展更有力的科學基礎，需要獲得更多研究資金來精進網路成癮預防計畫的品質以及刺激網路成癮的調查研究。

預防的未來方向

為應付降低青少年網路成癮高盛行率的迫切需求，預防計畫被匆促地設計並在韓國小規模地執行。現行的預防計畫大多數是狹隘的，僅針對已有某些網路成癮症狀的青少年。它們志於提供資訊與知識、鼓勵自行監控上網、促進行為改變，和加強自我控制。這些預防計畫已展現某些短期成效，但仍沒有系統性、對照的、縱貫性追蹤研究來評估其長期成效。向網路成癮預防計畫邁進最困難的第一步已經展開，但離發展出有效預防計畫仍有好長一段路。立法機關也應該慎重考慮禁止幼童長時間的上網。本節會討論在指引預防計畫發展與實行時某些考慮事項。

▶▶ 著重基本因果過程的預防計畫

　　現行的預防計畫針對每天在網路上花超過三到四小時的高風險青少年。因此針對這些青少年的介入目標就是減少他們在網路上的時間和培養其他休閒活動。這些計畫利用行為與認知技巧來改變上網的偶發狀況、矯正錯誤認知與過高的期待，以及鼓勵其他課外活動。由於此預防計畫的簡潔，這些策略目標清楚且能帶來短期效益。然而，對於減少網路成癮來說它們仍嫌不足，因為它們只處理眼前的還有僅限於網路成癮的危險因子。所有成癮問題都有高復發率，而網路成癮也不例外。要擁有持久的成效及預防復發，網路成癮預防計畫應強調基本的因果過程。將成癮視為症候群指的是一個有效的成癮治療方法應強調普遍的成癮脆弱性。過去研究有關以學校為基礎的預防計畫也暗示一個處理普遍脆弱性的綜合計畫比分散的、事後的、短期的介入方法更有潛力（Weissberg & Elias, 1993）。長遠來看，對強化年輕人個人與社交能力的網路成癮預防計畫不但令人滿意也具成本效益，因此當他們面對每天工作、責任和挑戰時，能發展出個人成就感及社會效能。

▶▶ 更廣泛的多方計畫需求

　　針對年輕人許多問題之共同危險因子的預防工作需要巨觀性（broad-based）的處理方式已漸有共識（DeFriese, Crossland, Mac-Phail-Wilcox, & Sowers, 1990; Elias & Weissberg, 1989; Weissberg, Caplan, & Harwood, 1991）。支持此共識的文獻指出，高風險的問題行為像是物質濫用、犯罪和退學會同時發生（Jessor, 1993），而

且共通的危險與保護因子促成這些行為的發展（Dryfoos, 1990）。過去的研究已證實自我逃避傾向是許多青少年問題的共通危險因子（Lee, 2000; Shin, 1992）。同樣也證實了網路成癮與南韓高中學生的憂鬱症及自殺想法有顯著相關（Ryu, Choi, Seo, & Nam, 2004）。

這些發現共同顯示，一個不僅針對網路成癮也針對其他年輕人問題的危險因子的巨觀性處理方式，會比僅聚焦於一種結果的狹觀性處理方式更有發展性。在此脈絡之下，生活技巧訓練（life skills training, LST），這個對預防抽菸證實有效的多成分預防方法（Botvin & Tortu, 1988），是好的網路成癮預防模式。巨觀性的物質濫用預防計畫（像是生活技巧訓練）之所以成功，是因為它不僅提供年輕人對抗使用香菸、酒精與其他藥物的社交壓力之技巧，也強化了個人與社會能力。這些計畫使年輕人有效地應付生活所需與挑戰，能預防年輕人嘗試逃避自我和逃避離線時的環境，因此可能成功預防網路成癮。

▶▶ 針對更年輕族群預防計畫的需求

普遍同意早期發現對成功的網路成癮治療非常重要（Kim, 2001）。在韓國還有其他國家，人們開始使用網路的年齡愈來愈年輕。最新一個由韓國衛生福利部對四年級學生進行的調查顯示，2%的四年級生為高風險性且需要治療或基本的諮商服務（Korean Ministry of Health and Welfare, 2009）。更糟的是，國小學生最常見的網路活動是玩遊戲，這也是所有網路活動中已知最可能引起成癮的一項（Ko et al., 2005; Yang, 2001）。考慮小學生自我控制的能力有限，早期暴露於網路遊戲非常有可能增加他們成癮的風險。尤其當

父母都去上班而孩童無人監督時。在青少年前期風險最高的一群應該是那些長時間投入網路遊戲且缺乏雙親監督的。當孩童進入青少年期，危險因子可能變得更多樣化且更複雜。舉例來說，在青少年早期，尤其轉變為中學生時，融入一個新學校環境有調適困難的青少年可能會沉迷於上網來因應憂鬱情緒與緊張。因此，找出特定發展階段的危險因子以及針對每個年齡族群特定的危險因子量身訂做預防計畫是非常重要的。

▶▶ 相當數量的時間與劑量

目前，大部分的學校採用為期八至十二次非常短期的預防計畫。有人認為學校無法投入其有限的資源在更長及更密集的計畫上。然而，研究結果匯聚顯示預防介入需要相當數量的時間與強度來達成效果（Weissberg & Elias, 1993）。例如，Bangert-Drowns（1988）檢視學校基礎物質濫用教育成效的統合分析（meta-analysis）顯示「大體來說，物質濫用教育已無法達成其原始目標——預防藥物與酒精濫用」（p. 260）。在他回顧的三十三份計畫中，二十九份維持少於十週。短期與低劑量被視為負面成效的兩個主要原因。針對健康、校園為基礎的預防計畫結果的文獻回顧也顯示，欲達到穩定的行為成效需要四十至五十小時（Connell, Turner, & Mason, 1985）。短期（即少於一年）計畫可帶來短期的行為受益，但期待它能帶來長遠影響是不切實際的。總體來說，愈來愈多文獻指出多年的介入比起一年可產生更大且更持久的效益（Connell, Turner, & Mason, 1985; Hawkins, Catalano, & Miller, 1992）。

雖然研究結果點出了預防計畫應該遵循的方向，但發展與實行

有足夠的時間和強度的計畫需要政策制定者、學校管理者以及研究學者的積極投入與支持。

▶▶ 家長教育訓練與志工利用

因學校資源有限，將以學校為基礎的計畫與家長教育訓練及志工無間斷的支援加以整合，對創造持久成效是非常重要的。大多數青少年在家裡使用網路。因此，基於關心、共同關係的家長監督有不可或缺的重要性。家長教育訓練的目標是教導溝通與化解衝突的技巧，並且為家長有效處理青少年下一代的努力提供支持協助。家長需要這些技巧來協商網路時間、監控青少年活動卻不侵犯他們隱私，並鼓勵離線時的課外活動。志工也能在教育青少年有建設性的上網上扮演關鍵角色。在預防的相關文獻裡，運用非專業的「改革代表」（change agents），已有強烈效用與成本上的論證。大學生志工能成為極佳的改革代表有許多理由。第一，他們在發展上與青少年接近；第二，他們可能已有許多上網的個人經驗；第三，他們能在上網之外的許多領域作為學習榜樣。因此，家長與大學生志工是網路成癮預防計畫的重要資源。

▶▶ 實證研究的需要

預防計畫的每一個面向應該都要基於實證研究。Coi 和他的同事（1993）做出「在精神醫學領域裡，預防醫學是最需要科學跟實務對話的領域」的結論。當談到改善網路成癮預防計畫，缺乏實證性資料是最大的障礙。第一，研究者需具體指出預防計畫應提出的基本因果過程；第二，需要更多實證性資料協助找出高風險個案；

第三，一旦預防計畫被制定與執行，它們的成效需被審慎評估。評估這些計畫成效的責任大多依靠研究者使用適當的族群、方法與研究設計。然而，有關預防計畫之好的研究無法在實驗室裡進行。執行此類研究需要研究者、教育家與資金提供者持續合作，使研究結果能提供方法引導預防計畫的構思、設計與執行。

Armstrong, L., Phillips, J. G., & Saling, L. L. (2000). Potential determinants of heavier Internet usage. *International Journal of Human-Computer Studies, 53*, 537–550.

Bangert-Drowns, R. L. (1988). The effects of school-based substance abuse education: A meta-analysis. *Journal of Drug Education, 18*, 243–264.

Baumeister, R. F. (1990). Suicide as escape from self. *Psychological Review, 90*–113.

Black, D., Belsare, G., & Schlosser, S. (1999). Clinical features, psychiatric comorbidity, and health-related quality of life in persons reporting compulsive computer use behavior. *Journal of Clinical Psychiatry, 60*, 839–843.

Block, J. J. (2008). Issues for *DSM-V*: Internet addiction. *American Journal of Psychiatry, 165*, 306–307.

Botvin, G., & Eng, A. (1982). The efficacy of a multicomponent approach to the prevention of cigarette smoking. *Preventive Medicine, 11*, 199–211.

Botvin, G., & Tortu, S. (1988). Preventing adolescent substance abuse through life skills training. In R. H. Price, E. L. Cowen, R. P. Lorion, & J. Ramos-McKay (Eds.), *14 ounces of prevention: A casebook for practitioners* (pp. 98–110). Washington, DC: American Psychological Association.

Coi, J. D., Watt, N. F., West, S. G., Hawkins, D., Asarnow, J. R., Markman, H. J., Ramey, S. L., Shure, M. B., & Long, B. (1993). The science of prevention: A conceptual framework and some directions for a national research program. *American Psychologist, 48*, 1013–1022.

Connell, D. B., Turner, R. P., & Mason, E. F. (1985). Summary of the findings of the school health education evaluation: Health promotion effectiveness, implementation, and costs. *Journal of School Health, 55*, 316–323.

Davis, R. (2001). A cognitive-behavioral model of pathological Internet use. *Computers in Human Behavior, 17*, 187–195.

DeFriese, G. H., Crossland, C. L., MacPhail-Wilcox, B., & Sowers, J. G. (1990). Implementing comprehensive school health programs: Prospects for change in American schools. *Journal of School Health, 60*, 182–187.

Dryfoos, J. G. (1990). *Adolescents at risk: Prevalence and prevention*. New York: Oxford University Press.

Elias, M. J., & Weissberg, R. P. (1989). School-based social competence promotion as a primary prevention strategy: A tale of two projects. *Prevention in Human Services, 7*, 177–200.

Goldberg, I. (1996). Internet addiction disorder. Retrieved March 11, 2002, from http://www.cog.brown.edu/brochures/people/duchon/humor/Internet.addiction.html

Griffiths, M. D. (1996). Behavioral addictions: An issue for everybody? *Journal of Workplace Learning, 8*, 19–25.

Griffiths, M. D. (2000). Does Internet and computer "addiction" exist? Some case study evidence. *CyberPsychology & Behavior, 3*, 211–218.

Ha, J. H., Yoo, H. J., Cho, I. H., Chin, B., Shin, D., & Kim, J. H. (2006). Psychiatric comorbidity assessed in Korean children and adolescents who screen positive for Internet addiction. *Journal of Clinical Psychiatry, 67*, 821–826.

Hawkins, J. D., Catalano, R. F., & Miller, J. Y. (1992). Risk and protective factors for alcohol and other drug problems in adolescence and early adulthood: Implications for substance abuse prevention, *Psychological Bulletin, 112*, 64–105.

Jessor, R. (1993). Successful adolescent development among youth in high-risk settings. *American Psychologist, 48*, 117–126.

Johansson, A., & Götestam, K. G. (2004). Internet addiction: Characteristics of a questionnaire and prevalence in Norwegian youth (12–18 years). *Scandinavian Journal of Psychology, 45*, 223–229.

Kessler, R. C., Nelson, C. B., McGonagle, K. A., Edlund, M. J., Frank, R. G., & Leaf, P. J. (1996). The epidemiology of co-occurring addictive and mental disorders: Implications for prevention and service utilization. *American Journal of Orthopsychiatry, 66*, 17–31.

Kim, C. T., Park, C. K., Kim, D. I., & Lee, S. J. (2002). *Korean Internet Addiction Scale and preventive counseling program*. Seoul: Korean Agency for Digital Opportunity and Promotion.

Kim, H. S. (2001). Internet addiction treatment: The faster, the better. *Publication Ethics, 276*, 12–15.

Kim, K. H., Ryu, E. J., Chon, M. Y., Yeun, E. J., Choi, S. Y., & Seo, J. S. (2006). Internet addiction in Korean adolescents and its relation to depression and suicidal ideation: A questionnaire survey. *International Journal of Nursing Studies, 43*, 185–192.

Ko, C.-H., Chen, C.-C., Chen, S.-H., & Yen, C.-F. (2005). Proposed diagnostic criteria of Internet addiction for adolescents. *Journal of Nervous and Mental Disease, 193*, 728–733.

Ko, C.-H., Yen, J.-Y., Chen, C.-S., Chen, C.-C., & Yen, C.-F. (2008). Psychiatric comorbidity of Internet addiction in college students: An interview study. *CNS Spectrums, 13*, 147–153.

Korean Agency for Digital Opportunity and Promotion. (2008). *2008 report of the Internet Addiction Survey*. Seoul: Author.

Korean Ministry of Health and Welfare. (2009). *Report of the Internet Addiction Survey.* Seoul: Author.

Kraut, R., Patterson, M., Lundmark, V., Kiesler, S., Mukopadhyay, T., & Scherlis, W. (1998). Internet paradox: A social technology that reduces social involvement and psychological well-being? *American Psychologist, 53,* 1017–1031.

Kwon, H. K., & Kwon, J. H. (2002). The effect of the cognitive-behavioral group therapy for high-risk students of Internet addiction. *Korean Journal of Clinical Psychology, 21,* 503–514.

Kwon, J. H. (2005). The Internet game addiction of adolescents: Temporal changes and related psychological variables. *Korean Journal of Clinical Psychology, 24,* 267–280.

Kwon, J. H., Chung, C. S., & Lee, J. (2009). The effects of escape from self and interpersonal relationship on the pathological use of Internet games. *Community Mental Health Journal.* doi:10.1007/s10597-009-9236-1

Lee, H. C. (2001). A study on developing the Internet game addiction diagnostic scale and the effectiveness of cognitive-behavioral therapy for Internet game addiction (Doctoral dissertation, Korea University, Seoul).

Lee, S. Y., & Kwon, J. H. (2000). Effects of Internet game addiction on problem-solving and communication abilities. *Korean Journal of Clinical Psychology, 20,* 67–80.

Lee, Y. K. (2000). Psychological characteristics of drug abusing adolescents (Master's thesis, Korea University, Seoul).

Leon, D., & Rotunda, R. (2000). Contrasting case studies of frequent Internet use: Is it pathological or adaptive? *Journal of College Student Psychotherapy, 14,* 9–17.

Lin, S. J., & Tsai, C. C. (2002). Sensation seeking and Internet dependence of Taiwanese high school adolescents. *Computers in Human Behavior, 18,* 411–426.

Liu, T., & Potenza, M. N. (2007). Problematic Internet use: Clinical implications. *CNS Spectrums, 12,* 453–466.

Marlatt, G. A., Baer, J. S., Donovan, D. M., & Kivlahan, D. R. (1988). Addictive behaviors: Etiology and treatment. *Annual Review of Psychology, 39,* 223–252.

Ryu, E., Choi, K. S., Seo, J. S., & Nam, B. W. (2004). The relationships of Internet addiction, depression, and suicidal ideation in adolescents. *Journal of Korean Academy of Nursing, 34,* 102–110.

Shaffer, H. J., LaPlante, D. A., LaBrie, R. A., Kidman, R. C., Donato, A. N., & Stanton, M. V. (2004). Toward a syndrome model of addiction: Multiple expressions, common etiology. *Harvard Review of Psychiatry, 12,* 367–374.

Shapira, N. A., Lessig, M. C., Goldsmith, T. D., Szabo, S., Lazoritz, M., Gold, M. S., & Stein, D. J. (2003). Problematic Internet use: Proposed classification and diagnostic criteria. *Depression & Anxiety, 17,* 207–216.

Shin, M. S. (1992). An empirical study on the mechanism of suicide: Validity test of the escape from self scale (Doctoral dissertation, Yonsei University, Seoul, South Korea).

Siomos, K. E., Dafouli, E. D., Braimiotis, D. A., Mouzas, O. D., & Angelopoulos, N. V. (2008). Internet addiction among Greek adolescent students. *CyberPsychology & Behavior, 11,* 653–657.

Song, B. J., Kim, S. H., Koo, H. J., & Kwon, J. H. (2001). Effects of Internet addiction on daily functioning: Three case reports. *Psychological Testing & Counseling, 5*, 325–333.

Weissberg, R. P., Caplan, M., & Harwood, R. L. (1991). Promoting competent young people in competence-enhancing environments: A systems-based perspective on primary prevention. *Journal of Consulting & Clinical Psychology, 59*, 830–841.

Weissberg, R. P., & Elias, M. J. (1993). Enhancing young people's social competence and health behavior: An important challenge for educators, scientists, policymakers, and funders. *Applied & Preventive Psychology, 2*, 179–190.

Widyanto, L., & Griffiths, M. (2006). Internet addiction: A critical review. *International Journal of Mental Health and Addiction, 4*, 31–51.

Yang, C. K. (2001). Sociopsychiatric characteristics of adolescents who use computers to excess. *Acta Psychiatrica Scandinavica, 104*, 217–222.

Young, K. (1996). Addictive use of the Internet: A case that breaks the stereotype. Psychology of computer use: XL. *Psychological Reports, 79*, 899–902.

Young, K. (1998). Internet addiction: The emergence of a new clinical disorder. *CyberPsychology & Behavior, 3*, 237–244.

Yu, Z. F., & Zhao, Z. (2004). A report on treating Internet addiction disorder with cognitive behavior therapy. *International Journal of Psychology, 39*, 407.

第 14 章
網路成癮青少年的系統動力觀

Franz Eidenbenz

　　正如同人類歷史上已發生多次的事件一樣，現代嶄新的通訊科技正引領著社會與經濟的變遷，透過網際網路，我們正以全新的角度來看待這個世界，進步的快速甚至連讓我們學習如何善用這些資訊與通訊科技（information and communication technology, ICT）的時間都不夠。資訊與通訊科技正以空前的速度進步著，我們每天生活中所謂的真實，在過去的十年內，透過新的通訊技術和其所引入的資訊洪潮，全面性地改變著。網際網路世代正面臨著迥異於他們父執輩所面臨的處境，變異的快速，使得他們再也沒有所謂的榜樣或可供參考的基準。父母和老師們並沒有機會彼此請教「該怎麼管理孩子」，他們對於孩子成長路上會遇到的其他危險相當熟悉，但通常缺乏使用網路的切身經驗；然而，他們卻是第一個必須管理孩子上網的世代，而在這個議題上，被管理的孩子們其實比父母更了解網路。實際上，父母是不應該被這種新局面給打敗的，他們仍然可以依據自己的生活經驗來為孩子設立規範。另一方面，使用網路

和行動電話的便利性，使得這一代的年輕人更獨立、更不需要依賴成人，但這樣的契機同時也蘊藏著風險。

 ## 成癮和系統治療

　　成癮相關的研究指出家庭影響力在青少年的物質濫用或成癮的行為中扮演著重要的角色（Andrews, Hops, Ary, Tildesley, & Harris, 1993; Barker & Hung, 2006; Brook et al., 1998; Loeber, 1990; Sajida, Hamid, & Syed, 2008; Yen, Yen, Chen, Chen, & Ko, 2007）。

　　青少年的物質濫用常和家庭衝突相關，特別是家庭成員中缺乏溝通或者是家庭缺乏能力去解決衝突或問題。心理問題和失能的家庭這兩大風險因子更進一步促成青少年的成癮行為（Sajida, Hamid, & Syed, 2008）。Kuperman 等人（2001）在研究中指出青少年產生酒精成癮的危險因子包括負面的親子互動、在學校或是其他場域人際互動的困難，以及較早嘗試各類成癮物質（Kuperman et al., 2001）。

　　Liddle 和他的團隊則報告了可減少物質成癮行為產生的保護因子，這包含了好的學業表現和普遍的家庭技巧（Liddle et al., 2001）。Resnick 等人（1997）在他們的研究中提出一些能促進青少年健康和成長的重要保護因子，其中包含了青少年覺得自己和父母是親近的、能感知他們的愛心和與自己的正向關係；其他還包括父母對子女的學業表現有較高的期待，以及父母常參與青少年的生活並表達對青少年生活的興趣。

　　這些發現是非常有意義的。畢竟，青少年的家庭環境，尤其是

他們所感知到的家庭支持、父母管教的方式態度以及親子關係，已被研究證實不但是防治物質成癮行為的保護因子，更是成功療癒成癮行為的預測因子（Brown, Myers, Mott, & Vik, 1994）。

這些證據強力地支持青少年成癮治療應包含家庭環境的面向。Schweitzer 和 Schlippe（2007）在他們系統性處遇青少年成癮問題時，發現到成癮的青少年和父母常有著親近但矛盾的關係。很多研究也都發現計畫性且連續地對整個家庭進行處遇，比起臨時的處遇會對青少年個案更有效率（Sydowe, Beher, Schweitzer, & Retzlaff, 2006）。Liddle 和他的團隊（Liddle, 2004a; Liddle et al., 2001）在多個研究中都證實了多維家族治療（multidimensional family therapy, MDFT）的療效。這類治療證實能減少物質濫用、促進出社會前的行為表現和學業表現，並且營造更有功能性的家庭生活。以家庭為導向的處遇是治療青少年成癮行為的最佳辦法，所以現在有愈來愈多人希望能更頻繁地採用這種處遇方式；比起認知行為治療，多維家族治療被認為更有延續的效果（Liddle, Dakof, Turner, Henderson, & Greenbaum, 2008）。

在一個包含四十七個隨機控制研究的統合分析中，系統性的家族治療被證實在青少年的成癮疾患及其精神科的併發症有顯著的療效，而此種療效穩定維持較長的時間（Sydowe, Beher, Schweitzer, & Retzlaff, 2006）。

Barth 和他的團隊（Barth et al., 2009）則指出，在網路成癮的治療中，父母已逐漸成為治療的焦點，有很多處遇被用來強化父母的監控能力，其意圖是關注青少年的行為問題並研究這些行為在家庭動力中所扮演的角色。

Yen 和他的團隊在他們的研究中嘗試比較青少年的物質成癮和網路成癮，他們這兩類成癮有著相同的負向家庭因素（Yen, Yen, Cheng, Chen, Chen, & Chih, 2007）。這暗示了系統性家族治療既然對物質成癮有療效，那麼對網路成癮也應該有類似的療效，然而這需要更多的研究去證實。有鑑於對於網路成癮治療的需求愈來愈迫切，我們不能一味地等待研究證據，目前的目標應該是汲取臨床治療的實務經驗去發展處遇計畫，然後用科學去評估處遇的效力。

 ## 線上通訊

網際網路和與其相關的應用是一個虛擬的空間，可以被看作是一個有著不同環境和社交互動規則的分離世界。要了解和治療網路成癮，我們必須擁有這些環境和社交互動規則的相關知識。

一般非網路上的、面對面的交流是比較私人的，而且溝通的彼此能知曉身分。面對面的實際接觸是很複雜的，會帶來焦慮，而要分離有時是困難的；對自我以及對他人的感知亦不單純，牽涉到所有的五官。這意味著一般非網路上的交流透過實體經驗來產生連結，是比較感官的（Eidenbenz, 2004）。

相對於面對面的交流，網路上、螢幕對螢幕的交流提供了匿名或改變身分的可能性，人們「覺得在網路上更無拘無束，可以更開放地表達自己」（Suler, 2004）。Suler 稱這種現象為「線上去抑制效應」（online disinhibition effect）。

在網路上，接觸和分離顯得更簡單而不再令人焦慮，我們對網路上的對象或網路遊戲的戰友所抱存的印象大都投射自我們自己的

想像，而較少有面對面交流所仰賴的實體與感官的感知。在網路世界，人們舉止就是不一樣：「當人們得以分隔他們在網路上和在現實生活中的身分以及作為，他們就不再那麼害怕自我揭露及行動化（acting out）」（Suler, 2004）。

　　青少年創造自己虛擬的身分或是以虛擬身分玩網路遊戲，在這當中他們追尋著自己的身分認同，正如同這個時期該經歷的；而相同地，這種披上面具的體驗對成年人也很有吸引力。在網路上這些不具名的形象比起現實生活，通常較年輕、較好看、較聰明、也較富有，如果能永遠這樣或即使只是一下子，都很令人陶醉；但是，當在現實生活中面對鏡子中的自己時，問題就來了，自己變得不再能接受真實的自己，而更想要把自己深陷在虛擬的網路世界中，這種無法接納自己或真實世界的傾向，會賦予網路一種補償力量（Eidenbenz, 2008），這通常就助長了成癮的發生。

　　在虛擬世界中不斷重複的經驗會在腦中留下軌跡，並造成促發效應（priming effects）。如果這些軌跡所連結的是歡愉的刺激經驗，那麼之後的舉動就會順應這些軌跡而產生（Spitzer, 2005）。虛擬世界於是能撩起和多巴胺釋放相關的強烈情緒經驗；青少年腦中負責自律、自我控制的額葉尚未完全成熟，尤其容易受到這樣的刺激所影響（Jäncke, 2008; Small & Vorgan, 2008）。

　　如果父母能樹立足夠清楚的上網體制和限制，青少年可以善用網際網路來擴展和豐富他們在真實世界的人生。

▶▶ 角色擴散（role diffusion）和角色分歧（role divergence）

攝影記者 Robbie Cooper 曾幫人們和他們在螢幕中的角色（或稱作化身）照相（Cooper, 2007）。

第一張照片（圖 14.1）中的男孩一週花五十五個小時玩線上角色扮演遊戲「無盡的任務」。他說：「我只是想贏得遊戲中其他人的尊敬，成為無盡的任務世界中的名人，但這讓我付出很多代價，讓我的生活除了這遊戲外都是在受苦，包括我的社交生活、我的課業，甚至是我的健康。」（Cooper, 2007）從花費如此多的時間來看，他顯然是深陷於網路遊戲的補償力量。

第二張照片（圖 14.2）中的年輕男性花了更多的時間，超過每

圖 14.1 （照片來源：Robbie Cooper）

圖 14.2 （照片來源：Robbie Cooper）

週八十小時，在網路遊戲「星際大戰：銀河風暴」上。在這個例子裡，年輕男性因為身體上的障礙剝奪了他從事其他休閒活動的機會，因此，網路世界並沒有取代任何的休閒活動，而就是單純豐富了他的生活：「在網路世界，認識實體的某個人之前，我們就先認識了他在鍵盤背後的樣子。網際網路排除了人們在現實世界的樣貌，於是我們必須透過一個人的心和人格來了解一個人。」（Cooper, 2007）

這個例子裡，網路是被善用來補充生活中的空缺（complementary usage），並沒有造成所謂的成癮行為。

網路成癮這樣特有的概念一直是今日爭論的主幹。成癮行為是源自於行為模式，而不是來自於媒體本身，但這樣的概念被爭論著。Grohol（1999）和 Kratzer（2006）說到網際網路並不是疾患的

成因,而是潛藏的精神疾病(例如憂鬱症)或人格問題的症狀、表象。Hahn 和 Jerusalem(2001)則指出現行的診斷標準主要是現象學描述,而不著墨病因,這就如同現行的酒精成癮診斷標準。

不同於網路成癮(Internet addiction),瑞士成癮專家協會(Swiss Addiction Professionals Association, 2008)建議使用線上成癮(online addiction)作為診斷名稱,認為這個名稱才能傳達關鍵而完整的意涵;線上(online)所傳達的概念是連結到整個世界的網絡的瞬間,透過手指感覺到時間的脈動,與最新的消息和各式的人發生關聯。

線上成癮這個詞將會被用來指稱一系列過度、極端的行為和衝動控制的困難,就如同其他成癮所指稱的,這樣的概念是由Kimberly Young(1998)、柏林 Humboldt 大學的 Hahn 和 Jerusalem(2001)所提出。

▶▶ 成癮和通訊

在各類各樣的線上成癮中,網路的通訊面占有很重要的角色。人們常透過鍵盤、耳機和麥克風,在網路聊天室甚至網路遊戲中進行通訊。像這樣在每個行動或是遊戲的每個動作中,都有一個真實的人在背後操作著,顯然比只是單純跟電腦操縱的對象互動要吸引人得多。遊戲或者是其他類型的即時性上網,有著更大的成癮潛力,Young(1998)就說到遊戲成癮者比起其他類型的遊戲玩家來說,上網的時間比沒有上網的時間要多出許多(Rehbein, Kleimann, & Mössle, 2009)。

網路透過臉書等媒體,可以提供大範圍的虛擬接觸以及徜徉於

網際網路的充實感，足以滿足人們想要接觸其他人的基本需求（Bergmann & Hütter, 2006）。

對於有線上成癮問題的人來說，網路虛擬世界所營造的人際接觸可以取代真實世界（Petry, 2010），他們甚至鮮少發現穿梭於網路虛擬世界時，他們同時忽視甚至失去了真實世界中的人際接觸。有人提出假說，認為對互動媒體的依賴（即線上成癮）通常和渴望與人交往或是本身有溝通上的困難有關，這也就是為什麼建立並且鼓勵真實世界的人際互動，並嘗試聚焦人際間的衝突，在成癮治療中這麼重要。

認識並且治療網路成癮不僅僅是小心分析這個新媒體（這部分將會在後面的段落討論到），它也需要其他物質成癮相關的知識（Schweitzer & Schlippe, 2007），畢竟在這兩類成癮之間，存在有許多相似與相異之處。

除了兩種成癮在診斷概念上的相似外，以下列出其他相似之處，這些也和治療的設計有關：

- 想要有所改變的動機和尋求治療的動機都非常微弱。
- 通常要在巨大的壓力下才會尋求改變。
- 對於成癮物的使用狀況和所帶來的影響傾向於否認或忽視。

線上成癮和其他物質成癮的相異點包括：

- 資訊與通訊科技本身被看作是正面而有益的。
- 網路有高度可得的特性而且使用網路並不引人側目。
- 花費較低，而且費率上的計算和使用的量無關（採吃到飽的費率）。
- 目前還不知道線上成癮的確切風險和可能造成的傷害。

- 完全不使用一切的新通訊媒體幾乎是不可能的，或是只能暫時不使用。

除了這些異同點外，在治療中還有許多要考量的事。Hahn 和 Jerusalem（2001）根據他們的研究提到，對於一個新的通訊媒體寄予厚望，但卻沒有相應地發展對衝動使用的管控，是有一定風險的。在未來，網路會更加可近也更加便宜，生活中要沒有網路似乎成為一件不可能的事。

線上成癮似乎就是在使用新通訊媒體時有自我控制上的困難，特別是在成癮者所成癮的領域。

 # 治療

在文獻中各種不同的心理治療方式被建議用來治療網路成癮，但目前還不能結論出具有實證效力的治療指引（Peterson, Weymann, Schelb, Thiel, & Thomasius, 2009）。

認知行為治療（Schorr, 2009）是最常被提出的治療方法。壓力因應策略和社會及溝通技巧訓練是另外兩個被認為有幫助的方法，同樣地，家族治療活動也被提到過。除了個別的認知行為治療，也有由 Orzack 等人（2006）、Wölfling 和 Müller（2008）與 Schuler、Vogelgesang 和 Petry（2009）所發展的團體形式的認知行為治療，這種形式的好處在於成員在團體中受指引而互動，如此一來真正的人際溝通也就油然而生，團體也成為了成員支持的來源，成員也有機會從團體中其他成員身上學到經驗。經過了無數次在蘇黎世組織治療團體的經驗，我們了解到成癮者除非多次的提醒或有來自外界

的壓力，不然他們不會規律地出席團體，寧願待在家中，黏在電腦螢幕前面。

許多治療方式都提到在青少年的治療中引入家庭成員是相當有幫助的（Young, 2007），但目前系統性治療線上成癮的實證研究還相當不足。Barth 等人（2009）在處理青少年的不成熟、情緒控制和行動上的失控時，發現父母和整個家庭正逐漸成為治療的核心。

在瑞士日內瓦的鳳凰基金會（Foundation Phénix）（Nielsen & Croquette-Krokar, 2008）提供線上成癮者家族治療，他們認為家族治療是很重要的，不但能面對處理造成衝突的事件，還能支持親職技巧同時促進健康的情緒氛圍。

Young（1999）也建議使用家族治療來促進溝技巧並減少爭吵和指控。Grüsser 和 Thalemann（2006）也指出另一個支持家族治療的重點，那就是家庭在成癮的形成及持續上扮演了重要的角色。

系統性治療適當考量了個案的社會環境，並且將這些資訊融入治療當中。這樣的治療方式幫助個案建立情緒的參考點，並重建人際接觸。系統性治療的技巧，像是詢問現實架構、循環提問等（Schweitzer & Schlippe, 2007），也能夠協助個案釐清自己的自我形象和在他人心中的形象。Yen、Yen、Chen、Chen 和 Ko（2007）在他們針對家庭因素的研究中提到，對於有不良家庭因素的青少年，應該讓他們接受以家庭為基礎、針對網路成癮或其他物質成癮的預防處置。

▶▶ 行為成癮中心：臨床經驗

在蘇黎世的門診中心「Open Door for Zurich」大約在十年前開

始收治第一位線上成癮的個案。在 2000 年，該中心舉辦了國際研討會，名為「線上沉迷與成癮之間」，與會的講者包括了 Kimberly Young 博士和 Mathias Jerusalem 博士。在 2001 年和柏林 Humboldt 大學合作的研究中（Eidenbenz & Jerusalem, 2001），證實了線上成癮在瑞士已成為一個存在的問題。

今日，中心已承繼過去的成果，成為專門治療線上成癮和網路遊戲成癮的行為成癮中心。從各地來的人在此處尋求建議，從 2005 年以來，中心每年治療二十五至四十個個案，平均每個個案接受了 150 至 200 次治療。來尋求協助的主要是線上成癮者的父母，這些父母都對孩子過度使用網路的情形感到非常無助，而這些成癮的孩子大都是 13 到 25 歲間的男孩或年輕男性，女孩相對來說是比較少的，相當少的機會會收治到沉迷於網路性愛或是對網路上的色情圖像過度消費等的成年個案。

這個中心（Center for Behavioural Addiction, 2009）是以治療線上成癮而聞名，所以前來尋求協助的人大都已根據自我評估將自己所遭遇的問題分類。以下列出的是申請協助時較常被提到的問題：

- 表現變差（學業、工作）。
- 對社交環境失去興趣。
- 對非網路的休閒安排失去樂趣。
- 疲倦（慢性缺乏睡眠）。
- 如果網路的使用被妨礙，會顯得較神經質而具攻擊性。

這群年輕的線上成癮個案都有著缺乏動機的基本問題，這也是為什麼絕大多數的個案其家庭都被引入治療當中。這些尋求建議的父母從執業醫師到藍領階級，遍布各個社會階級，其中很驚人的是

有很多父母都是從事資訊科技（information technology, IT）相關的產業。

▶▶ 運用個案的環境使其成為治療資源

個案無法認知自己的疾病並且缺乏改變的動機是治療中最大的困難。隨著成癮的狀況愈來愈嚴重，想要讓個案有所改變就顯得愈來愈困難。年輕人尤其容易只把眼光聚焦於當下，致力於追求興奮刺激的經驗，而很難預估到他的行為長期下來對自己的未來會產生什麼影響（Jäncke, 2007）。這也就是為什麼青少年是線上成癮的高危險群（參照 Eidenbenz, 2001, 2004; Hahn & Jerusalem, 2001），他們的存在總是依賴每天生活中其他人的反應。人們總是假設，必要時青少年的父母會為青少年設下限制，然而在多數情況下，父母通常無法勝任這樣的工作，尤其當他們彼此之間意見不合或是互不理睬，這樣的狀況尤其在離異的父母間更為常見。

如果日常生中老師、雇主和其他對個案來說重要的人士能發現成癮問題的早期線索，那我們就更有可能及時應對甚至及時開始治療。因此，網路上有不同的檢測讓人們甚至成癮的個案在日常生活中能知道「網路有成癮風險」的觀念，某個在 2006 年發展出來的檢測便直接地傳遞了網路會使人成癮的訊息（Eidenbenz, 2006）。對個案身邊的人來說，相關而且易懂的資訊是必要的，當然如果有具體的預防處遇會更好。

除了個人因素和環境的影響，網際網路的用途本身或是我們所強調的網路遊戲，是治療中一定要涵蓋的核心因素。為此，我們會較詳細地介紹一個最近的研究，研究的主題是網路遊戲所肇生的風

險因子。這個研究在德國進行,隨機取樣了 44,129 位年輕人（Rehbein, Kleimann, & Mössle, 2009）,發現這當中有 3%的男性已呈現網路遊戲成癮,4.7%的男性則身陷成癮的風險,換句話說,總共有 7.7%的年輕男性要不是網路遊戲成癮就是有成癮的風險;女性當中,只有 0.3%成癮而 0.5%有網路遊戲成癮的風險。這顯示了一個成癮於「魔獸世界」的男孩要在他消遣的時間中認識一個女孩是多麼不容易的事。

線上成癮者和重度遊戲玩家在學校有較差的表現,即使是體能成績也是落後,這代表了這些年輕人也缺乏運動。成癮者有較高的缺席率,對於上學有較高的焦慮。在作者所發展的電腦成癮量表中,魔獸世界可說是目前成癮風險最高的遊戲,其次是激戰（Guild Wars）、魔獸爭霸（Warcraft）和絕對武力（Counterstrike）。36%的魔獸世界玩家每天玩這個網路遊戲的時間超過 4.5 個小時。

壓力調控失常已在一個柏林的縱貫性追蹤研究中證實可以用來解釋網路遊戲成癮（Grüsser, Thalemann, Albrecht, & Thalemann, 2005）。壓力調控這個詞指的是人們用來脫離真實世界的困境或衝突的技巧。其他被強調的關鍵因素還包括在遊戲中經驗到力量和控制感、遊戲被當作是唯一的成就感來源、在人際衝突中較不擅長同理和溝通、遭受親子暴力的童年,這些因素都使網路遊戲成癮的風險增高。另一個令人擔心的發現是,網路遊戲成癮者當被問到是否曾想過自殺時,有 12.5%的人回答「是,常常」,而一般人只有 2.4%的人會這樣回答。

這些觀察也和我們的實際經驗一致,十個網路遊戲成癮者中就有八個人對魔獸世界成癮。因此,我們有必要深入探究一下這個遊

戲。

要治療網路遊戲成癮這種特別類型的網路成癮，就需要對網路
遊戲有起碼的認識。讓青少年知道他們的治療師對他們花了大量閒
暇時間所投入的世界（那個虛擬的世界）感興趣，是很重要的。治
療師並不用熟知每一種線上角色扮演，但是能使用關鍵術語、提出
恰當的問題，對於建立治療的信任關係是很有幫助的。這些術語就
像是化身（指的是玩家在線上操作的人物，也稱為角色）、等級
（level，人物透過遊戲歷程所達到的水平）和團戰（raid，玩家在網
路遊戲中聚集一起進行戰鬥）等。

治療師唯有透過上述方法，才能建立對個案不同面向的了解，
就像是個案對虛擬身分的認同、在網路社群中的狀態以及與社群的
連結。這些問題就像是「你現在幾級了？你有哪些角色？你有很多
種角色嗎？你有加入公會或戰隊嗎？你們的戰隊有多少人？你們的
戰隊經營得如何？你一個禮拜會有幾場團戰而什麼時候會團戰
呢？」

以下是治療最終的會談紀錄，我們收錄於此，希望能傳遞給讀
者青少年的觀點。這個例子呈現了環境對個案治療意願的重大影
響。

以下是與馬丁的會談，一位 16 歲資訊技術系的學生。

治療師：馬丁，你和哥哥及媽媽住在一起，並且對魔獸世界成癮。
　　　　你的電玩生涯是怎麼開始的？

馬　丁：我在就學前就在玩任天堂和 Game Boy 了。我的爸爸是個
　　　　電腦專業人員，當我 8 歲時，我們開始一起玩爸爸的電腦，

12 歲時我第一次接觸 3D 線上遊戲。然後，我哥帶我開始玩絕對武力這款戰略射擊遊戲，一年半後，我就開始玩魔獸世界。

治療師：你在這遊戲當中發現了什麼？

馬　丁：我曾在一家大銀行的資訊部門上過六個月的介紹課程，當時受訓的同事有一半都在玩魔獸世界，有些還玩得很兇。

治療師：然後呢？

馬　丁：我很快地就在這個角色扮演遊戲裡面愈陷愈深。我一開始每天都只玩一個小時，但很快地時間愈花愈多。魔獸世界真是個引人不斷投入的遊戲，你總是有新的目標，期待愈來愈好的防具和武器，結果是你會愈來愈頻繁地玩。

治療師：當你玩得最兇的時候，你每天會玩多久？

馬　丁：那大約是六個月前，我下班後每天花五到六小時玩這個遊戲，而週末我在下午一點醒來後，會一直玩到凌晨一點到兩點。

治療師：你難道沒有感覺到你已經玩得太多了？

馬　丁：不會，我總是和比我玩得兇的人比。

治療師：有沒有人曾經試著阻止你玩個不停？

馬　丁：當然有，我媽幾乎試過所有的方法了。有好幾次我媽把我的螢幕藏起來，有時是鍵盤。我和我媽老是為了我不能遵守她訂的公約而爭吵，她甚至還想帶我去看精神科，當然我拒絕了，這聽起來真的太怪了。

治療師：那是什麼讓你有改變目前玩遊戲現況的動機？

馬　丁：我發現我的朋友不再找我出去，除此之外，我媽老是因為

我玩遊戲給我很大的壓力。事實上，她曾經沒收我的個人電腦達十四天。

治療師：你那時候怎麼反應？

馬　丁：我整個氣炸了。

治療師：那十四天會不會過得很枯燥？

馬　丁：我只好看更多的電視，再度開始畫畫，並且閱讀。

治療師：後來你和媽媽一起參加諮商，為什麼你會答應呢？

馬　丁：另外，我工作上的督導直截了當地告訴我，我這麼過度地玩遊戲已經是個大問題了，他督促我要來接受諮商。

治療師：你的工作表現有因此下降嗎？

馬　丁：是沒有，不過督導知道我常常睡過頭。有時我會為了睡過頭請病假，而這件事我媽有跟督導說。

治療師：那麼現在呢？你還是有在玩嗎？

馬　丁：還是有在玩啊，但我現在能遵照諮商時所做的約定縮短玩遊戲的時間。我目前一個禮拜會有一天完全不玩，而有玩的日子也絕對不會玩超過晚上十點。

在治療之初，治療師必須創造一個讓個案可以面對處理其問題的穩定環境，直到個案能達到持續且具建設性的進步。

▶▶ 起始情境

就像其他種類的成癮一樣，成癮者的父母、家人、伴侶總是身受成癮者成癮行為的困擾，但成癮者自己總是不自覺。最經典的起始情境就是父母打電話進來中心，抱怨自己的孩子電玩玩得太多，

但是他們的孩子拒絕前來接受治療，並堅稱自己沒問題。於是這裡就產生了第一個大挑戰：如何去引發青少年產生接受治療的動機。我們應該要好好利用這個起始情境，但在此父母有個難題，他們高度想要展開行動，但無法處理這個情境。如果父母能說服他們的孩子在第一次療程出現，治療通常就會順利開展，這是父母重建威信地位的重要步驟，而這種地位通常在家庭掙扎於個案的成癮行為時發生轉變。我們建議父母清楚明白地告訴孩子，唯有他和他的兄弟姐妹能全力配合才能解決這樣的問題。這種整個系統團結的感覺能有更高的機會創造家庭裡的新平衡，而不是把所有的錯都歸咎於青少年。

許多專家（Petersen, Weymann, Schelb, Thiel, & Thomasius, 2009; Yen, Ko, Yen, Chen, Chung, & Chen, 2008）都提醒網路成癮有很多合併症，像是憂鬱症，和憂鬱症相關的低自尊、低慾望、渴望認同、注意力不足過動症候群，以及物質濫用。除了要問哪個潛在疾患影響了青少年的成癮行為，治療師也要思考其他家人促成了線上成癮的可能性，例如過度保護的媽媽以及整個家庭系統的互動。

家庭成員或其他和個案有生活互動的人至少要參與第一次的療程，這樣的做法可以讓成癮的青少年更能接受治療，尤其是當他們能感受到他們的困難能被了解而且被認真地看待。

打下讓治療能延續一段較長時間的基礎工作是同樣重要的。少了父母和手足的支持或壓力，青少年會很難鼓起動機，頂多支持兩三次治療就放棄了；即使青少年自願尋求治療，對他們來說，將治療師以及持續的約診看得比網路虛擬世界來得重要還是相當困難。我們知道，安排家族治療療程能減少個案爽約的問題，如果他們能

持續感受到整個系統的壓力和合作氛圍，他們甚至願意增加療程。

治療過程：階段性模式（phase model）

在這裡所建議的系統性處置是源於 Carole Gammer 所發展的階段性家族治療模式（Gammer, 2008），這當中融合了許多認知行為治療的元素，特別是 Kanfer 所提出的自我管理治療（self-management therapy）（Kanfer, Reinercker, & Schmelzer, 2006）。為了呈現理想的療程，整個治療過程可以分作四個階段，總共需要六到十八個月的時間。

▶▶ 開始階段（一至三次治療）

開始階段的目的是要建立一個合作的工作關係，並且蒐集足夠的資訊，來對個案的問題建立個人或整個系統的分析（或者達到診斷），進而形成對整個問題的假說。

第一次的療程理想上應該整個家庭都來參加。在每個人都自我介紹並且建立起團體中公開且互相尊重的氛圍後，治療師開始蒐集每個人的陳述和任何過當的行為，例如，個案的父親有工時過長的問題。

這樣的方式可以洞察整個問題（家裡的其他人也可能有成癮傾向），並且解除個案所承受的壓力。然後，每個家庭成員都被問到什麼是他們想改變的、什麼問題是他們想在家庭中一起討論的。為了減少個案的壓力，在這樣的詢問中，不要把個案安排成第一個或

最後一個發表意見的。一開始，個案除了表達減少對自己的網路管制的需求外，通常不會提出任何意見；接著詢問個案，對父母是否滿意、是否有足夠的零用錢等等，年輕個案通常會給父母不錯的評價。這裡的目的，是要讓個案能提出生活中他自己所期待的轉變，尤其是一些和父母有關聯的事，他必須有機會去講出這些一般年輕人和他們的父母也會有的問題，在這個階段，治療師可以成為個案的盟友或是代言人。有時，這些青少年一開始什麼話都不想說，覺得自己之所以會來，完全是因為父母強迫他們，這時千萬不要因此批評他們，如果個案一直保持沉默，我們可以邀請他的家人猜猜看為何他什麼都不說。在第一次的療程，我們必須提到個案的優點，讓個案有一些較正面的動機，另一方面，父母也應該要能承受某個程度的面質。

個案的成癮行為會在療程的過程中會被討論到，重要的是，治療師對於個案和遊戲相關的行為要能顯露出興趣，並聚焦於誘發因素和行為對情緒調節的層面。個案都什麼時候玩遊戲？在什麼樣的場合？個案還會從事什麼休閒活動？在團隊中遊戲人物的角色功能和身分是很重要的，例如人物的裝備或是能力狀態。這些資訊可以幫忙我們形成假說，或許假說是基於成癮行為本身是有功能性的，又或是基於個案在真實生活中存在某種缺陷。

第一次的療程也常常被用來做危機處理、進一步釐清衝突，並且討論如何緩和衝突。除了設定初步的電腦使用約定，父母會被鼓勵訂下清楚的限制。如果個案能做出每週的時間表，裡面包含玩遊戲或其他網路活動的頻率和時間長短，那會是非常有幫助的；個案根據約定所做的努力，諸如做紀錄、是否達到目標以及如何達到目

標，將提供我們更多訊息讓我們進一步建立假設。同時，我們也要鼓勵青少年規劃他們遊戲外的活動，並深深地認為這些是正當的活動。

在形成假說時，治療師必須蒐集整個系統的資訊，去達到一個系統性的診斷。家庭裡的權力結構是如何被制定的？在什麼樣的情境下父母能夠主導意見，而當時他們是如何做的？手足間合作嗎？整個系統如何處理紛爭？個案個人的行為特性也需要被列入診斷過程的考慮中，例如迴避衝突和壓力的策略、衝動性、放棄的傾向以及創傷事件。治療師必須發展出後續的治療策略，並且在這初期的療程中以淺顯的方式對整個家庭解釋這個策略。

我們建議開始階段大概需要二至三次治療，這期間包含了對個案狀況的連續評估。

症狀上的進步、即使是微小的進步，要能夠被突顯出來，甚至讓這些進步可以早在這個開始階段就能被觀察到。例如，為了突顯進步，使用網路的總時數不再是用估算的，而是在日誌裡被精確地記錄著。一個好的做法是把日誌指派成回家作業，當然更重要的是個案和家屬要能夠再回診。個案和手足對於這些做法可以提出意見，但是最後還是要回歸到由父母根據治療師的建議來做最後的決定。在網路這議題上，父母應該主導意見。

▶▶ 動機階段（三至五次治療）

動機階段的焦點在於嘗試了解造成和持續成癮行為的整個氛圍，並提出相關的治療主題，像是肯定、尊重和處理衝突與壓力的方法（Wölfling, 2008）。同時，個案在這個階段必須減少他的上

網，並且被要求要建立起最小程度的自我控制。

個案自己很難承認自己有網路成癮的問題。要造成改變，住院是不可或缺的，家人如果能促成個案住院，幫助將是非常大的。除非個案了解到過度沉迷遊戲已經對他們的生活造成負面影響，或是了解到自己對遊戲已無法自拔，他們才會願意展開確實的行動。家人和個案在處理遊戲的事務上，家人能以嚴格的態度設定限制但同時能表達自己對遊戲內涵的關注與興趣，是非常重要的。家人要能以自己的角度陳述個案的成癮行為已經如何影響到自己，並且指出個案已面臨的風險，無論是個人的或是整個家庭關係的。

去了解遊戲為什麼使個案深深著迷，以及如何讓個案在現實生活中也可以找到相匹比的滿足感，是很重要的。遵循著個案與家人共同討論出的目標和規則，個案沉迷於遊戲的程度應該被階段性地降低下來；在這過程中，可以多多闡述可能的好或壞的結果。

每個人都應該合作一步步去發掘成癮行為的成因，這些成因可能包括：

- **缺乏發言權**：個案或是手足對於家庭內發生的事有發言權嗎？他們所關注的是什麼事情？
- **缺乏尊重**：家庭成員間能互相尊重、互相肯定嗎？
- **缺乏成就感**：個案有機會成為家中的英雄嗎？

當個案能主動批評日常生活中的人或情境，例如他的父親，他就踏出了重要且必要的一步，產生了面對衝突的意願。

同時，個案必須要建立現實生活中的替代消遣，治療師和家人應該要全面支持個案重新選擇的興趣，並鼓勵他們去從事這些新興趣。

▶▶ 探索階段（三至八次治療）

探索階段主要是要促成線上成癮原因的徹底探索，進一步促成活絡的溝通、家人間的尊重，以及和父母或和手足間的同盟。與父母或手足間的爭執點，會被深入釐清並且處理。

在這個階段我們所要處理的深沉原因可以是個案和父親的衝突、個案無法從家人的過世中走出來，又或是個案和其中一個雙親分離。網路遊戲成癮的青少年常常把自己沉溺在虛擬世界裡，去從事英雄般的戰鬥，只因為他們在家中幾乎沒有任何發言權。也可能爸爸必須長時間工作而常常缺席，鮮少對兒子表達關注，尤其是兒子在虛擬世界裡的偉大成就；男孩從來沒有機會去取得一個男性的優勢地位。他應該被支持去表達自己的怒氣，並同時消化現在甚至是過去的傷痛。

父母兩人都必須參與制定孩子的網路遊戲規則，如此才能給個案強有力且一致的指引；但是當嘗試化解個案和某一位雙親間的衝突時，治療師應該避免另一位雙親的介入，這樣才能確保一個面對面且公平的互動，以利於解決衝突。建設性地解決衝突可以建立一個示範，並且鼓勵個案去嘗試新的行為（少沉溺於網路遊戲）、扮演新的家庭角色、甚至新的人生角色。

雖然個案的手足常感覺到個案在心中缺席，但如果仍願意展露手足間的團結氣氛時，那麼在這個階段手足們可以嘗試角色扮演。但只有在急性的成癮行為可以被控制的前提下，才試著聚焦於一些個案較壓抑的課題。

在這個階段，手足不需要參與每次的治療，有時在這個階段的

第一次治療我們可以邀請較年長的手足（例如成年的手足）來陪伴個案，然後我們可以嘗試「順便」邀請個案：如果他願意的話下次一個人來參加治療

▶▶ 穩定與最終階段（一至三次治療）

經歷了先前的療程後，個案改為從事其他的休閒活動、有效地掌控上網的次數、在課業上有所進步、能更建設性地處理衝突，而達到可以有效掌控上網次數的滿意成果。在這個階段，我們可以建議將療程的間距時間拉長，或是在治療中加入至少一次控制療程。這樣的做法可以避免成癮行為復發、穩定家庭為治療所做的新的選擇，並促成持續的進步。

即使個案和家人已有許多討論而個案也較少玩遊戲，他們對於治療的看法仍然與其他人有極大的不同。他們可能會覺得已經達到目標了，但家人還是認為他們還有很大的進步空間。肯定到目前為止的進步是很重要的，這些進步像是學校的表現穩定或進步、有更多的機會和家人共進晚餐、能較早上床睡覺，或是更常出外找朋友。在這個階段，治療師應該回顧性地或預期性地反覆提及個案的成效，並且引導家人去定義更一步的目標。

在某些案例裡，個案抱怨他們的父母很難滿足，另一方面，父母也真的不夠滿意治療的成效。因此，去讚美並關注任何微小的進步顯得更加重要。要知道這樣的工作牽涉到成癮，只要牽涉到成癮，人們很難完全滿足。

戒除網路遊戲

　　如果個案完全無法控制他們對遊戲的沉迷，那麼就必須要暫停所有的遊戲。對於嚴重網路遊戲（例如魔獸世界）成癮的個案，徹底戒除玩遊戲，但不完全禁用網際網路（Petersen et al., 2009），在經驗上是開啟治療的唯一手段。這樣直截了當的停用方式可能會帶來一些風險。個案勢必會有一些極端的反應，像是攻擊行為、憂鬱退縮，而最後總是失去動機。有時父母自己早就嘗試過這種做法，但是在反動持續擴大後，他們都會發誓不再採取這種激烈的手段。

　　但是，父母必須要知道當孩子面臨危急狀況時該如何處理，這些危急狀況就像是威脅要使用暴力、要殺傷人，又或是自殺。在到達這樣的程度前，應該已經有很長一段時間父母嘗試設限甚至威脅孩子，但最後還是屈服於孩子，讓他們再次隨心所欲沉迷於網路遊戲，而不再嚴格看待這件事情。作者最近問過一個青少年這個問題，青少年回答他覺得父母大概只有30%的可能性去找警察或是急診精神科醫師的協助。他的說法正是直指要害。

　　治療師應該和牽涉到這類危機的父母確切地討論如何處理這樣的狀況。青少年應該了解到哪些類型的威脅會讓父母採取行動。如果可以的話，整個治療同盟可以事先預計當危險情事持續升高時，個案可被送到哪裡住院接受治療。治療師應該給家屬電話號碼，讓家屬面臨這樣的危機時可以找到治療師，並且提供緊急電話。在大多數的案例中，個案後來並沒有住院，重點在於父母透過這麼做，讓個案了解到他們是很認真看待所訂下的限制。

系統性處置的案例

　　一位 15 歲中學男孩的父母主動聯繫診所，談到他們的孩子。他每週花超過三十小時的時間玩網路遊戲魔獸世界，幾乎不再參與家庭活動，甚至不再和家人一起用餐，在學校的表現也一落千丈。這對父母很常因為打電玩的事和孩子發生爭吵，他們嘗試縮限孩子打電動的時間到每天只能打兩小時，但結果證明是完全失敗。他們的孩子 M 在 11 歲的時候，就開始存零用錢來自己升級個人電腦的配備，在這個階段他還是很友善而滿足的。

　　後來，整個家庭同意和他以及小他兩歲的妹妹一起來門診接受治療。在第一次治療，M 抱怨自己沒有被好好了解，他的父母只會控訴網路遊戲對他產生巨大的破壞。我建議整個家庭一起來參與後續的治療，每個人都同意了。前三次治療的主題都是個案和父母間的劇烈爭吵，尤其是當父母試著要限制他玩遊戲的時間。有一次 M 的母親想要阻止他登入網際網路，於是 M 把他的手放到他母親的喉嚨上，但後來並沒真的掐住她。

　　到了第四次治療，整個家庭開始比較有建設性地處理衝突。M 開始用自己畫的表格來自我監測自己的遊戲時間，並且把遊戲時間縮減到一個禮拜十小時左右。雖然 M 的父親和他都有衝動控制的問題，不過整個家庭都有共識想要更緊密地生活在一起。在其中一次治療，這對父子畫了一個簡圖來示意他們在爭吵中所感受到的情緒，圖中可以看到一種階段性轉換的情緒律動，其他的家庭成員則一起評論這張簡圖。這個做法幫助每個人去客觀了解在爭吵中那些

戲劇性的時刻。

　　一次偶然的機會，M提到他在魔獸世界裡有兩個人物：一個是專責治療的牧師（譯註：原文 monk，但成書當時應無這個職業，應是指priest），一個是好戰的戰士。這樣的選擇可以看做是他情感上意欲如何發展的表象。

　　成長的一路上跟隨著跋扈的爸爸，M似乎沒有機會像在遊戲中光榮勝利的戰士或治療師一樣，在成就上被肯定，感受到背後有人支援，感受到團結。

　　各式各樣的家庭問題在治療的過程中被提出來。在透過治療師的協助下，M更能清楚闡述他所在意的事情並且克服自己逃避父親的傾向，他開始面質他的父親。

　　M在學校的表現漸入佳境，也回復像以前一樣常常和家人一起用餐。每個人在這改變中都有貢獻：爸爸不再工作得那麼晚，媽媽在用餐前三十分鐘會在 M 的螢幕上貼上提醒的便利貼，而 M 自己則即時在用餐前關掉電腦以趕上全家一起用餐。

　　M回顧到他曾經在朋友面前為這整個治療辯護，因為他真的受益於再度回歸為家庭的一份子，更重要的是，他所在意的事現在都會被大家認真看待，而且大家也不會再一直把所有的錯都歸咎給他。

 ## 討論和展望

　　本章所提到的階段性模式還未被詳細評估或被列為治療的金科玉律。在這裡提出它，除了作為整章論述的總結，也希望能以此作

為發展治療模式的引導。

雖然還沒有詳細的評估,已有聚焦於線上成癮成因的研究能佐證我們的立論:個案在日常生活中缺乏直接的影響力、缺乏成就感,以及缺乏化解衝突的能力。

雖然有少數例外,家庭一直是提供採取行動、建設性化解衝突的核心模範。熱情、同理心、團結和個人責任,這些都可以在家庭中學到,進而成為個案持續改變的動力來源和模範。因此,將整個家庭系統融入線上成癮治療似乎是個合理而有用的辦法。如同其他的成癮治療,治療師和家人的堅持不懈和堅定的愛,是引發個案改變的必需要素。最後的目標是建立健康使用網路的文化,使每個人都知道且警覺使用網路這種新媒體的機會與風險,進而自己決定要如何使用這種媒體。

委託而接受治療最終是可以取得成功的,因為透過治療,我們可以確保長期建設性的正面發展,而這在青少年的身上特別有效。

未來需要更多的研究去評估不同治療方法的有效性。目前可以確定的是,無論是在家庭、學校或是同儕團體中,線上成癮的青少年其日常生活需要負責的人來陪伴。預防成癮的終極目標是建立一個環境,能提供給青少年具吸引力的挑戰、際遇和參與的機會,使得他們能用全部的知覺來感受真實生活,以此形塑他們無與倫比的獨特人生。

Andrews, J. A., Hops, H., Ary, D., Tildesley, E., & Harris, J. (1993). Parental influence on early adolescent substance use: Specific and nonspecific effects. *Journal of Early Adolescence*, *13*(3), 285–310.

Barker, J. C., & Hung, G. (2006). Representations of family: A review of the alcohol and drug literature. *International Journal of Drug Policy 15*, 347–356.

Barth, G., Sieslack, S., Peukert, P., Kasmi, J. E., Schlipf, S., & Travers-Podmaniczky, G. (2009). Internet- und Computerspielsucht bei Jugendlichen, 41. Retrieved September 3, 2009, from http://www.rosenfluh.ch/images/stories/publikationen/Psychiatrie/2009-02/07_PSY_Spielsucht_2.09.pdf.

Bergmann, W., & Hütter, G. (2006). *Computersüchtig, Kinder im Sog der modernen Medien*. Düsseldorf, Germany: Walterverlag.

Brook, J. S., Brook, D. W., De La Rosa, M., Dunque, L. F., Rodriguez, F., et al. (1998). Pathways to marijuana use among adolescents: Cultural/ecological, family, peer, and personality influences. *Journal of the American Academy of Child and Adolescent Psychiatry*, *37*(7), 759–766.

Brown, S. A., Myers, M. G., Mott, M. A., & Vik, P. W. (1994). Correlates of success following treatment for adolescent substance abuse. *Applied and Preventive Psychology*, *3*, 61–73.

Cooper, R. (2007). *Alter ego: Avatars and their creators*. London: Cris Boot.

Eidenbenz, F. (2004). Online zwischen Faszination und Sucht. *Suchtmagazin*, *30*(1), 3–12.

Eidenbenz, F. (2006). Online-Internet-Sucht-Test. Retrieved July 6, 2009, from http://suchtpraevention.sylon.net/angebote_suchtpraevention/selbsttests/selbsttests_i_f.html

Eidenbenz, F. (2008). Onlinesucht, Schweizerische Fachstelle für Alkohol und andere Drogenprobleme. Retrieved July 6, 2009, from http://www.sfa-ispa.ch/DocUpload/di_onlinesucht.pdf.

Eidenbenz, F., & Jerusalem, M. (2001). *Wissenschaftliche Studie zu konstruktivem vs. Problematischem Internetgebrauch in der Schweiz*. Retrieved October 10, 2009, from www.verhaltenssucht.ch

Center for Behavioural Addiction. (2009). *Zentrum für Verhaltenssucht*. Retrieved April 28, 2010, from www.verhaltenssucht.ch

Gammer, C. (2008). *The child's voice in family therapy*. New York: W.W. Norton.

Grohol, J. M. (1999). Internet addiction guide. *Mental Health Net*. Retrieved November 1, 1999, from http://psychcentral.com/netaddiction/

Grüsser, S., & Thalemann, R. (2006). *Verhaltenssucht, Diagnostik, Therapie, Forschung*. Bern, Switzerland: Huber.

Grüsser, S., Thalemann, R., Albrecht, U., & Thalemann, C. (2005). Exzessive Computernutzung im Kindesalter: Ergebnisse einer psychometrischen Erhebung. *Wiener Klinische Wochenschrift, 117*, 173–175.

Hahn, A., & Jerusalem, M. (2001). Internetsucht: Jugendliche gefangen im Netz. Retrieved July 6, 2009, from http://www.onlinesucht.de/internetsucht_preprint.pdf

Jäncke, L. (2007). *Denn sie können Nichts dafür*, University of Zürich, Department of Neuropsychology. Retrieved July 6, 2009, from http://www.psychologie.uzh.ch/fachrichtungen/neuropsy/Publicrelations/Vortraege/Kinder_Frontahirn_1 Nov2007_reduced.pdf

Jäncke, L. (2008). Onlinesucht, Gesundheitsmagazin Puls. *Schweizer Fernsehen*. Retrieved February 18, 2008. www.sf.tv/sendungen/puls/merkblatt.php?docid= 20080218-2

Kanfer, F., Reinercker, H., & Schmelzer, D. (2006). Selbst-management-Therapie. In *Lehrbuch für die klinische Praxis* (pp. 121–321). Heidelberg, Germany: Springer.

Kratzer, S. (2006). *Pathologische Internetnutzung eine Pilotstudie zum Störungsbild*. Lengerich, Germany: Pabst Science Publishers.

Kuperman, S., Schlosser, S. S., Kramer, J. R., Bucholz, K., Hesselbrock, V., Reich, T., et al. (2001). Risk domains associated with an adolescent alcohol dependence diagnosis. *Addiction, 96*(4), 629–636.

Liddle, H. A. (2004a). Family-based therapies for adolescent alcohol and drug use: Research contributions and future research needs. *Addiction, 99*(2), 76–92.

Liddle, H. A., Dakof, G. A., Parker, K., Diamond, G. S., Barett, K., & Tejeda, M. (2001). Multidimensional family therapy for adolescent drug abuse: Results of a randomized clinical trial. *American Journal of Drug and Alcohol Abuse, 27*(4), 651–688.

Liddle, H. A., Dakof, G. A., Turner, R. M., Henderson, C. E., & Greenbaum, P. E. (2008). Treating adolescent drug abuse: A randomized trial comparing multidimensional family therapy and cognitive behavior therapy. *Addiction, 103*(10), 1660–1670.

Loeber, R. (1990). Development and risk factors of juvenile antisocial behavior and delinquency. *Psychological Review, 10*, 1–41.

Nielsen, P., & Croquette-Krokar, M. (2008). Psychoscope 4. Retrieved July 6, 2009, from http://www.phenix.ch/IMG/pdf/article_psychoscope_final_cyberaddiction_a_l_ adolescence_4_2008.pdf

Orzack, M., Voluse, A., Wolf, D., et al. (2006). An ongoing study of group treatment for men involved in problematic Internet-enabled sexual behavior. *CyberPsychology & Behavior, 9*(3), 348–360.

Petersen, K., Weymann, N. Schelb, Y., Thiel, R., & Thomasius, R. (2009). Pathologischer Internetgebrauch—Epidemiologie, Diagnostik, komorbide Störungen und Behandlungsansätze. *Fortschritte der Neurologie–Psychiatrie, 77*(5), 263–271.

Petry, J. (2010). *Dysfunktionaler und pathologischer PC- und Internet-Gebrauch*. Göttingen, Germany: Hofgrefe.

Rehbein, F., Kleimann, M., & Mössle, T. (2009). *Computerspielabhängigkeit im Kindes- und Jugendalter: Empirische Befunde zu Ursachen, Diagnostik und Komorbiditäten unter besonderer Berücksichtigung spielimmanenter Abhängigkeitsmerkmale*. Forschungsbericht Nr. 108, Kriminologisches Forschungsinstitut Niedersachsen e. V.

Resnick, M. D., Bearman, P. S., Blum, R. W., Bauman, K. E., Harris, K. M., Jones, J., Tabor, J., Beuhring, T., Sieving, R. E., Shew, M., Ireland, M., Bearinger, L. H. & Udry, J. R. (1997). Protecting adolescents from harm: Findings from the national longitudinal study on adolescent health. *The Journal of the American Medical Association, 278*, 823–831.

Sajida, A., Hamid, Z., & Syed, I. (2008). Psychological problems and family functioning as risk factors in addiction. *Journal of Ayub Medical College Abbottabad, 20*(3).

Schorr, A. (2009). *Jugendmedienforschung, Forschungsprogramme, Synopsen, Perspektiven, Neue Gefahren: Onlinesucht* (pp. 380–383). Wiesbaden, Germany: Verlag für Sozialwissenschaften.

Schuler, P., Vogelgesang, M., & Petry, J. (2009). Pathologischer PC/Internetgebrauch. *Psychotherapeut, 54*, 187–192.

Schweitzer, J., & Schlippe, A. (2007). *Lehrbuch der Systemischen Therapie, Therapie und Beratung II, Süchte: Von Kontrollversuchen zur Sehn-Sucht* (pp. 191–212). Göttingen, Germany: Vandenhoeck & Ruprecht.

Small, G., & Vorgan, G. (2008). *iBrain*. New York: Morrow/HarperCollins.

Spitzer, M. (2005). *Vorsicht Bildschirm! Elektronische Medien, Gehirnentwicklung, Gesundheit und Gesellschaft*. Stuttgart, Germany: Ernst Klett.

Suler, J. (2004). The online disinhibition effect. *CyberPsychology & Behavior, 7*(3), 321–326.

Swiss Addiction Professionals Association (2008), *Fachverband Sucht*, Retrieved April 28, 2010, from www.fachverbandsucht.ch

Sydowe, K., Beher, S., Schweitzer, J., & Retzlaff, R. (2006). Systemische Familientherapie bei Störungen des Kindes- und Jugendalters. *Psychotherapeut, 51*, 107–143.

Wölfling, K. (2008). Generation@—Jugend im Balanceakt zwischen Medienkompetenz und Computerspielsucht. *Sucht Magazin, 4*(8), 2–16.

Wölfling, K., & Müller, K. (2008). Phänomenologie, Forschung und erste therapeutische Implikationen zum Störungsbild Computerspielsucht. *Psychotherapeutenjournal, 2.2008*, 128–133.

Yen, J. Y., Ko, C. H., Yen, C. F. Chen, S. H., Chung, W. L. & Chen, C. C. (2008). Psychiatric symptoms in adolescents with Internet addiction: Comparison with substance use. *Psychiatry and Clinical Neurosciences, 62*: 9–16.

Yen, J. Y., Yen, C. F., Chen, C. C., Chen, S. H., & Ko, C. H. (2007). Family factors of Internet addiction and substance use experience in Taiwanese adolescents. *CyberPsychology & Behavior, 10*(3), 323–329.

Young, K. (1998). *Caught in the Net*. New York: John Wiley & Sons.

Young, K. (1999). Internet addiction: Symptoms, evaluation, and treatment. In L. VandeCreek & Jackson (Eds.), *Innovations in clinical practice: A source book* (Vol. 17). Sarasota, FL: Professional Resource Press. Retrieved October 10, 2009, from http://www.netaddiction.com/articles/symptoms.pdf

Young, K. (2007). Cognitive behavior therapy with Internet addicts: Treatment outcomes and implications. *CyberPsychology & Behavior, 10*(5), 671–679.

第 15 章
總結與未來展望

Kimberly S. Young 和
Cristiano Nabuco de Abreu

　　我們身在一個日益依賴科技的時代，我們很難區辨「需求」和「成癮」的不同。時代的進展需要有意義並且有創造力地使用科技。除此之外，我們目前身處在歷史上首次知識不再是被動地被人們吸收的時代；換句話說，我們可以透過和資訊互動，去建立自我和社交實體之新的表象。這讓我們得以見證科技史上最大的變遷之一：開啟了和人們以及資訊即時互動的可能性。雖然我們提到了許多網際網路對現代生活的影響，但最大的影響可說是用來調節和管理人類行為的習俗（mores，源自拉」文，即 customs）逐漸改變了。在十多年前，沒有任何青少年可以想像向別人分享他或她最近一次性愛事件的可能性，但今日這樣子的細節可以被放在部落格上，於是數百萬的人們可以接觸到這個資訊。除了將人們和資訊拉近，網際網路也創造了新的關係形式（與存在形式），這只是其中一例。親密的法則在網路世界有了愈來愈多的面向，更甚者，主宰人們關係的法則也被虛擬世界直接影響。好消息是我們朝著未來跨

了一大步,而壞消息是我們似乎還沒準備好應對這樣的改變。

因此,本書並不是只聚焦於使用網際網路或行動科技的負面層面。或許,新科技只是呈現我們個人弱點的一個新的場域;因此,本書並不是要去惡魔化科技,而是要指出過度依賴科技去滿足情緒、心理和社交需求的嚴重危險。雖然大部分的心理疾患已經被觀察、存在了很長的時間,例如在古羅馬時代所記載的 vomitoria(在盛宴後用來嘔吐的場所)或許就是暴食症的早期觀察,或者是某些中古時代虔誠的女性會禁食來證明自己的神聖(例如 St. Catherine of Siena),其實就是我們現在所說的厭食症,然而網路成癮和各式各樣的新科技則是從未在歷史上出現過。因此,許多研究者和臨床工作者都正在仔細研究以了解和分析這些新現象。

舉例來說,黑莓機(BlackBerry)已是相當普及的設備,於是有句流行話「CrackBerry addicts」就因運而生,被那些黑莓機重度使用者用來形容自己就像沉溺於古柯鹼一樣對黑莓機成癮,他們也稱那些在開會中彎著頭偷偷用黑莓機檢查電子郵件的人是所謂的「BlackBerry prayer」。

當許多黑莓機的使用者表示黑莓機讓他們的生活更便利,有些研究者或甚至配偶會說到黑莓機使它們的主人更容易分心,而這樣的過程會惹惱身邊的人。行動科技以幾乎指數的速率在成長著,引起了人們會不會更加沉溺於這些裝置的擔心。在這樣的氛圍中,一個重大的後果是工作和私人生活間的界線變得比以往更加模糊了,現在,電子郵件和行動電話使得雇主和員工可以二十四小時保持聯繫;也就是說,過去所說的私人生活現在已經失去了它所意指的完整隱私性。更進一步,專家相信甚至是一般大眾的決策方式也會被

不利地影響。然而，也有其他專家認為如此多樣的通訊轟炸可以強化大腦處理訊息的能力。

研究者逐漸開始關注手持設備的成癮性質和對決策過程的影響，他們擔心人們在使用這些設備時會失去他們的判斷力，例如本來是要穿過門但卻一頭撞上去、開車時更容易發生車禍等。因為這些危險，許多州開始訂立法條去禁止人們在開車時傳簡訊。真實的情況是，行動設備提供了極度的便利性，於是就像其他種類的成癮，當人們花費愈多的時間在這些科技上，那他們就只有更少的時間去兼顧社交和家庭。

有些人則關注和黑莓機使用相關的「中斷超載」（interruption overload）和「持續的注意力不足」（continuous partial attention）的問題。為了使用黑莓機，我們多工的技能會讓我們不能全心處理手邊的事務。分心去回覆短訊會造成容易遺忘或者記憶的準確度下降的問題，甚至會造成情緒的麻痺。最後，因為這些科技對大腦記憶力和專注力的影響，使得人們難以做出決定。

要堅稱成癮於行動科技是無害的，其實很容易。我們身在一個鼓勵使用行動電話的世界，尤其是在青少年的族群中。研究發現，由於沒有任何生理症狀，其成癮的現象不易被人發現，然而行動電話成癮可以對成癮者的心理層面產生嚴重的影響，這和酒精或其他物質成癮所觀察到的有所不同。大約有 40%的年輕人承認他們每天花費超過四小時的時間在使用行動電話，這當中多數人都表示他們每天在講電話這件事情上花了好幾個小時。許多人如果沒有接到電話或短訊，會「深深地感到沮喪」，而另外有些人表示曾有聽到行動電話鈴聲但實際上沒有來電的經驗。一般來說，行動電話成癮會

讓人忽略重要的活動（工作或是學習）、遠離朋友和親近的家人、否認任何問題、當沒有隨身攜帶行動電話時會無時無刻不想著行動電話的事情。大部分的行動電話成癮者都有低自尊的問題、有建立社交關係的困難，並且亟欲和人保持長時間的聯繫。當行動電話被取走時，他們會全然地沮喪，而關掉行動電話的電源則會讓他們感到焦慮易怒，甚至產生睡眠疾患、嗜睡、發抖或消化不良的情形。這些人常會「擬人化」這些行動設備，為它們取名，並且從它們身上獲取安全感和支持。

要脫離對各類科技的成癮，無論是臉書、傳簡訊、玩角色扮演遊戲、瀏覽線上色情資訊或是反覆檢查電子郵件，復原的核心必定是去了解聯繫人們的新方式。

我們在本書中不斷看到一個主題，那就是科技促成了蒐集資訊和聯繫他人的新方式。對那些困擾於憂鬱症、焦慮症、社交畏懼症或亞斯伯格症的人，透過網路的聯繫方式讓這些人有建立和維繫人際關係的新管道。社交媒體像是臉書和 MySpace，模擬真實世界中關係的建立方式，並且透過一些應用程式讓人們可以分享資訊、照片、影片或是事件。有別於嘗試建立一個社會組織，社群網站是嘗試建立新的聯繫管道。當然，對那些在真實世界中和人聯繫有困擾的人，線上的溝通是一種建立聯繫的替代媒介，而這非常重要。貫串這整本書，我們已經看到線上溝通和網際網路應用的互動性是如何成為成癮行為的根源。兒童和青少年沉迷於線上多人角色扮演遊戲，到了過度的程度；成人沉迷於像是第二人生的網路虛擬社群，到了過度的程度。這些是本書中提過的一些例子，它們顯示了線上應用軟體的互動性是多麼令人感嘆。

　　過度依賴科技也製造了許多新的社會問題，像是人們變得社交退縮、不喜歡在現實生活中碰面、迴避必須團隊合作的工作、害怕面對面的接觸，而只是偏愛線上溝通。或許這解釋了為什麼社群網站在近幾年以指數的規模成長著。可能這些空間讓人們覺得自己更容易被傾聽，或者是人們可以更容易地表達他們遭遇的困難和焦慮。因此，虛擬世界在某個層次上拉近了人們的距離，卻又在某個層次上令人們疏遠。

　　我們可以看看網際網路是如何改變我們的生活。透過網際網路，我們可以做研究、訂旅館、預約機票、購物、立即和家人或是朋友保持聯繫，並且結交新朋友。要區分健康和不健康的網際網路使用是困難的，因為它的原始用途本來就是帶來生產力的工具。我們已經仔細檢視過很多聚焦於網際網路運用中問題最大的幾個領域的最新研究，來幫助治療師了解個案尋求治療最常見的原因，這些領域都是些高互動性的網路應用，像是線上角色扮演遊戲、網路性愛聊天室、互動式色情網站，或是網際網路多人賭博網站。這樣的工作提供了評估和擬訂治療計畫的理論基礎。

　　本書檢視了數種治療的策略，這些策略的運用都非常仰賴個案的年紀、所呈現的問題以及個別的處境，當我們治療網路成癮的個案時，這樣的專一性是非常合適的。在臨床的處境中，一個 16 歲沉迷於線上多人角色扮演遊戲的少年和一個 50 歲沉迷於網際網路色情的中年人，所需要的治療方式是截然不同的。這些變項，在整本書中被提及並被賦予了血肉，讓治療師面對各式各樣網際網路相關的議題與個案能有所參考；即使個案以憂鬱和焦慮的方式來呈現他們的困擾，當這些困擾被顯示是和網際網路有關時，治療師也可以使

用這本書的資訊來幫助自己擬訂治療計畫。

就像其他的成癮行為，要從網路成癮中完全恢復過來，妥善的治療是必需的。有時候就只是遠離網路讓自己經歷渴求的痛苦是不夠的，如果有專家能夠和個案深談，那麼個案就有機會探索這些適應不良、不健康的上網行為背後的更深議題；使用科技和網際網路，也可能是個案經歷其他問題時所展現出來的症狀。治療師必須幫助這些個案去了解這些問題、建立新的目標，並學習新的行為和反應模式，同時，身為臨床工作者，治療師也需要持續學習如何更好地評估和治療過度使用網路所帶來的影響。雖然我們被認定成所謂的專家，我們在這方面的知識還是猶如胚胎般初步而原始。治療師最終必須幫助個案了解到他們為何要使用科技，而這樣做是否是迴避或逃離現實生活中的問題的一種方法。

治療師在專業領域受訓的程度、接受的教育、擁有的經驗，以及他們對網際網路及科技的了解程度上有很大的差異。聲稱對這些新的、網際網路相關病理完全沒有概念的專家並不少見，但在這個領域裡，專精或受過訓練的專門人員正在慢慢增加。因此，本書提供了網路和科技成癮的詳細調查，並且也提供了科技對人類行為整體影響的相關知識。本書包含的資訊幫助治療師學習並欣賞科技在個案生活中所扮演的角色，同時開啟了科技是如何產生深刻的情緒與心理衝擊的重要討論。

我們可以了解到網際網路並不是所謂良性的工具，而就是一種科技；錯誤地使用它會造成需要臨床治療的結果。我們也知道，在極端的個案，住院甚至會是治療的一個選項。有趣的是，無論什麼背景的成癮者都認為只要能夠停止成癮的行為，就足以宣稱自己已

經完全康復了。實際上，要達到完全的復原比只是遠離網際網路需要更多的努力。完全的復原指的是了解造成成癮行為的潛在問題，並且用健康的方式來化解它；若不是這樣，成癮的行為會很容易復發。本書描述了強迫性上網是如何根源於情緒或情境的問題，像是憂鬱症、注意力不足過動症、焦慮、壓力、關係障礙、就學困難、衝動控制困難或是物質濫用。雖然使用網際網路讓個案可以輕易地抽離這些問題，但這實際上對造成個案強迫行為的潛在問題只有非常些微的幫助。

當我們寫下這本書的時候，許多新的住院治療中心正在世界各地陸續成立，像是美國華盛頓雷德蒙德（Redmond）的 reStart 計畫。這是一個為期四十五天完全針對網路成癮復原的住院療程。通常，除非是欠債累累、快要失去工作（或是已經失去工作）、面臨法律訴訟、瀕臨離婚或分手，或是開始有自殺的念頭，否則成癮者不會主動接受治療。一旦問題變得這麼嚴重，尋求專業的評估便成為非常重要的事。某些成癮者會需要一些時間思考，所以在初次評估後，治療者通常會立即給予一些建議。在大部分的個案，治療計畫或住院安排會依據個案的需求進行個人化的設計，並且大部分的療程會聚焦於個人治療、教育團體和家族治療，旨在適當地了解環繞於成癮的強烈感受，並以最好的方式來處理。

想要上網的需求有可能會強烈到治療中必須為個案安排「解毒」的療程。在治療酒癮的個案時，一開始他們必須經歷一段強制不能接觸酒精的歷程，也就是前述「解毒」的療程；相同的概念被運用來終止網路成癮個案的網路過度使用行為，也稱作解毒，例如在荷蘭成立的電玩解毒中心（Video Game Detox Center）。雖然我

們普遍了解解毒是從酒癮中恢復的必經歷程，這樣的觀念在治療網路成癮上仍然是新的觀念，這樣的處置在重度網路成癮的個案是必須嘗試的。

隨著網際網路愈來愈普及，如果醫療界可以提升對這個主題的敏感性，那麼便能幫助治療師為困擾於網路成癮的個案提供更有見識的處置和照顧。因為這是個既新又容易被取笑的成癮類型，個案會對於尋求治療感到非常猶豫，害怕治療師不會認真看待他們陳述的困擾。藥物和酒精復健中心、社區的精神健康診所或者是私人執業的醫師，都必須要注意強迫性上網會帶來的負面影響，並且要能辨識出症狀，即使這些症狀很容易被合併的心理困擾或合法的網際網路使用所掩蓋。

雖然本書是提供評估網路成癮經驗的先驅，但這個領域依然相當新，我們需要更進一步去研究以了解它所帶來的衝擊、危險因子，以及治療它所帶來的成效。未來的研究領域也必須系統性地比較各種不同的治療方式，像是認知治療、行為矯正、心理分析、完形治療、人際治療、團體諮商，或是透過網路社群進行的諮商；這樣的研究可以幫助我們了解在這群新的受治療族群中，各種治療所擁有的治療效力。研究也必須探索針對不同種類的網路成癮使用不同治療方式所存在的治療差異，要能夠解答不同的網路成癮亞型是否有不同的治療成效。從方法學的角度來看，許多研究採用個案自己報告的資料作為上網行為改變、心理健康程度及社會功能起伏的依據，但這樣的方式會產生偏誤。有鑑於這些自行報告的資料可能是不正確的，未來的研究會需要與個案親近的親友或定期的電腦監測，來驗證那些個案的自我報告，如此才能更確保這些資料的可信

度。最後，當醫療提供更多的資源來促進網路成癮的康復時，未來的研究必須評估特定的治療處置是如何影響長期的康復。我們都知道許多種類的心理治療都有短期的療效，但長期來看療效卻不顯著。傳統針對酒精和其他藥物成癮的治療會提供個案複合性的治療方式；新的有前景的治療策略則針對個案的需求提供特定的處置。相同的觀念，如果能對特定的網路成癮施以反應最好的治療方式，將可以增加治療的成效，而且這麼做也可以促進長期的康復。

為了要尋找上述有效的治療方式，我們需要持續研究以了解更多有關網路成癮背後的動機。未來的研究也必須聚焦於精神疾患（像是憂鬱症或強迫症）在網路強迫行為的形成過程中扮演了怎麼樣的角色。縱貫性追蹤研究可以解答人格特質、家族動力、文化觀點或人際技能是如何影響人們使用網路的方式。最後，我們需要更多針對結果的預後去了解特定治療方式的療效，並且將這些結果和傳統的治療方式比較。針對各式各樣受網路成癮影響的個案族群，這樣的研究取向也是正確的，舉例來說，我們也能藉此比較兒童和成人治療結果的差異。

預防，是整本書以及這一章所反覆強調的主題。在網路成癮的領域，預防是關鍵元素。我們可以了解到酒精和藥物成癮的預防方式已建立得很好了；我們知道覺知對許多內科疾病的預防頗有助益；我們了解預防是真的有效。預防和覺知在網際網路相關的情形中也扮演了很重要的角色，如果我們可以針對網路成癮制定更多促進覺知的方案，人們就不會再認為網路是無害的工具。就像許多本書的作者和貢獻者所強調的，網路和科技有潛在的影響力，這當然可以是正面的影響力，再一次地，本書不是要惡魔化網際網路和科

技，但它的確有負面影響的部分，建立負責任的電腦使用方案將可以幫助人們了解網路的負面影響力，因而可以減少它所帶來的後果。

我們期待在這樣一個既新且發展中的領域裡，本書可以幫助臨床人員的實務工作。從 1996 年網路成癮這個詞在美國心理學協會（American Psychological Association）被定義出來後，這樣的現象已經大規模成長。世界上幾乎每一個人都為了各式各樣的理由在使用網際網路。即使網際網路還在它的嬰兒期，它已擁有極大的影響力，而我們只是剛開始了解它全面的影響力而已，探索的路途已是非常驚奇。網際網路在其應用的每個層面上便利了人們的生活，但它也因其成癮的可能性而造成生活的阻礙。我們只能期許這裡的新知識能引發更多的研究，去理解科技的未來，以及它將如何持續影響我們的生活。

在總結以前，我們由衷感謝每個對這本書有貢獻的人，他們來自不同的國家，為了幫助精練和改善這些知識、幫助治療網路成癮的治療師們而努力。我們也由衷感謝 John Wiley & Sons 出版公司相信我們的企劃，並且給予我們所有需要的協助。

國家圖書館出版品預行編目（CIP）資料

網路成癮：評估及治療指引手冊／
Kimberly S. Young, Cristiano Nabuco de Abreu 主編；
林煜軒等譯.--初版.-- 臺北市：心理, 2013.12
　　面；　公分.--（心理治療系列；22140）
　　譯自：Internet addiction: a handbook and guide to
　　　　　evaluation and treatment

　　ISBN 978-986-191-571-5（平裝）

　1.網路使用行為　2.網路沉迷　3.心理治療

312.014　　　　　　　　　　　　　　　　102019496

心理治療系列 22140

網路成癮：評估及治療指引手冊

主　編　者：Kimberly S. Young、Cristiano Nabuco de Abreu
總校閱者：林朝誠
譯　　　者：林煜軒、劉昭郁、陳劭芊、李吉特、陳宜明、張立人
執行編輯：李　晶
總　編　輯：林敬堯
發　行　人：洪有義
出　版　者：心理出版社股份有限公司
地　　　址：231 新北市新店區光明街 288 號 7 樓
電　　　話：(02) 29150566
傳　　　真：(02) 29152928
郵撥帳號：19293172 心理出版社股份有限公司
網　　　址：http://www.psy.com.tw
電子信箱：psychoco@ms15.hinet.net
駐美代表：Lisa Wu（lisawu99@optonline.net）
排　版　者：龍虎電腦排版股份有限公司
印　刷　者：竹陞印刷企業有限公司
初版一刷：2013 年 12 月
初版四刷：2019 年 9 月
I S B N：978-986-191-571-5
定　　　價：新台幣 450 元